"十三五"职业教育国家规划教材
国家职业教育焊接技术与自动化专业
教学资源库配套教材

特种焊接技术

主　编　曹朝霞　曹润平
副主编　宋博宇　刘世玺　安普光
参　编　张　发　张　鑫　王　东
主　审　王瑞乾　王新民

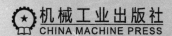
机械工业出版社
CHINA MACHINE PRESS

本书是国家职业教育焊接技术与自动化专业教学资源库配套教材，是根据教育部新颁布的《高等职业学校专业教学标准（试行）》，结合《焊工》国家职业资格标准编写的。

本书按照项目-任务式体例编写，涵盖激光焊、电子束焊、扩散焊、摩擦焊、高频焊、超声波焊、螺柱焊及爆炸焊相关内容，注重特种焊接技术应用能力的培养，以适应焊接产业发展和技术进步对高素质技术技能型人才提出的新要求。同时，本书注重吸收前沿技术，以拓展专业视野。为便于教学，在本书的关键知识点和技能点插入了二维码资源标志，也可登录 www.cmpedu.com 网站，注册后免费下载配套的电子教学资源包。本书采用双色印刷。

本书可作为高等职业技术院校焊接技术与自动化专业、机械制造类相关专业的教材，也可作为成人继续教育和企业岗位培训教材，同时可供社会相关从业人员参考。

图书在版编目（CIP）数据

特种焊接技术/曹朝霞，曹润平主编 . —北京：
机械工业出版社，2018.5（2025.1重印）
国家职业教育焊接技术与自动化专业教学资源库
配套教材
ISBN 978-7-111-59553-3

Ⅰ.①特… Ⅱ.①曹… ②曹… Ⅲ.①焊接-特种技术-高等职业教育-教材 Ⅳ.①TG456

中国版本图书馆 CIP 数据核字（2018）第 056304 号

机械工业出版社（北京市百万庄大街 22 号 邮政编码 100037）
策划编辑：王海峰   责任编辑：王海峰 于奇慧
责任校对：郑 婕   封面设计：鞠 杨
责任印制：常天培
固安县铭成印刷有限公司印刷
2025 年 1 月第 1 版第 8 次印刷
184mm×260mm · 16.5 印张 · 376 千字
标准书号：ISBN 978-7-111-59553-3
定价：49.80 元

电话服务   网络服务
客服电话：010 - 88361066   机 工 官 网：www.cmpbook.com
        010 - 88379833   机 工 官 博：weibo.com/cmp1952
        010 - 68326294   金 书 网：www.golden-book.com
封底无防伪标均为盗版   机工教育服务网：www.cmpedu.com

国家职业教育焊接技术与自动化专业
教学资源库配套教材编审委员会

总序

跨入21世纪,我国的职业教育经历了职教发展史上的黄金时期。经过了"百所示范院校"和"百所骨干院校",涌现出一批优秀教师和优秀的教学成果。而与此同时,以互联网技术为代表的各类信息技术飞速发展,它带动其他技术的发展,改变了世界的形态,甚至人们的生活习惯。网络学习,成为了一种新的学习形态。职业教育专业教学资源库的出现,是适应技术与发展需要的结果。通过职业教育专业资源库建设,借助信息技术手段,实现全国甚至是世界范围内的教学资源共享。更重要的是,以资源库建设为抓手,适应时代发展,促进教育教学改革,提高教学效果,实现教师队伍教育教学能力的提升。

2015年,职业教育国家级焊接技术与自动化专业资源库建设项目通过教育部审批立项。全国的焊接专业从此有了一个统一的教学资源平台。焊接技术与自动化专业资源库由哈尔滨职业技术学院,常州工程职业技术学院和四川工程职业技术学院三所院校牵头建设,在此基础上,项目组联合了48所大专院校,其中有国家示范(骨干)高职院校23所,绝大多数院校均有主持或参与前期专业资源库建设和国家精品资源课及精品共享课程建设的经验。参与建设的行业、企业在我国相关领域均具有重要影响力。这些院校和企业遍布于我国东北地区、西北地区、华北地区、西南地区、华南地区、华东地区、华中地区和台湾地区的26个省、自治区、直辖市。对全国省、自治区、直辖市的覆盖程度达到81.2%。三所牵头院校与联盟院校包头职业技术学院、承德石油高等专科学校、渤海船舶职业学院作为核心建设单位,共同承担了12门焊接专业核心课程的开发与建设工作。

焊接技术与自动化专业资源库建设了"焊条电弧焊""金属材料焊接工艺""熔化极气体保护焊""焊接无损检测""焊接结构生产""特种焊接技术""焊接自动化技术""焊接生产管理""先进焊接与连接""非熔化极气体保护焊""焊接工艺评定""切割技术"共12门专业核心课程。课程资源包括课程标准、教学设计、教材、教学课件、教学录像、习题与试题库、任务工单、课程评价方案、技术资料和参考资料、图片、文档、音频、视频、动画、虚拟仿真、企业案例及其他资源等。其中,新型立体化教材是其中重要的建设成果。与传统教材相比,本套教材采用了全新的课程体系,加入了焊接技术最新的发展成果。

焊接行业、企业及学校三方联动,针对"书是书、网是网",课本与资源库毫无关联的情况,开发互联网+资源库的特色教材,为教材设计相应的动态及虚拟互动资源,弥补纸质教材图文呈现方式的不足,进行互动测验的个性化学习,不仅使学生提高了学习兴趣,而且拓展了学习途径。在专业课程体系及核心课程建设小组指导下,由行业专家、企业技术人员和专业教师共同组建核心课程资源开发团队,融入国际标准、国家标准和焊接行业标准,共同开发课程标准,与机械工业出版社共同统筹规划了特色教材和相关课程资源。本套新型的焊接专业课程教材,充分利用了互联网平台技术,教师使用本套教材，结合焊接技术与自动化网络平台，可以掌握学生的学习进程、效果与反馈，及时调整教学进程，显著提升教学效果。

教学资源库正在改变当前职业教育的教学形式，并且还将继续改变职业教育的未来。随着信息技术的发展和教学手段不断完善，教学资源库将会以全新的形态呈现在广大学习者面前，本套教材也会随着资源库的建设发展而不断完善。

教学资源库配套教材编审委员会

2017年10月

前言

　　新材料、新结构、新工艺等日新月异的发展，对焊接质量、接头性能及生产率等提出了更高要求，而采用传统熔焊方法已不能完全满足应用要求。在这种情况下，特种焊接技术的研究、开发与应用得到了快速发展。特种焊接技术是指除焊条电弧焊、埋弧焊、气体保护焊等常规熔焊方法之外的激光焊、电子束焊等先进的高能束流焊接技术和扩散焊、摩擦焊、高频焊、超声波焊、爆炸焊等固相焊接技术，以及高效率、低成本、应用广泛的螺柱焊技术。特种焊接技术对于一些特殊材料及结构的焊接具有非常重要的作用，现已成为实现新材料选用、新结构设计和新产品制造不可或缺的技术保障。特种焊接技术的推广应用，扩大了焊接技术在工业领域中的应用范围，带来巨大的经济效益和社会效益，推动了焊接技术向着高质量、高效率、低能耗、无污染的方向发展。

　　《特种焊接技术》是国家职业教育焊接技术与自动化专业教学资源库配套教材，是根据教育部新颁布的《高等职业学校专业教学标准（试行）》，结合了《焊工》国家职业资格标准编写的。本书采用项目-任务式编写体例，针对特种焊接技术工作岗位的典型工作任务、工作过程及职业能力进行分析，参照焊工国家职业标准，结合国际焊工认证要求，打破理论和实践教学的界限，将知识点和技能点融入项目和任务中，易于实施项目化教学。本书配套了丰富的图片、动画、微课、生产实例视频、项目训练等教学资源，使教学内容更加生动、直观，为教师教学与学生自学提供较为全面的支持。读者可登录网址http://hjzyk.36ve.com:8103浏览、学习。

　　本书共8个项目，内容包括激光焊技术、电子束焊技术、扩散焊技术、摩擦焊技术、高频焊技术、超声波焊技术、螺柱焊技术和爆炸焊技术。本书编写分工如下：包头职业技术学院曹润平编写项目1，刘世玺编写项目2和项目3，曹朝霞编写项目4，宋博宇编写项目6和项目8，安普光编写项目5和项目7，内蒙古机电职业技术学院张发、常州工程职业技术学院张鑫及中国兵器工业第五二研究所王东参与本书编写工作。本书由曹朝霞、曹润平任主编，西安北方华山机电有限公司王瑞乾、包头职业技术学院王新民任主审。

　　本书在编写过程中，得到了中国兵器第一机械制造集团、西安北方华山机电有限公司、内蒙古工业大学等的技术人员、同行专家的有益指导和大力支持，在此一并表示衷心感谢！

　　由于编者水平有限，书中难免存在疏漏和不当之处，恳请读者批评指正。

编　者

目录

绪论

一、焊接技术的发展

装备制造业是国民经济的基础，也是现代工业的支柱，能源工程、海洋工程、航空航天工程、石油化工工程等，无不依靠装备制造业提供装备，因此，装备制造业发展水平决定着整个国家的工业生产能力和水平。

焊接技术是装备制造业中关键技术之一，被视为"制造业的命脉，未来竞争力的关键所在"。之所以这样说，是因为焊接这种加工方法在现代装备和工程结构的方方面面都越来越多地显示出其适应性和优越性。首先体现在它的经济实用，符合高效率和低成本的要求；其次表现在它的质量可靠，焊接结构的安全可靠性能够得到保障和信赖。

近年来，焊接技术得到了突飞猛进的发展，已由传统的热加工工艺发展成为集材料、冶金、结构、力学、电子等多门类学科为一体的焊接工程和焊接产业。焊接技术的发展，根本上缘于新材料的应用，作业环境、条件的变化，加工质量要求的提高，以及新时期工业生产模式的转变对企业全方位、更苛刻的要求。这本身就是对焊接技术的挑战，而这种挑战无处不在，如造船和海洋工程要求完成大面积拼板、大型立体框架结构自动焊及各种低合金高强钢的焊接；石油化学工业要求完成各种耐高温、耐低温及耐各种腐蚀性介质压力容器的焊接；航空航天工业中要求完成铝、钛等轻合金结构的焊接；重型机械工业中要求完成大截面构件的拼接；电子及精密仪表制造工业要求完成微型精密焊件的焊接；兵器工业的装备制造和弹药产品开发要求不断提高高强金属、高温金属的焊接质量和可靠性等。加之现代企业已不单单着眼于企业经济运行状况的好坏，而是更加注重发展的健康性、长久性以及社会效应，用优质、高效、节能的现代焊接技术逐步取代能耗大、效率低、工作环境恶劣的传统手工焊接工艺的呼声越来越高。

也正是在这种技术进步和产业发展的挑战当中，一些新型焊接技术或连接技术应运而生。它们的开发和应用，使材料焊接性的定义和范围发生了明显变化及拓展，使一些传统意义上不具备焊接性或焊接性极差的材料以及一些新型材料的焊接作业成为可能，高强金属、高温合金、活性金属、难熔金属的焊接不再难以进行，甚至半导体材料以及陶瓷、塑料等非金属材料的焊接也不再是难以解决的问题。新型焊接技术的开发和应用，使焊接结构设计、接头形式选择以及工艺排列上摆脱许多禁锢和束缚，使一些大熔深构件或薄壁器件的焊接问题解决起来游刃有余，一些结构上位置条件差乃至密闭空间都不排除作业的可能，对于变壁厚接头、变径接头、异种金属接头、金属-非金属接头可以放心地设计和使用。因为这些新的焊接方法在技术原理和实际操作方法上都有其独到之处，加上焊前焊后处理、能量输入、熔深控制、保护方式等方面控制措施更为严密，可以明显提升焊接产品的质量稳定性，使产品的低缺陷、零缺陷成为可能，发生结构故障的概率大幅降低。

这些新的焊接方法中，有些完全可以实现流水线作业和自动化生产，有些因具有较高的能量密度，适用于高速加工和专业化集中生产的组织，有些借助设备保障甚至近似于机械加工，可以明显缩短焊件的成形加工时间，无不体现了新型焊接技术的高生产率。新型焊接设备的操作自动化水平大幅提高，操作简便易学，极大地降低了工人的劳动强度、劳动密度以及残次品出现的概率。这些新的焊接技术和焊接方法，更多地利用了光能、声能和机械能，明显降低了电能的消耗，在节省能源的同时降低了加工成本。此外，应用这些新的焊接技术，很大程度上规避了有毒、有害气体的产生和排放，降低了烟尘污染和噪声污染，对于焊接操作者而言，减少了职业病的损害，保护了他们的身心健康；从企业的角度看，不仅减少了安全事故的发生频率，减轻了企业的职业病防治负担，而且使企业的发展更加符合资源节约型、环境友好型的时代要求，体现出良好的经济效益、环保效益和社会效益。

二、特种焊接技术简介

随着现代工业的发展，铝合金、钛合金、镁合金、陶瓷、金属间化合物、复合材料等轻质高强材料正逐步成为高端装备制造的主要材料。由于这些材料物理、化学性能的特殊性，采用常规的焊接方法很难实现可靠连接。新产品、新结构和新材料对焊接技术提出了新的要求，促进了传统焊接技术的不断改进与创新。在这种情况下，特种焊接技术的研究、开发和应用得到了快速发展。

特种焊接技术是指除焊条电弧焊、埋弧焊、气体保护焊等传统焊接技术之外的新型焊接方法，其主要包含激光焊、电子束焊等先进的高能束流焊接技术，以及高效率、低成本、应用广泛的螺柱焊及扩散焊、摩擦焊、超声波焊、爆炸焊等固相焊接技术。特种焊接技术对于一些特殊材料及结构的焊接具有非常重要的作用，已逐渐成为实现新材料选用、新结构设计和新产品制造所不可或缺的技术保障。特种焊接技术在航空航天、核动力、电子信息等高新技术领域中得到广泛应用，并已扩大到工业生产的许多领域，创造了巨大的经济效益和社会效益，推动了社会和科学技术的进步。

高能束流焊是指利用高能量密度的束流，如电子束、激光束等作为热源的熔焊技术的总称。高能束流功率密度在 $10^5 \sim 10^9$ W/cm^2 范围内，远远高于常规的氩弧焊或 CO_2 气体保护焊，将其应用于焊接生产，则以高能量密度、可精确控制的微焦点和高速扫描技术等特性，实现对材料和构件的高质量、高效率焊接。高能束流焊被誉为21世纪最具有发展前景的焊接技术，是当前发展较快、研究较多的领域。例如：电弧激光复合焊技术的发展以及大功率激光器的出现，使激光焊技术进入了长期以来一直被传统焊接工艺所垄断的汽车车身制造领域，使其在汽车车身的制造过程中占据了重要地位。

金属结构加工制造技术的高速发展和进步，对将金属螺柱、螺栓、螺钉等焊到构件上形成T形接头的连接方法不断提出新的要求，于是逐渐产生并形成了一种特殊的焊接技术，即螺柱焊。由于螺柱焊可以将不同规格的螺柱方便快捷地焊接在金属表面而不需复杂的传统焊接工艺及大量焊后处理，且焊接强度高于金属母材和螺柱本体，因此使其很快在航空航天、船舶制造、车辆制造、建筑等领域得到了推广使用。

固相焊接可分为两大类。一类是通过加压使焊件产生塑性变形，促进焊件表面达到紧密接触，并破碎氧化膜，最终形成焊接接头。摩擦焊、爆炸焊和冷压焊均属于这类焊接技术。该类焊接技术的特点是温度低、压力大、时间短，塑性变形是形成接头的主导因素。另一类是在保护气氛或真空中进行，焊接时焊件仅产生微量的塑性变形，通过界面原子扩散形成接头，如真空扩散焊、瞬间液相扩散焊、超塑性成形扩散焊等。该类方法的特点是温度高、压力小、时间相对较长，界面扩散是形成接头的主导因素。固相焊接方法的优点在于无熔化所导致的气孔、夹杂等缺陷，从而使接头区的力学性能接近母材，因此其在各种新型结构材料，如高技术陶瓷、金属间化合物、复合材料、非晶材料等的焊接中显现出蓬勃生机。特别是近年来开发的搅拌摩擦焊新技术，使铝合金等非铁金属的焊接技术发生重大变革。由于固相焊接具有连接工艺简单，焊接接头晶粒细小，疲劳性能、拉伸性能和弯曲性能良好，无须焊丝、保护气体以及焊后残余应力和变形小等优点，故其在航空航天、交通运输和汽车制造等领域被广泛应用，并具有很好的发展前景。

三、本课程的性质和任务

1. 课程性质

"特种焊接技术"课程是焊接技术与自动化专业的核心课程之一。在专业课程体系中起到承上启下的作用。前导课程有"焊接方法与设备"和"金属材料焊接工艺"等，后续课程有"焊接机器人操作技术"和"毕业综合技能训练"等。

2. 课程任务

本课程注重培养学生的特种焊接技术应用能力。通过本课程的学习，使学生掌握激光焊、电子束焊、扩散焊、摩擦焊、高频焊、超声波焊、螺柱焊及爆炸焊等特种焊接技术的工艺、设备等必备知识，能根据焊件的材料、结构特点，选择适合的特种焊接方法、合理编制焊接工艺、选用焊接设备并实施焊接。

项目一
激光焊技术

项目导入

激光是20世纪以来人类又一重大发明，被称为"最快的刀""最准的尺"和"最亮的光"。激光焊技术利用激光束作为热源，集激光技术、焊接技术、自动化技术、材料技术、机械制造技术及产品设计为一体，以其高能量密度、深穿透、高精度和适应性强等优点，在航空航天、电子、汽车制造和核动力等高新技术领域得到广泛应用。

根据"特种焊接技术"课程教学目标要求，立足拓展和提升学生激光焊技术应用能力，以"激光焊技术"为项目载体，提炼了"编制激光焊工艺"和"选用激光焊设备"两个典型任务，选取了"汽车高强钢板激光焊""42CrMo钢伞形齿轮轴的窄间隙激光焊""铝与钢异种金属的激光–MIG复合焊"等典型案例，通过项目实施，使学生掌握激光焊基本原理及工艺特点、能够编制典型材料的激光焊工艺、熟悉并合理选用激光焊设备、掌握激光焊安全防护知识并按照安全操作规程进行文明生产。

学习目标

1.掌握激光焊基本原理及工艺特点。

2.能够编制典型材料的激光焊工艺并组织实施。

3.熟悉激光焊设备，能够根据工艺要求、生产条件合理选用设备。

4.掌握激光焊安全防护知识，能够按照安全操作规程进行文明生产。

5.了解激光复合焊技术。

6.了解激光焊典型应用。

▶▶▶ 项目实施 ◀◀◀

任务一 编制激光焊工艺

任务解析

编制焊接工艺是焊接生产的重要环节。"编制激光焊工艺"是激光焊技术的典型任务。这一任务涉及的知识点包括激光的相关基础知识，激光焊的基本原理、特点及应用等。通过任务实施，学生能够了解激光焊工艺编制的基本流程，掌握连续激光焊和脉冲激光焊的焊接参数及其对焊接质量的影响，能够编制典型材料的激光焊工艺。

必备知识

一、激光与物质的作用

（一）激光的概念

激光是指激光活性物质（或称工作物质）受到激励，产生辐射，通过光放大而产生一种单色性好、方向性强、光亮度高的光束。经透射或反射镜聚焦后可获得直径小于0.01mm、功率密度高达$10^6 \sim 10^{12}$W/cm²的能束，可用作焊接、切割及材料表面处理的热源。

（二）激光的反射与吸收

激光在焊件表面的反射和吸收，本质上是光波的电磁场与材料相互作用的结果。激光照射到焊件的表面，一部分被反射，一部分被吸收。

金属对光束的反射能力与它所含的自由电子密度有关，自由电子密度越大，即电导率越大，对激光的反射率越高，金、银、铜、铝及其合金对激光的反射比其他金属材料要大得多。

激光焊的热效应取决于焊件吸收光束能量的程度，常用吸收率来表征。金属对激光的吸收率，主要与激光波长，金属的性质、温度、表面状况以及激光功率密度等因素有关。一般来说，金属对激光的吸收率随着温度的上升而增大，随着电阻率的增加而增大。光亮的金属表面对激光有很强的反射作用，室温时对激光的吸收率仅为10%以下，而在熔点以上吸收率将急剧提高。

金属的热导率和表面状况、激光波长、入射角等对吸收率均有一定影响。例如：增大表面粗糙度值或形成高吸收率薄膜可减少激光反射损失，纯铝原始表面的吸收率为7%，电解抛光后降为5%，喷砂后升为20%，表面有氧化层时为22%。

此外，功率密度对激光的吸收率也有显著影响。激光焊时，激光光斑的功率密度超过阈值（大于10^6 W/cm²），光子轰击金属表面导致金属汽化，金属对激光的吸收率就会发生变化。就材料对激光的吸收而言，材料的汽化是一个分界线。当材料没有发生汽化时，不论是处于固相还是液相，其对激光的吸收仅随表面温度的升高而有较慢的变化；一旦材料出现汽化，蒸发的金属就形成等离子体，可防止剩余能量被金属反射掉。如果被焊金属具有良好的导热性能，则会得到较大的熔深，形成小孔，从而大幅度提高激光吸收率。

（三）激光对材料的热作用

1.材料的加热

激光光子入射到金属晶体，光子即与电子发生非弹性碰撞，光子将其能量传递给电子，使电子由原来的低能级跃迁到高能级。与此同时，金属内部的电子间也在不断地互相碰撞。每个电子两次碰撞间的平均时间间隔为10^{-13}s数量级。因此，吸收了光子而处于高能级的电子将在与其他电子的碰撞以及与晶格的互相作用中进行能量的传递，光子的能量最终转化为晶格的热振动能，引起材料温度升高，改变材料表面及内部温度。

2.材料的熔化及汽化

激光加工时，材料吸收的光能向热能的转换是在极短的时间（约为10^{-9}s）内完成的。在这个时间内，热能仅仅局限于材料的激光辐射区，而后通过热传导，热量由高温区传向低温区。激光焊时，材料达到熔点所需的时间为微秒级。脉冲激光焊时，当材料表面吸收的功率密度为10^5 W/cm^{2}时，达到沸点的时间为几毫秒；当功率密度大于10^6 W/cm^{2}时，被焊材料会产生急剧的蒸发。

微课：激光与物质的作用

二、激光焊的概念和原理

（一）激光焊的概念

随着车辆制造、航天航空、电子元件、医疗器械及核工业的迅猛发展，产品零件结构形状越来越复杂，对材料性能的要求不断提高，对加工精度和接头质量的要求日益严格；同时，企业对加工方法的生产率、工作环境的要求也越来越高，传统的焊接方法难以满足要求，以激光束为代表的高能束流焊接方法，日益得到重视并获得了广泛的应用。激光焊（Laser Beam Welding，LBW）是利用能量密度极高的激光束作为热源的一种高效精密焊接方法。与传统的焊接方法相比，激光焊具有能量密度高、穿透力强、精度高、适应性强等优点，已成为现代工业发展必不可少的加工工艺。

（二）激光焊的原理

激光焊能得以实现，不仅是因为激光本身具有极高的能量，更重要的是因为激光能量被高度聚焦于一点，使其能量密度很大。激光焊接时，激光照射到被焊接材料的表面，与其发生作用，一部分被反射，另一部分被吸收，进入材料内部。对于金属，激光在金属表面$0.01\sim0.1\mu m$的厚度中被吸收转变成热能，导致金属表面温度升高，再传向金属内部。

激光焊有两种基本模式，按激光聚焦后光斑作用在焊件上功率密度的不同，激光焊一般分为传热焊(功率密度 $<10^6$W/cm^2)和深熔焊(也称为小孔焊，功率密度$\geqslant10^6$W/cm^2)。

1.传热焊

焊接时，激光光斑的功率密度小于10^6 W/cm^2，焊件表面将所吸收的激光能转变为热能后，使其表面温度升高而熔化，然后通过热传导方式把热能传向金属内部，使熔化区迅速扩大，随后冷却凝固后形成焊点或焊缝，其熔池形状近似为半球形。这种焊接机理称为传热焊，焊接过程类似于钨极氩弧焊，如图1-1a所示。

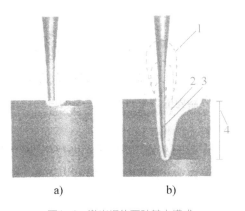

图1-1　激光焊的两种基本模式

a）传热焊　b）深熔焊

1—等离子云　2—熔化材料　3—小孔　4—熔深

传热焊的特点是激光光斑的功率密度小，很大一部分激光被金属表面所反射，激光的吸收率较低，熔深浅、焊点小，主要用于薄板（厚度δ<1mm）、小零件的精密焊接加工。

2.深熔焊

焊接时，激光光斑的功率密度大于10^6W/cm^2，焊件表面在激光束的照射下被迅速加热，其表面温度在极短的时间内（$10^{-8}\sim10^{-6}$s）升高到沸点，使金属熔化和汽化。产生的金属蒸气以一定的速度离开熔池表面，从而对熔池的液态金属产生一个附加压力，使熔池金属表面向下凹陷，在激光光斑下产生一个小凹坑，如图1-1b所示。当激光束在小孔底部继续加热时，所产生的金属蒸气一方面压迫坑底的液态金属使小坑进一步加深；另一方面，向坑外逸出的蒸气将熔化的金属挤向熔池四周。随着加热过程的连续进行，激光可直接射入坑底，在液态金属中形成一个细长的小孔。当光束能量所产生的金属蒸气的反冲压力与液态金属的表面张力和重力平衡后，小孔不再继续加深，形成一个深度稳定的孔而实现焊接，因此称为激光深熔焊。

当光斑功率密度很大时，所产生的小孔将贯穿整个板厚，形成深穿透焊缝（或焊点）。在连续激光焊中，小孔随着光束相对焊件沿焊接方向前进。金属在小孔前方熔化，随后绕过小孔流向后方，重新凝固形成焊缝。

三、激光焊的特点及应用

（一）激光焊的特点

与常规电弧焊方法相比，激光焊具有以下特点。

1）聚焦后的激光束功率密度可达$10^5\sim10^7$W/cm^2，甚至更高，加热速度快，热影响区窄，焊接应力和变形小，易于实现深熔焊和高速焊，特别适用于精密焊接和微细焊接。

2）可获得深宽比大的焊缝，激光焊的深宽比目前已超过12∶1，焊接厚件时

微课：激光焊原理

可不开坡口一次成形。

3）适宜焊接常规焊接方法难以焊接的材料，如难熔金属、热敏感性强的材料以及热物理性能、尺寸和体积差异悬殊的焊件间焊接；也可用于非金属材料的焊接，如陶瓷、有机玻璃等。

4）可借助反射镜使激光束达到一般焊接方法无法施焊的部位。YAG激光和半导体激光可通过光导纤维传输，可达性好，特别适用于微型零件和远距离的焊接。

5）可穿过透明介质对密闭容器内的焊件进行焊接，如可焊接置于密封玻璃容器内的铍合金等剧毒材料。

6）激光束不受电磁干扰，不存在X射线防护问题，也不需要真空保护。

7）激光焊也存在一些缺点：如难以焊接反射率较高的金属，对焊件加工、组装、定位要求相对较高，设备一次性投资大等。

表1-1列出了激光焊与传统焊接工艺的比较。由表1-1可见，激光焊的有力竞争对象是电子束焊。与电子束焊相比，激光焊不需真空室，焊件尺寸和形状等可以不受限制并易于实现加工自动化；不产生X射线，观察及对中方便。但电子束焊比激光焊能够获得更大的熔深，显然电子束焊对于厚板焊接更为有利。近年来，现代激光焊技术开始向厚大板、高适应性、高效率和低成本方向发展。随着新材料、新结构的出现，激光焊技术将逐步取代一些传统的焊接工艺，在工业生产中占据重要地位。

表1-1 激光焊与传统焊接工艺的比较

性能特点	激光焊	电子束焊	钨极氩弧焊	电阻点焊	摩擦焊
焊接质量	极好	极好	好	较好	好
焊接速度	高	高	中等	中等	中等
热输入量	低	低	很高	中等	中等
焊接接头装配要求	高	高	低	低	中等
熔深	大	大	中等	小	大
焊接异种材料的范围	宽	宽	窄	窄	宽
焊件几何尺寸范围	宽	中等	宽	宽	窄
可控性	很好	好	较好	较好	中等
自动化程度	极好	中等	较好	极好	好
初始成本	高	高	低	低	中等
操作和维护成本	中等	高	低	中等	低
加工成本	高	很高	中等	中等	低

（二）激光焊的应用

自20世纪60年代美国采用红宝石激光器在钻石上打孔以来，激光加工技术经过几十年的发展，已成为现代工业生产中的一项常用技术。20世纪70年代，数千瓦的高功率CO_2激光器的出现，开启了激光应用于焊接的新纪元。近年来，激光焊在车辆制造、钢铁、能源、宇航、电子等行业得到了日益广泛的应用。实践证明，采用激光焊，不仅生产率高于传统的焊接方法，而且焊接质量也得到了显著的提高。

从20世纪80年代开始，激光焊技术进入汽车制造领域，如图1-2和图1-3所示。激光焊主要用于车身拼焊、框架结构和零部件的焊接，传统的电阻点焊已经逐渐被激光焊所替代。采用激光焊技术，既提高了焊件表面的美观度，又降低了板材使用量，同时由于零件焊接部位没有变形、不需要焊后热处理，还提高了车身的刚度。例如：某车型车身装配时，传统的电阻点焊工艺需100mm宽的凸缘，用激光焊只需1.0~1.5mm宽的凸缘。据测算，仅此一项，平均每辆车的质量可减小50kg。目前，一汽大众公司在宝来、速腾、迈腾等绝大多数品牌汽车制造过程中，均不同程度地采用了激光焊技术。

图1-2 汽车车身顶盖与侧围的激光焊

图1-3 汽车车身左、右侧框外板与底板及侧框与车顶横梁的固定激光焊

在电站建设及石油化工行业中，有大量的管-管、管-板接头，用激光焊可得到高质量的单面焊双面成形焊缝。在舰船制造业采用加填充金属激光焊法焊接大厚度板件，接头性能优于常规的电弧焊，同时降低了产品的制造成本，提高了构件安全运行的可靠性，有利于延长舰船的使用寿命。激光焊还应用于电动机定子铁心、薄板或薄钢带的焊接。激光焊的部分应用实例见表1-2。

表1-2 激光焊的部分应用实例

应用行业	应用实例
航空航天	发动机壳体、机翼隔架、膜盒等
电子仪表	集成电路内引线、显像管电子枪、调速管、仪表游丝等
机械制造	精密弹簧、针式打印机零件、金属薄壁波纹管、热电偶、电液伺服阀等
钢铁冶金	焊接厚度为0.2~8mm、宽度为0.5~1.8m的硅钢片，非合金钢和不锈钢
汽车制造	汽车车身框架、传动装置、齿轮、点火器等
医疗器械	心脏起搏器以及心脏起搏器所用的锂电池等
食品加工	食品罐（用激光焊代替传统的锡焊或接触高频焊，具有无毒、焊接速度快、节省材料以及接头美观、性能优良等特点）等
其他领域	燃气轮器、换热器、干电池锌筒外壳、核反应堆零件等

近年来，多种新型高功率激光器在工业生产中陆续出现，激光焊技术给传统焊接工艺带来了

巨大的冲击，激光焊技术也开始朝着更加多样化、实用化及高效化的方向发展，如激光-钎焊、激光-电弧复合焊、激光-压焊等，进一步拓宽了激光焊的应用范围。

任务实施

根据激光对焊件的作用方式和激光器输出能量的不同，激光焊可分为连续激光焊和脉冲激光焊。连续激光焊在焊接过程中形成一条连续的焊缝。脉冲激光焊输入到焊件上的能量是断续的、脉冲的，每个激光脉冲在焊接过程中形成一个圆形焊点。

一、连续激光焊工艺的编制

（一）接头形式设计及装配要求

传统焊接方法使用的接头形式绝大部分都适合激光焊，但激光焊由于聚焦后的光束直径很小，因而对装配的精度要求很高。

在实际应用中，连续激光焊最常用的接头形式是对接和搭接。对接焊时，如果接头错边太大，会使入射激光在板角处反射，焊接过程不稳定。薄板焊时，如果间隙太大，焊后焊缝表面成形不饱满，严重时形成穿孔。搭接焊时，板间间隙过大易造成上下板间熔合不良。

对于铁基合金和镍基合金材料，对接时其装配间隙应小于焊件厚度的15%，零件的错边和平面度不得大于焊件厚度的25%；对于导热性好的材料，如铜合金、铝合金等，还应将误差控制在更小的范围内。

搭接是薄板连接时常用的接头形式。焊接时装配间隙应小于板材厚度的25%。如果装配间隙过大，会造成上面焊件烧穿。当焊接不同厚度的焊件时，应将薄件置于厚件之上。同时，搭接还可以焊接多层板。

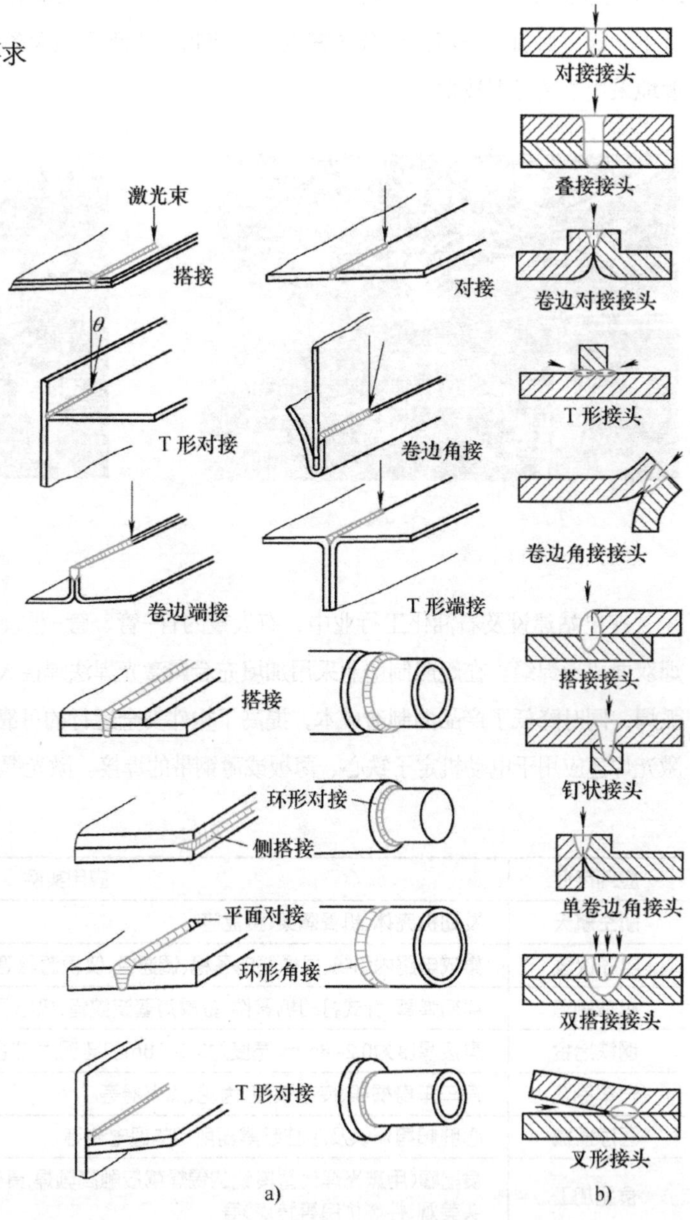

图1-4　连续激光焊的接头形式

T形对接和角接焊时，接头允许的最大间隙通常不超过腹板厚度的5%。

图1-4所示为连续激光焊的接头形式。其中卷边角接接头的刚性最好，焊接时，如焊接参数适当，熔化金属正好填满间隙，内角外缘双面成形。这种接头既省工又省料，在家用电器金属壳体的制造中常用。叉形接头因熔池正好在焊件两边吻合处形成并成小夹角，故可更好地汇集激光能量，但施焊中需稍加压力，且装配必须良好。

激光焊过程中，焊件应夹紧，以防止焊接变形。光斑在垂直于焊接运动方向对焊缝中心的偏离量应小于光斑半径。对于钢铁材料，焊前焊件表面需要进行除锈、脱脂处理。在要求较严格时，焊前需要先酸洗，然后用乙醚、丙酮或四氯化碳进行清洗。

（二）焊接参数

1.激光功率

通常激光功率是指激光器的输出功率（没有考虑激光传输和聚焦系统所引起的损失），是连续激光焊最关键的参数之一。连续工作的低功率激光器可在薄板上以低速产生有限传热焊缝；高功率激光器则可用熔孔型加热法在薄板上以高焊速产生窄的焊缝。

激光功率主要影响熔深。当光斑直径一定时，熔深随着激光功率的提高而增加。激光功率对不同材料焊缝熔深的影响如图1-5所示。

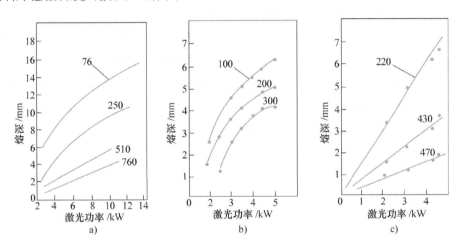

图1-5　激光功率对不同材料焊缝熔深的影响

a）低碳钢，$v = 76 \sim 760 \, cm/min$　b）不锈钢，$v = 100 \sim 300 \, cm/min$　c）低碳钢，$v = 220 \sim 470 \, cm/min$

2.焊接速度

焊接速度影响焊缝的熔深和熔宽。深熔焊时，熔深与焊接速度成反比。在给定材料、功率的条件下对一定厚度范围的焊件进行焊接时，有一最佳的焊接速度范围与其对应。如果焊接速度过高，会导致焊不透；但若焊接速度过低，又会使材料过度熔化，熔宽急剧增大，甚至导致烧损和焊穿。在焊接速度较高时，随着焊接速度增加，熔深减小的速度与电子束焊时相近。但焊接速度降低到一定值后，熔深增加速度远比电子束焊时小。因此，在较高速度下施焊可更大程度地发挥激光焊的优势。焊接速度对熔深的影响如图1-6所示。

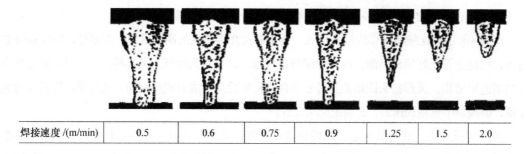

焊接速度 /(m/min)	0.5	0.6	0.75	0.9	1.25	1.5	2.0

图1-6　焊接速度对熔深的影响

3.光斑直径

在入射功率一定的情况下，光斑尺寸决定了功率密度的大小。为了实现深熔焊，焊接时激光焦点上的功率密度必须大于 $10^6 \mathrm{W}/\mathrm{cm}^2$。提高功率密度的途径有两个：一是提高激光功率；二是减小光斑直径。由于功率密度与激光功率之间是线性关系，但与光斑直径的平方成反比，因此减小光斑直径比增加激光功率的效果更明显。

4.离焦量

离焦量是焊件表面至激光焦点的距离，以 ΔF 表示。焦点处激光光斑最小，能量密度最大。焊件表面在焦点以内时为负离焦，与焦点的距离为负离焦量；反之为正离焦，$\Delta F > 0$，如图1-7所示。离焦量不仅影响焊件表面光斑的大小，而且影响激光束的入射方向，因而对熔深和焊缝形状有较大影响。图1-8所示为离焦量对焊缝熔深、熔宽和横截面面积的影响。可以看出，熔深随 ΔF 的变化有一个跳跃性变化过程，在 $|\Delta F|$ 很大时，熔深很小，属于传热焊；当 ΔF 减少到某一值后，熔深发生跳跃性增加，此处标志着小孔的产生。通过调节离焦量，可以在激光束的某一截面选择一光斑直径，使其能量密度适合于深熔焊缝的形成。

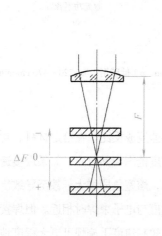

图1-7　离焦量 ΔF

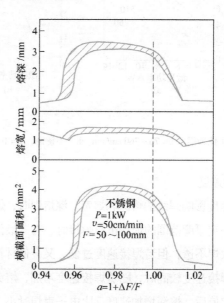

图1-8　离焦量对焊缝熔深、熔宽和横截面面积的影响

5.保护气体

深熔焊时，保护气体有两个作用：一是保护焊缝金属免受有害气体的侵袭，防止氧化污染；二是抑制等离子体的负面效应。

深熔焊时，高功率激光束促使金属蒸发并形成等离子体，它对激光束起着阻隔作用，影响激光能量被焊件吸收。为了排除等离子体，通常用高速喷嘴向焊接区喷送惰性气体，迫使等离子体偏移，同时又对熔化金属起到了隔绝大气的保护作用。

保护气体多用氩（Ar）或氦（He）。He具有优良的保护和抑制等离子体的效果，焊接时熔深较大。如果在He里加少量Ar或O_2，可进一步提高熔深，所以在国外广泛使用He作为激光焊保护气体。He价格昂贵，国内多采用Ar作保护气体，但由于Ar电离能较低，容易电离，故焊缝熔深较小。

气体流量对熔深也有影响。在一定气体流量范围内，熔深随气体流量的增加而增大，超过一定值后，熔深基本保持不变。这是因为流量由小变大时，保护气体去除熔池上方等离子的作用加强，减小了等离子体对光束的吸收和散射作用，因此熔深增大。一旦气体流量达到一定值后，仅靠吹气进一步抑制等离子体负面效应的作用已不明显，即使流量再增大，也不会对熔深产生较大的影响。此外，过大的气体流量不仅会造成浪费，同时会造成熔池表面下陷，严重时还会产生烧穿现象。

图1-9所示为各种气体对激光焊熔深的影响。

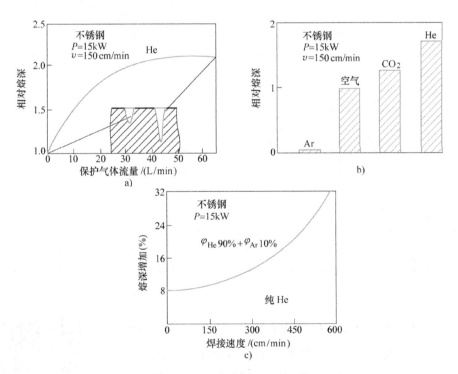

图1-9　各种气体对激光焊熔深的影响

a）气体流量的影响　b）气体种类的影响　c）混合气体的影响

不同材料连续激光焊的焊接参数见表1-3。

表 1-3   不同材料连续激光焊的焊接参数

材料	厚度/mm	焊接速度/(cm/s)	装配缝宽/mm	深宽比	功率/kW	接头形式
18-8不锈钢	0.13	2.12	0.50	全焊透	5	对接接头
	0.20	1.27	0.50	全焊透	5	
	6.35	2.14	0.70	7	3.5	
	8.90	1.27	1.00	3	8	
	12.7	4.20	1.00	5	20	
	20.3	2.10	1.00	5	20	
因康镍合金600	0.10	6.35	0.25	全焊透	5	
	0.25	1.69	0.45	全焊透	5	
镍合金200	0.13	1.48	0.45	全焊透	5	
蒙乃尔合金400	0.25	0.60	0.60	全焊透	5	
工业纯钛	0.13	5.92	0.38	全焊透	5	
	0.25	2.12	0.55	全焊透	5	
低碳钢	1.19	0.32	—	0.63	0.65	搭接接头
镀锡钢	0.30	0.85	0.76	全焊透	5	
18-8不锈钢	0.40	7.45	0.76	部分焊透	5	
	0.76	1.27	0.60	部分焊透	5	
	0.25	0.60	0.60	全焊透	5	
奥氏体型不锈钢	0.25	0.85	—	—	5	角接接头
奥氏体型不锈钢	0.13	3.60	—	—	5	端接接头
	0.25	1.06	—	—	5	
	0.42	0.60	—	—	5	
因康镍合金600	0.10	6.77	—	—	5	
	0.25	1.48	—	—	5	
	0.42	1.06	—	—	5	
镍合金200	0.18	0.76	—	—	5	
蒙乃尔合金400	0.25	1.06	—	—	5	
Ti-6Al-4V合金	0.50	1.14	—	—	5	

二、脉冲激光焊工艺的编制

脉冲激光焊类似于点焊，其加热斑点很小，约为微米级，每个激光脉冲在焊件上形成一个焊点。焊件是由点焊或由点焊搭接成的缝焊方式实现连接的，主要用于微型、精密元件和一些微电子元件的焊接。

（一）接头形式设计

脉冲激光焊加热斑点很小，约为微米级，因而用于厚度小于

微课：连续激光焊的焊接参数

0.1mm的薄片、几微米至几十微米的薄膜和直径可小至ϕ0.02mm金属丝的焊接。如果使焊点重合，还可以进行零件的封装焊。图1-10所示为脉冲激光焊的几种接头形式。

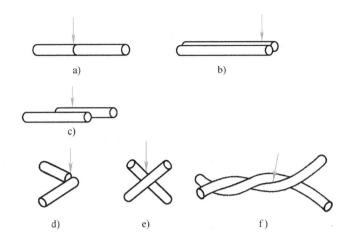

图1-10　脉冲激光焊的几种接头形式

a）对接　b）并接　c）搭接　d）端接　e）十字接　f）绞接（箭头表示激光）

（二）焊接参数

1.脉冲能量和脉冲宽度

脉冲激光焊时，脉冲能量主要影响金属的熔化量，脉冲宽度则影响熔深。脉冲能量一定时，脉冲加宽，熔深逐渐增加；当脉冲宽度超过某一临界值时，熔深反而下降，即不同材料各有一个最佳脉冲宽度使焊接时熔深最大。例如：焊铜时脉冲宽度为（1~5）×10^{-2}s，焊铝时为（0.5~2）×10^{-2}s，焊钢时为（5~8）×10^{-3}s。适当调节脉冲能量和脉冲宽度这两个参数，使被焊材料熔化即可达到焊接目的。

2.功率密度P_d

激光焊时，焊点的直径和熔深由热传导所决定。当功率密度达到10^6 W/cm^2，焊接过程中将产生小孔效应，形成深宽比大于1的深熔焊点，这时金属虽有少量蒸发，并不影响焊点的形成。但功率密度过大后，金属蒸发剧烈，导致汽化金属过多，在焊点中形成一个不能被液态金属填满的小孔，难以形成牢固的焊点。通常在板厚一定时，焊接所需功率密度也一定，功率密度随着焊接厚度增加而增加。

3.离焦量

改变离焦量ΔF，可以改变激光加热斑点的大小和光束入射状况。但离焦量太大会使光斑直径变大，降低光斑上的功率密度，使熔深减小。脉冲激光焊时通常把反射率低、热导率大、厚度较小的金属选为上片；细丝与薄膜焊接前可先在丝端熔结直径为丝径2~3倍的小球，以增大接触面和便于激光束对准。

表1-4列出了常用金属材料的脉冲激光焊的焊接参数。

表 1-4　常用金属材料的脉冲激光焊的焊接参数

材　料	直径或厚度/mm	接头形式	脉冲能量/J	脉冲宽度/ms
奥氏体型 不锈钢(导线)	φ 0.38	对接	8	3.0
		重叠	8	3.0
		十字	8	3.0
		T形	8	3.0
	φ 0.76	对接	10	3.4
		重叠	10	3.4
		十字	10	3.4
		T形	11	3.6
铜(导线)	φ 0.38	对接	10	3.4
		重叠	10	3.4
		十字	10	3.4
		T形	11	3.6
镍(导线)	φ 0.51	对接	10	3.4
		重叠	7	2.8
		十字	9	3.2
		T形	11	3.6
钽(导线)	φ 0.38	对接	8	3.0
		重叠	8	3.0
		十字	9	3.2
		T形	8	3.0
	φ 0.64	T形	11	3.6
铜和钽(导线)	φ 0.38	对接	10	3.4
		重叠	10	3.4
		十字	10	3.4
		T形	10	3.4
镀金磷青铜与铝(薄板)	0.2/0.3	搭接	3.5	4.3
磷青铜 与磷青铜(薄板)	0.145	搭接	2.3	4
不锈钢与 不锈钢(薄板)	0.145	搭接	1.21	3.7
纯铜与纯铜(薄板)	0.05	搭接	2.3	4
不锈钢与纯铜(薄板)	0.145/0.08	搭接	2.2	3.6

　　由于脉冲激光焊的加热过程通常以毫秒计，焊点定位误差不超过数十微米，焊接热影响区仅数十微米。因此，脉冲激光焊时，焊缝周围几乎没有温升，焊接变形极小，特别适合于微电子元

器件及仪器仪表制造业。

任务二　选用激光焊设备

任务解析

激光焊设备是实施激光焊的基础，"选用激光焊设备"是激光焊技术的典型任务。这一任务涉及的知识点主要是激光焊设备的组成，重点是激光器的基本组成、发展、种类及各自特点。通过任务实施，学生能够掌握激光焊设备选用的基本原则，了解国内、外部分厂商设备生产供应情况，掌握激光焊的安全与防护知识，能够根据焊接工艺需求和实际生产条件正确选用激光焊设备。

必备知识

激光焊设备主要由激光器、光学系统、机械系统、控制与监测系统、光束检测器及一些辅助装置等组成，如图1-11所示。

激光器是激光焊设备的核心器件，由光学振荡器及放在振荡器空穴两端镜间的介质所组成。光学系统包括导光及聚焦系统、光学系统的保护装置等。机械系统主要是工作台和计算机控制系统（或数控工作台）。控制与监测系统的作用主要是进行焊接过程与质量的监控。光束检测器的作用是监测激光器的输出功率，有的还能测量光束横截面面积上的能量分布状况，判断光束模式。

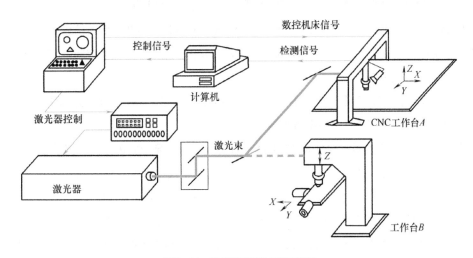

图1-11　激光焊设备组成示意图

一、激光器

激光器是产生受激辐射光并将其放大的装置，是激光焊设备的核心部分。根据激光器中工作物质的形态分为气体激光器、液体激光器、固体激光器、半导体激光器及其他激光器等。其中，较为典型的激光器是CO_2气体激光器、半导体激光器、YAG固体激光器和光纤激光器。

（一）激光器的基本组成

激光器虽然多种多样，但都是通过激励和受激辐射产生激光，因此激光

ppt：焊接设备的组成

器的基本组成是固定的，通常由工作物质（即被激励后能产生粒子数反转的工作介质）、激励源（能使工作物质发生粒子数反转的能源，又称为泵浦源）、光学谐振腔三部分组成。

1.工作物质

激光的产生必须选择合适的工作物质，可以是气体、液体、固体或者半导体。在这种介质中可以实现粒子数反转，以获得制造激光的必要条件。显然亚稳态能级的存在，对实现粒子数反转是非常有利的。现有的激光工作物质近千种，可产生的激光波长覆盖真空紫外波段到远红外波段，非常广泛。

2.激励源

为了使工作物质中出现粒子数反转，必须采用一定的方法去激励粒子体系，使处于高能级的粒子数量增加。可以采用气体放电的方法，利用具有动能的电子去激发工作物质，称为电激励；也可用脉冲光源照射工作物质产生激励，称为光激励；还有热激励、化学激励等。各种激励方式被形象地称为泵浦或抽运。为了不断得到激光输出，必须不断地"泵浦"以维持处于激发态的粒子数。

3.光学谐振腔

有了合适的工作物质和激励源后，即可实现粒子数反转，但这样产生的受激辐射强度很低，无法应用。于是人们想到可采用光学谐振腔对受激辐射进行"放大"。光学谐振腔是由具有一定几何形状和光学反射特性的反射镜按特定的方式组合而成。它的主要作用如下。

1）提供光学反馈能力，使受激辐射光子在腔内多次往返以形成相干的持续振荡。

2）对腔内往返振荡光束的方向和频率进行限制，以保证输出激光具有定向性和单色性。

（二）激光器的发展

激光器是现代激光加工系统中必不可少的核心组件之一。随着激光加工技术的发展，激光器也在不断向前发展，出现了许多新型激光器。

早期激光加工用激光器主要是大功率CO_2气体激光器和灯泵浦YAG固体激光器。从激光加工技术的发展历史来看，首先出现的激光器是在20世纪70年代中期的封离式CO_2激光器，发展至今，已经出现了扩散冷却型CO_2激光器。表1-5列出了CO_2激光器的发展状况。

从表1-5中可以看出，早期的CO_2激光器趋向激光功率提高的方向发展，但当激光功率达到一定要求后，激光器的光束质量受到重视，激光器的发展随之转移到提高光束质量上。20世纪90年代中期出现的接近衍射极限的扩散冷却板条式CO_2激光器具有较好的光束质量，一经推出就得了广泛的应用，尤其是在激光切割领域，受到众多企业的青睐。

表1-5　CO_2激光器的发展状况

激光器类型	封离式	慢速轴流	横流	快速轴流	涡轮风机快速轴流	扩散型SLAB
出现年代	20世纪70年代中期	20世纪80年代早期	20世纪80年代中期	20世纪80年代后期	20世纪90年代早期	20世纪90年代中期

（续）

激光器类型	封离式	慢速轴流	横流	快速轴流	涡轮风机快速轴流	扩散型SLAB
功率/W	500	1000	20000	5000	10000	5000
光束质量 M^2因子	不稳定	1.5	10	5	2.5	1.2
光束质量 K_f因子/mm·mrad	不稳定	5	35	17	9	4.5

注：M^2因子——光束质量因子；K_f因子——光束聚焦特征参数。

CO_2激光器具有体积大、结构复杂、维护困难，金属对$10.6\mu m$波长的激光不能够很好地吸收，不能采用光纤传输激光以及焊接时光致等离子体严重等缺点。后来出现的$1.06\mu m$波长的YAG固体激光器在一定程度上弥补了CO_2激光器的不足。早期的YAG固体激光器采用灯泵浦方式，存在激光效率低(约为3%)、光束质量差等问题，随着激光技术的不断进步，YAG固体激光器不断取得进展，出现了许多新型激光器。YAG固体激光器的发展状况见表1-6。

表1-6　YAG固体激光器的发展状况

激光器类型	灯泵浦固体	半导体泵浦	光纤泵浦	片状DISC固体	半导体端面泵浦	光纤激光器
出现年代	20世纪80年代	20世纪80年代末期	20世纪90年代中期	20世纪90年代中期	20世纪90年代末期	21世纪
功率/W	6000	4400	2000	4000(样机)	200	10000
光束质量 M^2因子	70	35	35	7	1.1	70
光束质量 K_f因子/mm·mrad	25	12	12	2.5	0.35	25

从表1-5和表1-6中可以看出，激光器的发展除不断提高激光器的功率以外，另一个重要方面就是不断提高激光器的光束质量。激光器的光束质量代表着激光器作为加工工具的锋利程度，在激光加工过程中往往起着比激光功率更为重要的作用。

21世纪初，出现了另外一种新型激光器——半导体激光器。与传统的大功率CO_2、YAG固体激光器相比，半导体激光器具有很明显的技术优势，如体积小、重量轻、效率高、能耗小、寿命长以及金属对半导体激光吸收高等优点。随着半导体激光技术的不断发展，以半导体激光器为基础的其他固体激光器，如光纤激光器、半导体泵浦固体激光器、片状激光器等发展也十分迅速。其中，光纤激光器发展较快，尤其是稀土掺杂的光纤激光器，已经在光纤通信、光纤传感、激光材料处理等领域获得了广泛应用。

（三）焊接用激光器

1.固体激光器

固体激光器主要由激光工作物质（红宝石、YAG或钕玻璃棒）、聚光器、谐振腔（全反镜和输出窗口）、泵灯、电源及控制装置组成。激光焊用YAG固体激光器，其工作物质为掺钕的钇铝石榴石晶体，平均输出功率为0.3～3kW，最大功率可达4kW。YAG固体激光器可在连续或脉冲状态下工作，也可以在Q-开关状态下工作。三种输出方式的YAG固体激光器特点见表1-7。典型的Nd：YAG固体激光器的结构如图1-12所示。

表 1-7　三种输出方式的 YAG 固体激光器特点

输出方式	平均功率/ kW	峰值功率/ kW	脉冲持续时间	脉冲重复频率	脉冲能量/J
连续	0.3~4	—	—	—	—
脉冲	≈4	≈50	0.2~20ms	1~500Hz	≈100
Q-开关	≈4	≈100	<1μs	≈100kHz	10^{-3}

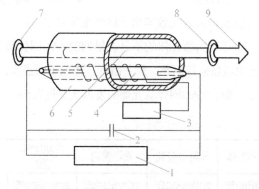

图1-12　典型的Nd：YAG固体激光器结构

1—高压电源　2—储能电容　3—触发电路　4—泵灯　5—激光工作物质　6—聚光器
7—全反射镜　8—部分反射镜　9—激光

YAG固体激光器输出的波长为1.06μm，是CO_2激光器的1/10。波长较短有利于激光的聚焦和光纤传输，也有利于金属表面吸收，这是YAG固体激光器的优势。但YAG固体激光器需采用泵灯，而且泵灯使用寿命较短，需经常更换。YAG固体激光器一般输出多模光束，模式不规则，发散角大。

2.气体激光器

焊接和切割所用气体激光器大多是CO_2激光器，其工作气体主要成分是CO_2、N_2和He气体。CO_2分子是产生激光的粒子；N_2分子的作用是与CO_2分子共振交换能量，使CO_2分子激励，增加激光较高能级上的CO_2分子数，加速CO_2分子的弛豫过程；He分子的主要作用是抽空激光较低能级的粒子。He分子与CO_2分子相碰撞，使CO_2分子从激光较低能级尽快回到基极。He的导热性很好，故又能把激光工作室气体中的热量传给管壁或热交换器，使激光的输出功率和效率得到极大提高。不同结构的CO_2激光器，其最佳工作气体成分不尽相同。

CO_2激光器输出功率的范围大，最小输出功率为数毫瓦，最大可输出几百千瓦的连续激光功率。CO_2激光器的理论转换功率为40%，实际应用中其电光转换效率也可达到15%，能量转换效率高于固体激光器。CO_2激光波长为10.6μm，属于红外光，它可在空气中传播很远而衰减很小。因此，CO_2激光器在医疗、通信、材料加工、武器装备等诸多领域得到了广泛应用。

根据结构形式不同，可将热加工中应用的CO_2激光器分为4种类型，即密闭式、横流式、轴流式和板条式。

（1）密闭式CO_2激光器　它的主体结构由玻璃管制成，放电管中充以CO_2、N_2和He的混合气体，在电极间加上直流高压电，通过混合气体辉光放电，激励CO_2分子产生激光，从窗口输出。为了得到较大的功率，常把多节放电管串联或并联使用。密闭式CO_2激光器的结构如图1-13所示。

（2）横流式CO_2激光器　它的混合气体通过放电区流动，气体直接与换热器进行热交换，因而冷却效果好，允许输入大的电功率，每米放电管的输出功率可达2～3kW。横流式CO_2激光器的结构如图1-14所示。

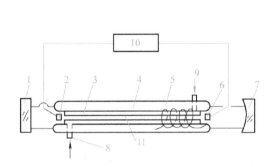

图1-13　密闭式CO_2激光器的结构

1—平面反射镜　2—阴极　3—冷却管　4—储气管
5—回气管　6—阳极　7—凹面反射镜　8—进水口
9—出水口　10—激励电源　11—放电管

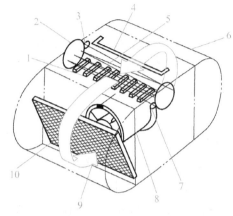

图1-14　横流式CO_2激光器的结构

1—平板式阳极　2—折叠镜　3—后腔镜
4—阴极　5—放电区　6—密封壳体　7—输出反射镜
8—高速风机　9—气流方向　10—换热器

（3）快速轴流式CO_2激光器　它的主要特点是气体的流动方向和放电方向与激光束同轴。气体在放电管中以接近声速的速度流动，速度约为150m/s，每米放电管上可输出0.5～2kW的激光功率。快速轴流式CO_2激光器的结构如图1-15所示。

（4）板条式CO_2激光器　图1-16所示为板条式CO_2激光器的结构。它的主要特点是光束质量好、消耗气体少、运行可靠、免维护、运行费用低。目前，板条式CO_2激光器的输出功率已达3.5kW。

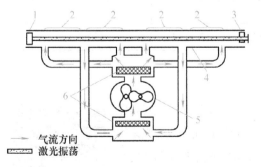

→　气流方向
▬　激光振荡

图1-15　快速轴流式CO_2激光器的结构

1—后腔镜　2—高压放电区　3—输出镜
4—放电管　5—高速风机　6—换热器

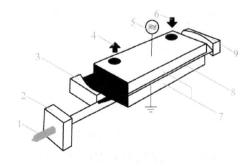

图1-16　板条式CO_2激光器的结构

1—激光束　2—光束整形器　3—输出键　4、6—冷却水
5—射频激励　7—后腔镜　8—射频激励放电　9—波导电极

3.半导体激光器

在这类激光器中以半导体二极管激光器最为重要，其最简单的形式是P-N结构型跃迁，其工作物质为半导体，可采用简单注入电流的方式来泵浦，当提供一个足够大的直流电压时，就可产生粒子数反转。半导体二极管激光器的主要优点是激光波长短（$0.85 \sim 1.65\mu m$），可用光纤传输，电能与光能的转换比极高，激光器体积小，其输出功率可达3kW。

4.光纤激光器

光纤激光器是以光纤为工作物质的中红外波段激光器。光纤是以SiO_2为基质材料拉成的玻璃实体纤维，其导光原理是利用光的全反射。裸光纤中心的高折射率玻璃芯直径一般为$4 \sim 62.5\mu m$，中间的低折射率硅玻璃包层直径一般为$125\mu m$，最外部为加强树脂涂层。光纤按传播光波模式可分为单模光纤和多模光纤。单模光纤的芯径为$4 \sim 12\mu m$，只能传播一种模式的光；多模光纤的芯径大于$50\mu m$，可传播多种模式的光。

光纤激光器的主要特点是：在低泵浦下容易实现连续运转；容易与光线耦合；其辐射波长由基质材料的稀土掺杂剂决定，不受泵浦光波长的控制，可以利用与稀土离子吸收光谱相应的短波长激光二极管作为泵浦源，得到中红外波段的激光输出；与目前的光纤器件——诸如调制器、耦合器、偏振器等相容，可制成全光纤系统；结构简单，体积小，操作和维护简单可靠。与灯泵浦激光器相比，光纤激光器消耗的电能仅约为灯泵浦激光器的1%，而效率则是半导体激光泵浦YAG固体激光器的2倍以上；其光束质量不受激光功率的影响，输出的激光具有接近衍射极限的光束质量。

激光器的特点及用途见表1-8。

表 1-8　激光器的特点及用途

激光器	波长/μm	工作方式	重复频率/Hz	输出功率或能量范围	主要用途
红宝石激光器	0.69	脉冲	0~1	1~100J	点焊、打孔
钕玻璃激光器	1.06	脉冲	0~10	1~100J	点焊、打孔
YAG固体激光器	1.06	脉冲连续	0~400	1~100J　0~2kW	点焊、打孔、焊接、切割、表面处理
密闭式CO_2激光器	10.6	连续	—	0~1kW	焊接、切割、表面处理
横流式CO_2激光器	10.6	连续	—	0~25kW	焊接、表面处理
快速轴流式CO_2激光器	10.6	连续、脉冲	0~5000	0~6kW	焊接、切割

二、光束传输及聚焦系统

光束传输及聚焦系统又称为光学系统，用于把激光束传输并聚焦到焊件上。图1-17所示为两种光束传输及聚焦系统的示意图。反射镜用于改变光束的方向，球面反射镜或透镜用来聚焦。在固体激光器中，常用光学玻璃制造反射镜和透镜。而对于CO_2激光焊设备，由于激光波长较长，常用铜或反射率高的金属制造反射镜，用GaAs或ZnSe制造透镜。透射式聚焦用于中、小功率的激

ppt：激光器

光加工设备，而反射式聚焦用于大功率激光加工设备。

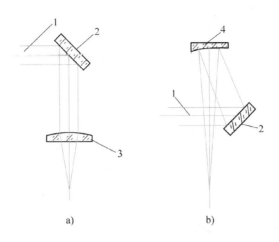

图1-17　两种光束传输及聚焦系统示意图

a）透射式聚焦　b）反射式聚焦

1—激光束　2—平面反射镜　3—透镜　4—球面反射镜

三、光束检测器

光束检测器主要用于检测激光器的输出功率或输出能量，并通过控制与监测系统对功率或能量进行控制。电动机带动旋转反射针高速旋转，当激光束通过反射针的旋转轨迹时，一部分激光（<0.4%）被针上的反射面所反射，通过锗透镜衰减后聚焦，落在红外激光探头上，探头将光信号转变为电信号，由信号放大电路放大，通过数字毫伏表读数。由于探头给出的电信号与所检测到的激光能量成正比，因此数字毫伏表的读数与激光功率成正比，它所显示的电压大小与激光功率的大小相对应。

四、气源和电源

目前的CO_2激光器采用CO_2、N_2、He（或Ar）混合气体作为工作物质，其体积配比为7∶33∶60。He、N_2均为辅助气体，混合后的气体可提高输出功率5～10倍。但He气价格昂贵，选用时应考虑其成本。为了保证激光器稳定运行，一般采用响应快、恒稳性高的电子控制电源。

五、工作台和控制与监测系统

伺服电动机驱动的工作台可供安放焊件实现激光焊或切割。激光焊的控制与监测系统多采用数控系统。

任务实施

早期的激光焊多数是采用脉冲固体激光器进行小型零部件的点焊，形成由焊点搭接而成的缝焊，其焊接过程多属传热焊。20世纪70年代，大功率CO_2激光器的出现，开启了激光应用于焊接及工业领域的新纪元，从而使激光焊在汽车、船舶、航空、轻工等行业得到了广泛的应用。近年来，高功率YAG固体激光器有突破性进展，出现了平均功率在4kW左右的连续或重复频率输出的

YAG固体激光器，可以用其进行深熔焊，因其波长短，金属对这种激光的吸收率大，焊接过程受等离子体的干扰少，因而有良好的应用前景。

一、激光焊设备选用原则

选择或购买激光焊设备时，应根据焊件尺寸、形状、材质和设备的特点、技术指标、适用范围以及经济效益等综合考虑。

（一）从焊件方面考虑

1）微型件、精密件的焊接可选用小功率激光焊设备。

2）点焊可选用脉冲激光焊设备。

3）直径在0.5mm以下金属丝、丝与板或薄膜之间的点焊，特别是微米级细丝、箔膜的点焊等，应选择小功率脉冲激光焊设备。

4）随着焊件厚度的增大，应选用功率较大的激光焊设备。

（二）从激光焊设备方面考虑

1）激光脉冲的能量是指单个激光脉冲能最大输出的能量，单位是J(焦耳)。功率一定的情况下，单个激光脉冲能量越高，发射频率就越低。激光脉冲的能量是激光器的一个主要参数，它决定了激光器所能产生的最大能量。

2）激光光斑聚焦直径是反映激光器设计性能的一个极为重要的参数，单位是mm(毫米)。它决定激光的功率密度和加工范围。如果激光器的光学设计合理、先进，激光能量集中，聚焦准确，则能够把激光光斑聚焦直径控制在0.2~1.5mm的范围。而能否把激光光斑聚焦直径控制在0.2mm，是对激光器性能的一个重要检验指标。

3）激光脉冲的频率是反映激光器在1s内能打出多少个脉冲的能力，单位是Hz(赫兹)。以金属焊接为例，焊接金属是使用激光的能量，而在激光功率恒定的情况下，频率越高，每个激光输出的能量就越小。因此，需要在保证激光能量足够熔化金属的情况下，考虑加工速度，才能定出激光脉冲的频率。

4）功率波形的选择。在选择激光功率波形时，一般来说，在输入相同激光能量的条件下，脉宽越宽，焊斑越大；激光功率波形峰值功率越高，焊斑越深。

5）考虑电能、冷却水以及工作气体的消耗水平，易损、易耗件的价格、零配件的购置等。

二、激光焊设备的生产供应

（一）国内外生产厂家（部分）

国内：武汉光谷激光技术股份有限公司，主要生产快速轴流和横流CO_2激光加工成套设备；武汉楚天激光集团，主要生产YAG固体和CO_2气体低功率激光加工系统；深圳大族激光，主要生产大功率CO_2、YAG固体激光加工系统；武汉华工激光，主要生产先进固体激光器和高功率气体激光器及激光成套设备。

国外：德国Trumpf公司，以CO_2和YAG固体激光成套设备为主；德国Rofin-Sina公司，以CO_2、YAG、光纤、半导体激光器为主；美国PRC激光公司，以CO_2激光器和YAG固体激光器为主；美国光谱物理公司，以YAG固体激光器为主。

（二）主要技术参数

国内部分激光焊设备的主要技术参数见表1-9。

表 1-9　国内部分激光焊设备的主要技术参数

型号	NJH-30	JKg	DH-WM01	GD-10-1
名称	钕玻璃脉冲激光焊机	钕玻璃数控脉冲激光焊机	全自动电池壳YAG激光焊机	红宝石激光点焊机
激光波长/μm	1.06	1.06	1.06	0.69
输出最大脉冲能量/J	130	97	40	13
重复率	1~5Hz	30次/min（额定输出时）	1~100Hz（分7档）	16次/min
脉冲宽度/ms	0.5(最大输出时)6(额定输出时)	2~8	0.3~10（分7档）	6(最大)
激光工作物质尺寸/mm	—	$\phi12\times350$	—	$\phi10\times165$
用途	点焊、打孔	用于细线板、薄板对接焊、搭接焊和叠焊,焊接熔深可达1mm	焊接电池壳;双重工作台,焊接过程全部自动化	点焊和打孔;适用板厚小于0.4mm、线材直径小于0.6mm

三、激光焊的安全与防护

（一）激光的危害

焊接和切割中所用激光器输出功率或能量非常高，激光设备中又有数千伏至数万伏的高压激励电源，会对人体造成伤害。激光加工过程中应特别注意激光的安全防护。激光是不可见光，不容易发现，易于忽视。激光安全防护的重点对象是眼睛和皮肤。此外，也应注意防止火灾和电击等，否则将导致人身伤亡或其他一些危害极大的事故。

1.对眼睛的伤害

眼睛是人体上最为重要也是极为脆弱的器官，最容易受到激光的伤害。一般情况下，眼睛直接受太阳光或电弧之类光照射就会受到伤害，而激光的亮度比太阳、电弧亮度高数十个数量级，它会对眼睛造成严重损伤。

1）受激光直接照射，会由于激光的加热效应引起烧伤，可瞬间使人致盲，危险最大，后果严重。即使是数毫瓦的He-Ne激光，虽然功率小，但由于人眼的光学聚焦作用，也会引起眼底组织的损伤。

2）激光加工时，由于焊件表面对激光的反射，也会对眼睛造成伤害。强反射的危险程度与直接照射相差无几，而漫反射光会对眼睛造成慢性损伤，导致视力下降。因此在激光加工时，对眼睛需要重点保护。

2.对皮肤的伤害

皮肤受到激光的直射会造成烧伤，特别是聚焦后激光功率密度十分大，伤害力更大，会造成皮肤严重烧伤。长时间受紫外线、红外线漫反射的影响，可能导致皮肤老化、炎症和皮癌等病变。

3.其他方面

激光束直接照射或强反射会引起可燃物的燃烧导致火灾。激光焊时，材料受激光加热而蒸发、汽化，产生各种有毒的金属烟尘。高功率激光加热时会产生臭氧，对人体健康也有一定危害。长时间在激光环境中工作，会产生疲劳的感觉等。同时激光器中还存在着数千至数万伏特的高压电，存在着电击的危险。

（二）激光的安全防护

1.一般防护

激光安全防护应从激光焊设备做起。

1）在激光加工设备上应设有明显的危险警告标志和信号，如"激光危险"和"高压危险"等，设备应有各种安全保护装置。

2）激光光路系统应尽可能全封闭。例如：让激光在金属管中传递，以防止直接照射。激光光路如不能全封闭，则要求激光从人的高度以上通过，使光束避开眼、头等重要器官。激光加工工作台应用玻璃等屏蔽，以防止反射光。

3）激光加工场地也应设有安全标志，并采用预防栅栏、隔墙、屏风等，防止无关人员误入危险区。

2.人身防护

对激光的人身防护应注意以下几点。

1）现场操作和加工工作人员必须配备激光防护眼镜，穿白色工作服，以减少漫反射的影响。

2）只允许有经验的工作人员对激光器进行操作和进行激光加工。

3）焊接区应配备有效的通风装置。

项目拓展

拓展一　激光复合焊技术

激光复合焊技术是指将激光焊与其他焊接方法组合起来的集约式焊接技术，其特点是能充分发挥每种焊接方法的优点并克服某些不足，从而形成一种复合、高效热源。例如：由于高功率激光焊设备的价格较昂贵，当对厚板进行深熔、高速焊接时，可将小功率的激光器与常规的气体保护焊结合起来进行复合焊接，如激光-TIG和激光-MIG等。

一、激光-电弧复合焊

激光复合焊技术中应用较多的是激光-电弧复合焊技术（也称为电弧辅助激光焊技术）。它的主要目的是：有效利用电弧能量，在较小的激光功率条件下获得较大的熔深，同时提高激光焊对接头间隙的适应性，降低激光焊的装配精度要求，实现高效率、高质量的焊接过程。

（一）激光-电弧复合焊的原理

激光-电弧复合焊技术最初是由英国学者W.M.Steen于20世纪70年代末提出的，主导思想是有效利用电弧的热量。这里所说的"电弧"主要是指钨极氩弧（TIG）和熔化极氩弧（MIG/MAG），因此它也称为激光-TIG/MIG复合焊技术。奥地利Fronuis公司2001年在埃森国际焊接展览会上展出的"激光-MIG复合焊"设备，引起了焊接界的极大兴趣。最近几年，由于工业生产上的需要，它逐步成为国际焊接界的关注焦点，并得到重视。

当激光束穿过电弧时，其穿透金属的能力比在一般大气中有了明显的增强。单一激光作用于金属表面时，焊缝上方因激光作用而产生光致等离子云，等离子云对入射激光有吸收和散射作用，降低了激光能量利用率；外加电弧后，低温低密度的电弧等离子体对光致等离子体有稀释作用，激光能量传输效率提高；同时电弧对母材进行加热，使母材温度升高，从而使母材对激光的吸收率提高，焊接熔深增加。激光熔化金属，为电弧提供自由电子，降低了电弧通道的电阻，电弧的能量利用率也得到提高，使总的能量利用率提高，熔深进一步增加。激光束对电弧还有聚焦、引导作用，使焊接过程中的电弧更加稳定。

激光焊与TIG/MIG电弧组成的激光-TIG/MIG复合焊，可实现大熔深焊接，同时热输入比TIG/MIG电弧大为减小。图1-18和图1-19所示为激光-TIG与激光-MIG复合焊示意图。

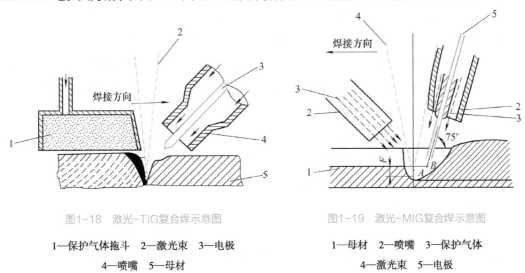

图1-18　激光-TIG复合焊示意图

1—保护气体拖斗　2—激光束　3—电极
4—喷嘴　5—母材

图1-19　激光-MIG复合焊示意图

1—母材　2—喷嘴　3—保护气体
4—激光束　5—电极

（二）激光-电弧复合焊的特点

激光-电弧复合焊结合了激光和电弧两个独立热源各自的优点（如激光具有高的能量密度、极优的指向性及透明介质传导的特性，电弧具有高的热-电转化效率、低廉的设备成本和运行成本、技术发展成熟等优势），避免了两者的缺点（如金属材料对激光的高反射率造成的激光能量损失，激光设备成本高、电-光转化效率低等，电弧热源较低的能量密度、高速移动时放电稳定性差等），同时两者的有机结合衍生出了很多新的特点（高的能量密度、高的能量利用率、高的电弧稳定性、较低的工装准备精度以及焊件表面质量要求等），使之成为具有极大应用前景的新型焊接热源。

可以用于复合焊的激光有CO_2激光、YAG固体激光、半导体激光、光纤激光等；可以用于复合焊的电弧有TIG、MIG、MAG、等离子弧等。

上述激光和电弧可以不限种类、不限方式地组合构建复合热源，该项技术有以下主要特点。

1.电弧预热提高激光热效率

金属材料的光学特性与试验温度有密切的关系，当温度升高时，金属对激光能量的吸收率呈非线性增长。复合焊过程中，由于电弧的加热，使焊件升温、熔化，激光束穿过电弧后直接作用于液态金属表面，大大降低了焊件对红外激光（尤其是波长较大的CO_2激光）的反射率，提高了焊件对激光的吸收。此外，由于电弧等离子体的温度和电离度相对较低，对光致等离子体有稀释作用，使其电子数密度降低，从而减小了光致等离子体对激光的吸收和折射，增加入射到焊件表面的激光能量，但这种影响比较复杂，当焊接电流较大时，可能出现相反作用。

激光与电弧复合焊接时，TIG或MIG电弧先将母材熔化，紧接着用激光照射熔融金属，提高母材对激光的吸收率；可有效利用电弧能量，降低激光功率；激光与电弧相互作用提高焊接效率，焊接速度可达到9m/min。由于电弧的作用使得用较小功率的激光器就能达到很好的焊接效果，与激光焊相比可以降低生产成本，符合"高效、节能、经济"要求。

2.提高电弧热流密度和焊接稳定性，增大熔深

激光能量密度极高，焊接过程中引起金属蒸发，形成大量金属等离子体，从而为电弧提供良好的导电通路，对电弧有强烈的吸引和收缩作用，可减小引弧压力，降低场强，增强电弧的稳定性。正是激光的稳弧作用，使复合热源高速焊接过程中不易出现电弧漂移或断弧现象，整个焊接过程非常稳定，飞溅极小；同时激光对电弧的收缩作用，也使电弧的热流密度增大，激光压缩弧根，进一步增大了熔深。

在电弧的作用下母材熔化形成熔池，激光束作用在电弧形成熔池的底部，液态金属对激光束的吸收率高，因而复合焊较激光焊的熔深大。与同等功率下的激光焊相比，复合热源焊接的熔深可增加1倍。特别是在窄间隙、大厚板焊接中，采用激光-电弧复合焊，在激光的作用下电弧可潜入到焊缝深处，减少填充金属的熔覆量，实现大厚板深熔焊。

3.提高焊接效率，降低成本

激光与电弧的相互作用，使复合焊的能量效应大于两个单独热源的能量效应之和，也使激光-电弧复合焊相比单种焊接工艺具有明显的优势。在相同熔深的条件下，焊接速度可提高1～2倍，从而大大提高了焊接效率，降低了对激光功率等级的要求，继而降低了设备和生产成本。

4.减少焊接缺陷，改善焊缝成形，焊接质量好

复合热源作用于焊件时，高能密度激光束可以改善熔化金属与固态母材的润湿性，便于消除高速焊时易出现的咬边、驼峰等缺陷。与激光焊相比，激光-电弧复合焊对小孔的稳定性、熔池流动情况等会产生影响，能够减缓熔池金属凝固时间，有利于组织转变和焊接熔池中气体逸出，能够减少气孔、裂纹、咬边等焊接缺陷。因此，复合焊在提高焊接效率的同时，焊接质量也明显提高。

激光和电弧的能量还可以单独调节，将两种热源适当配比可获得不同的焊缝深宽比，改善焊

缝成形系数。

5.减小焊接应力和变形

与常规电弧焊相比，激光–电弧复合热源能量密度高、焊接速度快，使得焊接热输入较小，焊接热影响区及焊件焊后变形小；同时由于焊缝加热时间变短，因而不易产生晶粒粗化，残余应力小，可改善焊缝组织性能。特别是在大厚板焊接时，由于焊接道数减少，相应地减少了焊接后整形的工序和工作量，提高了工作效率。

6.增强焊接适应性，扩展应用范围

激光–电弧复合焊过程中，电弧与焊丝的存在，增大了焊件的加热区域，焊缝熔宽增大（特别是MIG电弧），降低了热源对接头间隙的装配精度、错边及对中的要求，减少了焊件对接加工、装配的工作量，可以在较大的接头间隙下实现焊接，提高了生产率。

对坡口间隙的搭桥能力强是激光–电弧复合焊相对于激光焊的最大优势，有很大的工程实用价值。激光焊对焊件装配精度要求苛刻；而激光–电弧复合焊则大大放宽了对焊件装配精度的要求，提高了焊接适应性。例如：对于3mm厚不锈钢板对接，若采用CO_2激光焊，当坡口间隙为0.1mm时，焊缝存在一定凹陷；当坡口间隙为0.5mm时，坡口间隙两侧有一半边缘没有完全融化；若采用激光–MIG/MAG复合焊时，坡口间隙在0.5mm的情况下，能保证边缘熔合及焊透，且焊缝成形良好。此外，激光–电弧复合焊对错边有良好的适应性。10mm厚钢板可一次性焊透，而在错边达2mm甚至4mm的情况下，仍可获得良好的焊缝成形。这对于单热源焊接来说是难以完成的。

（三）激光–电弧复合焊应用实例

激光–电弧复合焊的焊缝满足技术要求，表现出高韧性、高强度和熔深大等优势，在一些对焊接质量要求高的航空、船舶、汽车等领域有巨大的应用前景。

激光–电弧复合焊技术在船舶制造工业中获得了广泛的应用。船舶焊接技术是现代造船模式中的关键技术之一。在船体建造中，焊接工时占船体建造工时的40%～50%，焊接成本占船体建造成本的30%～40%。因此，船舶焊接技术水平和生产率直接影响船舶建造周期、生产成本、产品质量。激光–电弧复合焊技术具有焊缝深宽比大、焊接变形小、能够满足造船厂对装配间隙的要求等优点，在船舶行业具有广阔的应用前景。德国Meyer船厂装备的激光–MIG复合焊设备实现平板对接和肋板焊接。丹麦Odense造船厂装备的激光–MIG复合焊设备，单边焊接厚度12mm，双面焊接厚度20mm，焊接速度可以达到250cm/min。我国是世界造船大国，但传统电弧焊方法仍然是造船中的主要连接方法，这会带来焊接变形和大量的焊后整形工作。我国要成为造船强国，极需加快激光–电弧复合焊等高效焊接技术的研发和应用。

激光–电弧复合焊技术在汽车工业中获得了广泛的应用。大众汽车公司大约80%的焊缝优先采用激光焊技术，其中大部分焊接采用激光–电弧复合焊技术。例如：大众VW Phaeton高档轿车的车门焊接，焊缝总长度为4980mm，焊接工艺是7条MIG焊缝（长度为380mm），11条激光焊缝（长度为1030mm），48条激光–MIG复合焊缝（长度为3570mm）。奥迪公司也加强了激光–MIG复合焊技术的应用，在A2系列轿车的铝合金车架生产中采用了复合焊技术，在较薄的车身蒙皮、较厚的铝板或铝型材焊接中也采用了复合焊技术。激光–MIG复合焊也用于奥迪A8汽车的生产，

A8侧顶梁各种规格和形式的接头均采用了激光-MIG复合焊工艺，焊缝总计长度为4500mm。

二、激光-高频复合焊

该方法是在高频焊管的同时，采用激光对接合处进行加热，使焊件在整个焊缝厚度上的加热更均匀，有利于进一步提高焊管的质量和生产率。

三、激光-压力复合焊

该方法是将聚焦的激光束照射到焊件的接合面上，利用材料表面对垂直偏振光的高反射将激光导向焊接区，由于接头特定的几何形状，激光能量在焊接区被完全吸收，使焊件表层的金属加热或熔化，然后在压力的作用下实现焊接。采用激光-压力复合焊不仅接头强度高，而且焊接速度快，使生产率得到大幅度提高。

拓展二　不同材料的激光焊

一般来说，任何传统焊接方法能够焊接的材料都能采用激光焊，且激光焊的质量更好、效率更高。许多钢铁材料和非铁金属的异种材料焊接也可采用激光焊实现。

一、钢的激光焊

（一）非合金钢和低合金钢的焊接

低碳钢和低合金钢都具有良好的焊接性，但由于激光焊时加热速度和冷却速度都非常快，因此焊接裂纹和缺口敏感性也会增加。

1）碳当量较低的钢激光焊接性较好，只要所选择的焊接参数适当，就可以得到与母材力学性能相当的接头。

2）当碳当量超过0.3%时，焊接的难度就会增加，冷裂敏感性增大，材料在疲劳和低温条件下的脆断倾向也随之增加。接头设计中考虑到焊缝的一定收缩量，这样有利于降低焊缝和热影响区残余应力及裂纹倾向。采用脉冲激光焊可减少热输入量，降低裂纹的产生倾向和减小焊接变形。同时，也可通过采取减小淬火速率等措施来降低裂纹倾向。

3）硫、磷质量分数超过0.04%的钢激光焊时易产生热裂纹。表面经过渗碳处理的钢由于其表层含碳量较高，极易在渗碳层产生裂纹；渗氮钢激光焊时，也容易产生气孔和裂纹，因此这类钢通常不采用激光焊。对于沸腾钢等未脱氧的钢，也不宜采用激光焊，除非钢中的含氧量原本就很低，否则气体逸出过程中形成的气泡很容易导致气孔的产生。对于搭接结构的镀锌钢，一般很难采用激光焊。因为锌的汽化温度（903℃）比钢的熔点（1535℃）低很多，焊接过程中锌的蒸发产生的蒸气压力使锌蒸气从熔池中大量排出，同时带出部分熔化金属，会使焊缝产生严重的气孔和咬边。

（二）不锈钢的焊接

不锈钢的激光焊接性能较好。奥氏体型不锈钢的热导率只有碳钢的1/3，吸收率则比碳钢略高。因此，奥氏体型不锈钢的熔深比普通碳钢深5%～10%。例如：用CO_2激光焊焊接奥氏体型不锈钢时，在功率为5kW、焊接速度为100cm/min，光斑直径为Φ0.6mm的条件下，光的吸收率为

85%，熔化效率为71%。由于焊接速度快，减轻了不锈钢焊接时过热和线膨胀系数大的不良影响，热变形和残余应力相对较小，焊缝无气孔、夹杂等缺陷，接头强度和母材相当。实践证明，当钢中Cr/Ni当量大于1.6时，奥氏体型不锈钢较适合采用激光焊；当Cr/Ni当量小于1.6时，焊缝中产生热裂纹的倾向将明显提高。

铁素体型不锈钢实施激光焊时，焊缝塑性和韧性比采用其他焊接方法时要高。与奥氏体型和马氏体型不锈钢相比，用激光焊焊接铁素体型不锈钢产生热裂纹和冷裂纹的倾向小。在不锈钢中，马氏体型不锈钢的焊接性较差，接头区易产生脆硬组织并伴有冷裂纹倾向，预热和回火可以降低裂纹和脆裂的倾向。

不锈钢激光焊的另一个特点是，用小功率CO_2激光焊焊接不锈钢薄板，可以获得外观成形良好、焊缝平滑美观的接头。不锈钢激光焊可用于核电站中不锈钢管、核燃料包等的焊接，也可用于化工等其他工业部门。

二、非铁金属的激光焊

（一）铝合金的激光焊

铝合金激光焊常采用深熔焊方式，焊接时的主要困难是它对激光束的高反射率和自身的高导热性。铝是热和电的良导体，高密度的自由电子使它成为光的良好反射体，焊接初始时表面反射率超过90%。也就是说，深熔焊必须在输入能量小于10%时开始，这就需要采用大功率或高性能的激光束来获得所需的能量密度。而小孔一旦生成，它对光束的吸收率迅速提高，甚至可达90%，从而使焊接过程顺利进行。

采用激光焊焊接铝及铝合金时，除了能量密度的问题外，还有三个很重要的问题需要解决，即气孔、热裂纹和严重的焊缝不规则性。

气孔的产生是由于氢在熔池金属中的溶解度变化而引起的。随温度的升高，氢在铝中的溶解度急剧升高，而激光焊时熔池体积和冷却时间相对较小，因而焊缝中多存在气孔，深熔焊时根部可能出现空洞，焊道成形较差。此外，金属表面的氧化膜在焊接过程中也会溶解到熔池，导致气孔的产生和焊缝的脆化。焊接前可通过机械或化学方法除去这些氧化膜。

铝合金焊接过程中易产生热裂纹。裂纹的形成与焊接速度、冷却时间有关，同时与焊缝的保护程度密切相关。焊缝金属会氧化或氮化形成Al_2O_3和AlN，一方面Al_2O_3和AlN会成为微裂纹扩展的裂纹源，另一方面Al_2O_3和AlN会造成焊缝的污染。

焊缝不规则性是指焊道粗糙、鱼鳞纹不均匀、边缘咬边及根部不规则等。造成焊缝不规则的原因是焊缝的低蒸气压和低表面张力使焊缝金属对N_2和O_2的亲和力增加。使用Ar气或He气作为保护气体可以得到光洁的焊缝和致密的鱼鳞纹，同时焊缝根部也需进行保护。

激光焊铝合金时加入填充金属，可有效避免热裂纹、咬边的产生，并能降低焊缝的不连续性，降低对焊接接头装配精度的要求，提高接头强度。在CO_2气体激光焊和Nd:YAG激光焊的过程中，采用等离子弧与激光复合焊不仅能提高焊接速度（可提高2倍）、减少裂纹，还有助于得到平滑的焊缝。

由于铝合金对激光的强烈反射作用，使焊接十分困难，必须采用高功率的激光器才能进行焊接，焊前需对焊件表面进行预处理，焊接过程中需采取良好的保护措施。尽管如此，激光焊的优势和焊艺柔性又吸引着科技人员不断克服铝合金激光焊的困难，有力推动了铝合金激光焊在飞机、汽车等制造领域中的应用。

（二）钛合金的激光焊

钛合金具有高的比强度，良好的塑性及韧性，较高的耐蚀性，是一种优良的结构材料。钛元素化学性质活泼，对氧化很敏感，对由氧气、氢气、氮气和碳原子所引起的脆化也很敏感，所以要特别注意接头的清洁和气体保护问题。

在进行钛合金激光焊时，接头正反面都必须施加惰性气体保护，气体保护范围须扩大到400～500℃的温度区域内。钛合金对接时，焊前必须把坡口清理干净，可先用喷砂处理，再用化学方法清洗。另外，装配要精确，接头间隙要严格控制。

钛合金采用激光焊可得到满意的结果。Ti-6A1-4V是用量最大的钛合金，广泛用于航空航天结构制造。对1mm厚的Ti-6Al-4V板材采用输出功率为4.7kW的CO_2激光焊，焊接速度可超过15m/min。检测结果表明，焊接接头致密、无裂纹、气孔和夹杂物；接头的屈服强度、抗拉强度与母材相当；在适当的焊接参数下，Ti-6A1-4V合金接头具有与母材同等的弯曲疲劳性能。激光焊焊接高温钛合金，也可以获得强度和塑性良好的接头。

（三）高温合金的激光焊

激光焊可以焊接各类高温合金，包括电弧焊难以焊接的含A1、Ti量高的时效处理合金，且可获得性能良好的接头。

用于高温合金焊接的激光器一般为脉冲激光器或连续CO_2激光器，功率为1～50kW。高温合金激光焊接头的力学性能较高，强度系数为90％～100％。例如：采用2kW快速轴流式激光器，对厚度2mm的Ni基合金进行焊接，最佳焊接速度为8.3mm/s；厚度1mm的Ni基合金，最佳焊接速度为34mm/s，焊缝晶粒细小，接头无裂纹。而用常规的TIG焊则难以实现。

激光焊用的保护气体，推荐采用He气或He与少量H_2的混合气体。使用He气成本较大，但是He气可以抑制等离子云，增加焊缝熔深。高温合金激光焊的接头形式一般为对接和搭接接头，母材厚度可达10mm，但对接头制备和装配要求很高。

三、异种材料的激光焊

许多异种材料的连接可以采用激光焊完成。研究表明，异种材料是否可采用激光焊，取决于两种材料的物理性质，如熔点、沸点等。如果两种材料的熔点、沸点接近，激光焊时参数调节范围较大，接合区易获得良好的组织和性能，则可采用激光焊。

可采用激光焊的各种金属组合见表1-10。铜-镍、镍-钛、钛-铝、低碳钢-铜等异种金属在一定条件下均可进行激光焊。激光焊还可以焊接陶瓷、玻璃、复合材料等。焊接陶瓷时需要预热，以防止裂纹产生，一般预热到1500℃，然后在空气中进行焊接，通常采用长焦距的聚焦透镜，为了提高接头强度，也可填加焊丝。焊接金属基复合材料时，易产生脆性相，这些脆性相会导致裂纹以及降低接头强度，虽然在试验条件下可以获得满意的接头，但仍处于研究阶段。

表1-11列出了几组异种材料脉冲激光焊的焊接参数。

表 1-10 可采用激光焊的各种金属组合

	Al	Ag	Au	Cu	Pd	Ni	Pt	Fe	Be	Ti	Cr	Mo	Te	W
Al														
Ag	○													
Au	○	◆												
Cu	○	○	◆											
Pd		◆	◆	◆										
Ni	○		◆	◆	◆									
Pt		○	◆	◆	◆	◆								
Fe			○		●	●	●							
Be			○	○	○	○		○						
Ti	○	○	○	○	○	○	○	○						
Cr			○		●	●	◆	◆		◆				
Mo						○	◆	●		◆	◆			
Te					●	●	○	○		◆		◆		
W						○	○	●		○	◆	◆	◆	

注：◆为焊接性好；●为焊接性较好；○为焊接性一般。

表 1-11 几组异种材料脉冲激光焊的焊接参数

异种材料组合	厚度(直径)/mm	脉冲能量/J	脉冲宽度/ms
镀金磷青铜+铝箔	0.3/0.2	3.5	4.3
不锈钢+纯铜箔	0.145/0.08	2.2	3.6
镍铬丝+铜片	0.10/0.145	1.0	3.4
镍铬丝+不锈钢	0.10/0.145	0.5	4.0
硅铝丝+不锈钢	0.10/0.145	1.4	3.2

拓展三 激光焊典型案例

案例1：汽车高强钢板激光焊

我国汽车工业已进入发展的快车道，汽车工业对轻量化、安全、排放、成本控制及燃油经济性要求越来越高，这就驱使汽车工业采用高强度钢板和一些高强度轻量化材料。北京工业大学王鹏等采用IPG YLR-6000-ST2激光器对宝钢生产的车用1.5mm厚高强钢板进行焊接，并对焊接质量与缺陷进行了分析。

（一）焊接材料及方法

试验材料为宝钢生产的高强钢板，抗拉强度为700MPa，厚度为1.5mm，其化学成分及力学性能见表1-12。试样尺寸为100mm×50mm×1.5mm，50mm边对接焊，不开坡口。

焊接设备采用IPG公司生产的YLR-6000-ST2激光器，最大输出功率6kW，使用200μm的光纤进行传输，扩束镜150mm，焊接头为Precitec公司生产的YW50，焦距为250mm，聚焦光斑直径为ϕ0.33mm。

表1-12　高强钢板化学成分（质量分数）及力学性能

C	Si	Mn	P	Nb	S	Cr	抗拉强度R_m/MPa	屈服强度R_{el}/MPa
0.15%	0.43%	1.8%	0.014%	0.019%	0.003%	0.015%	700	625

焊接前采用丙酮对焊接部位进行清洗，然后将焊件固定在自制的焊接夹具上，装配间隙控制在板厚的1/10以内，保证焊缝均匀平整。焊接过程中采用Ar作为保护气和等离子体控制气。高强钢板激光焊的焊接参数见表1-13。

表1-13　高强钢板激光焊的焊接参数

材料	功率/kW	焊接速度/(mm/s)	离焦量 /mm	保护气体	气体流量/(L/min)
高强钢（厚度1.5mm）	2.8	120	2	Ar	10

（二）焊接参数对熔深、熔宽的影响

施焊过程中，激光功率为1～2kW时，焊缝熔深随着功率的增大而增加，此时焊接的主要形式为传热焊；当激光功率达到2.2kW时，熔深突然增大，这是因为焊接的模式由传热焊转变为深熔焊。深熔焊模式的特征是小孔的出现，小孔出现后材料对激光的吸收率急剧增大，熔深增加；当功率达到一定值，激光的能量过强导致蒸发金属被电离，出现等离子体对激光的屏蔽作用，熔深反而减小。

熔宽随功率变化的规律与熔深相似。功率较低时，熔宽随功率的逐渐增大而慢慢变宽。当功率超过3kW之后，熔宽反而随功率的增加而减小，可能是因为等离子体对激光屏蔽作用的加强，导致到达材料表面的能量降低，熔宽变窄。

焊接速度和熔深与激光功率之间的变化如图1-20所示。相同功率下，熔深随焊接速度的增加而减小。这是由于随着焊接速度的增加，激光热输入减小，明显地降低了激光作用到材料表面的能量，因此熔深减小。对于高强度钢来说，要增加焊接熔深，可适当增大激光功率或降低焊接速度。

（三）接头组织特征

激光焊接头的热影响区较窄，截面上表面处热影响区宽度约为0.2mm，下表面处宽度约为0.25mm。焊缝组织均匀细小，为低碳马氏体，含有极少量的铁素体和残留奥氏体，还有针状铁素体存在，有效提高焊缝横向的抗拉强度，力学性能优于母材。热影响区过热粗晶区组织也是低碳马氏体，但相对尺寸比常规电弧焊接头要小。由于激光焊冷却速度快，因此在焊缝和熔合区处附近容易形成淬冷后的马氏体组织。热影响区细晶区发生完全重结晶，形成了细小的铁素体和马氏体组织。

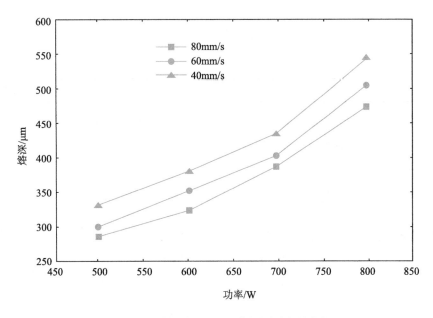

图1-20　焊接速度和熔深与激光功率之间的变化

（四）接头的性能

对激光焊接头试样进行拉伸试验，加载速度为1mm/min，结果两次均断于母材，可见激光焊接头的抗拉强度（1020MPa）高于母材。这是由于焊缝组织含有一定量的板条状马氏体，提高了焊缝强度。接头试样无明显的拉长，断口也没有明显的缩颈现象，可以判定断裂为脆性断裂。

案例2：42CrMo钢伞形齿轮轴的窄间隙激光焊

齿轮作为机械传动的重要部件，受加工条件限制，大直径锻造齿轮整体制造存在很大困难，甚至必须分体加工后通过焊接实现连接。焊接结构齿轮已在很大程度上取代了大尺寸的铸造齿轮以及镶圈式结构齿轮，成为经济可行的制造方法之一。激光焊由于焊接速度快，热输入量小，焊缝热影响区小，避免了热影响区的软化，接头强度高，焊态下的接头具有相当或优于母材的性能，同时激光焊对焊件空间的约束较小。因此，激光焊正逐步成为齿轮连接制造的主要方法，在航空航天、汽车、机车、船舶等工业领域得到了日益广泛的应用。

伞形齿轮轴的材料是中碳高强钢42CrMo，其化学成分见表1-14。42CrMo钢具有良好的综合力学性能和较高的淬透性，但由于含碳量高，合金元素含量也较高，因此淬硬倾向比较大。为了避免裂纹产生，采用窄间隙激光填丝法进行焊接。伞形齿轮轴的结构如图1-21所示。

焊接设备采用德国某公司的CO_2激光器，最大输出功率为3.5kW，焊接工作台为五轴联动工作台。光束采用抛物铜镜反射聚焦系统，焦距为300mm，聚焦光斑直径为ϕ0.26mm。焊接时，装夹好的齿轮轴在回转工作台的带动下旋转，双层喷嘴侧吹保护气体。填充材料为日本TGS-2CM焊丝（相当于ER62-B3），其化学成分见表1-14。

表 1-14　42CrMo 钢及填充材料的化学成分（质量分数，%）

材料	C	Si	Mn	Cr	Mo	Ni	P	S	Fe
42CrMo	0.38~ 0.45	0.17~0.37	0.5~ 0.8	0.9~12	0.15~ 0.25	≤0.030	≤0.030	≤0.030	余量
TGS-2CM	0.09	0.32	0.71	2.26	1.04	—	≤0.033	≤0.005	余量

　　由于受激光器输出功率限制，为了实现完全焊透，同时兼顾送丝速度和焊接过程稳定性，采用窄间隙激光填丝多层焊接技术，其中第一层为自熔焊，焊接装置如图1-22所示。42CrMo钢伞形齿轮轴激光焊的焊接参数见表1-15。

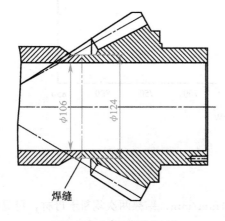

图1-21　伞形齿轮轴的结构

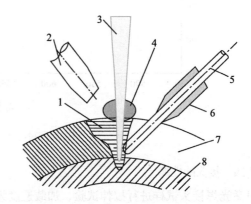

图1-22　42CrMo钢伞形齿轮轴焊接装置

1—熔池　2—保护气喷嘴　3—激光　4—等离子体
5—焊丝　6—送丝嘴　7—坡口　8—钝边

表 1-15　42CrMo 钢伞形齿轮轴激光焊的焊接参数

焊 层	功率/kW	焊接速度/(m/min)	送丝速度/(m/min)	保护气体流量/(L/min)
第一层	3.5	1.0	—	15
第二层	3.5	0.7	2.5	15
第三层	3.5	0.5	2.5	15

　　42CrMo钢伞形齿轮轴激光焊接头表面成形良好，42CrMo钢伞形齿轮轴金相组织分析表明，42CrMo钢伞形齿轮轴激光焊焊缝内部没有裂纹、气孔等缺陷。图1-23所示为激光焊接头附近各区域横向显微硬度的分布曲线。齿轮轴激光焊熔合区显微硬度约为580HV$_{0.2}$，母材显微硬度约为300HV$_{0.2}$，在热影响区中不存在软化现象。

　　42CrMo钢伞形齿轮轴激光焊焊缝中心处纵向显微硬度分布，从焊缝上部到根部，硬度逐渐升高。焊缝下部的底层焊缝为自熔焊，没有填充焊丝，焊缝中较高的含碳量，使硬度维持在一个较高的水平上；而上层焊道中，在低碳TGS-2CM焊丝的中和作用下，焊缝中含碳量降低，造成硬度降低。但是焊缝中较低的含碳量，减少了高碳马氏体的形成，降低了焊缝的冷裂倾向。

　　采用窄间隙填丝激光焊的42CrMo高强钢伞形齿轮轴焊接接头的抗拉强度为980～1080MPa，断裂发生在母材，断口呈现典型的韧性断裂。接头强度与母材相当（42CrMo钢调质态的抗拉强度

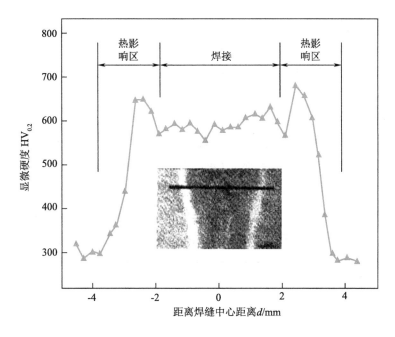

图1-23　42CrMo钢伞形齿轮轴激光焊接头附近各区域横向显微硬度的分布曲线

约为1000MPa）。金相组织分析表明，获得的焊缝组织为细小的针状贝氏体，热影响区为贝氏体及少量的板条状马氏体的混合组织，避免了过热区的脆化。

案例3：不锈钢超薄板的脉冲激光焊

316L不锈钢因其良好的力学性能、低廉的价格，成为最常用的医用材料。脉冲激光焊作为一种精密的连接方法，在医疗器械的制造中发挥着重要的作用。奥氏体型不锈钢因热导率小、线胀系数大、焊接过程中由于热收缩会引起焊件横向位移、连接时对接间隙过大或过小等原因，使得焊接质量难以保证。薄板对接焊中最易产生的缺陷是烧穿，同时激光焊时在焊缝起焊和收尾处易出现半椭圆形缺口等缺陷。大连理工大学阎小军等针对上述问题试验研究了厚度0.1mm的316L不锈钢超薄板脉冲激光焊的焊接参数配合，分析了焊接接头的组织和力学性能。

（一）焊接工艺特点

母材为厚度仅0.1mm的316L不锈钢超薄板，采用平板对接焊的方式。焊机为国产500W脉冲激光焊机，最小电流100A，最大频率100Hz，脉冲宽度0.1～12ms，试样尺寸25mm×12mm×0.1mm。对接接头用砂纸打磨平整，用丙酮清洗除去表面油污。

试验样表明，采用脉冲激光焊时，选择焊接参数应遵循"小电流、大脉宽、高速度、高频率"的原则。因为小电流、大脉宽，既可以防止因功率密度大造成的局部汽化，又可以降低液态熔池的温度梯度，减小表面张力的不良影响，有利于焊缝成形和接头强度的提高。而提高焊接速度，有利于减小焊缝起焊和收尾处的半椭圆形缺口尺寸。但对于脉冲激光焊，提高焊接速度，单个焊点之间的重叠率会降低，这样很容易出现焊接缺陷。所以在提高焊接速度的同时必须提高脉冲频率，从而提高单个焊点之间的重叠率，保证焊接质量。

（二）接头的组织特征

焊接接头完全是奥氏体组织，中心是等轴晶，而边缘是柱状晶。等轴晶和柱状晶交界处局部有明显分界线，而且焊接热影响区非常窄，几乎看不到。在焊缝中没有发现δ铁素体，这与激光焊时熔池的冷却速度快及合金元素含量有关。

（三）接头的力学性能

图1-24所示为316L不锈钢激光焊接头的显微硬度分布。焊缝的硬度较母材的硬度高，焊缝边缘（细小柱状晶区）的硬度比焊缝中心部位（细小等轴晶）的硬度高。

316L不锈钢激光焊接头拉伸试验表明，母材的抗拉强度为 778MPa，焊缝的抗拉强度为739MPa， 可达到母材的95%；母材的伸长率为14%,焊缝的伸长率为12%，可达到母材的85%。激光焊接头力学性能降低的原因可能与焊缝中等轴晶和柱状晶交界处产生的分界线有关。

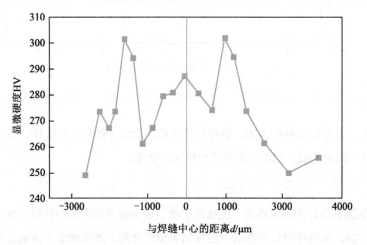

图1-24　316L不锈钢激光焊接头的显微硬度分布

案例4：冷轧钢与高强度镀锌钢的CO_2激光拼焊

钢铁公司由于受轧制机的限制难以生产宽度较大的钢板，而汽车对宽板的需求日趋增长，采用激光拼焊法，将冷轧钢与高强度镀锌钢进行连接，可以满足生产宽体车的要求。

采用PHC-1500型CO_2激光器，输出功率1.5kW，波长为10.6μm，聚焦元件是焦距为127mm的硒化锌透镜，聚焦前的光束直径为28mm，焦 斑直径约为0.42mm。焊接材料是瑞典高强度镀锌钢DOGAL800DP，厚度为1.5mm；冷轧钢采用Q195低碳钢，厚度分别为1.0mm、 1.5mm、2.0mm。冷轧钢与高强度镀锌钢的化学成分及力学性能见表 1-16。

表 1-16　冷轧钢与高强度镀锌钢的化学成分及力学性能

材料	板厚/mm	C	Si	Mn	Al	Ti	P	S	抗拉强度/MPa	屈服强度/MPa	伸长率（%）
		质量分数(%)									
高强度镀锌钢	1.5	≤0.18	≤0.5	≤2.0	—	—	≤0.025	≤0.015	800~950	500	≥10

（续）

材料	板厚/mm	C	Si	Mn	Al	Ti	P	S	抗拉强度/MPa	屈服强度/MPa	伸长率（%）
		质量分数（%）									
冷轧钢	1.0	≤0.08	—	≤0.45	≥0.02	—	≤0.03	≤0.025	≥270	120~240	≥42
	1.5	≤0.08	—	≤0.4	≥0.015	≤0.2	≤0.025	≤0.02	≥260	120~210	≥44
	2.0	≤0.08	—	≤0.4	≥0.02	—	≤0.025	≤0.02	≥270	120~210	≥40

焊接接头采用对接接头，间隙控制在板厚的1/10以内。焊前用丙酮清洗焊接部位。采用自制的焊接夹具固定焊件，两焊件下表面平齐。采用N_2作为保护气和等离子体控制气体，同轴气体流量为$3m^3/h$，侧吹气体通过一个内径为6mm、与焊接平面的夹角在30°左右的圆管供应，气流方向与焊接速度方向相反。激光光束相对试样表面的法线向薄板一侧倾斜5°，试样随工作台移动。冷轧钢与高强度镀锌钢激光拼焊的焊接参数见表1-17。

表 1-17 冷轧钢与高强度镀锌钢激光拼焊的焊接参数

板厚(高强度镀锌钢+冷轧钢)/mm	输出功率/kW	焊接速度/(m/min)	侧吹角度/(°)	侧吹气体流量/(m³/h)	离焦量/mm
1.5+1.0	0.9	0.8	30	2.0	−0.6
	1	1.4	30	1.6	−0.4
1.5+1.5	1.2	0.8	35	2.2	−0.2
	1.3	1.2	30	2.2	0
1.5+2.0	1.4	0.8	40	1.8	−0.4
	1.4	1.2	30	2.2	0

焊后在显微镜下观察，焊接熔合区的组织是上贝氏体+低碳马氏体，热影响区的组织是上贝氏体+低碳马氏体+铁素体。由于冷却条件不同，热影响区的晶粒明显比熔合区的晶粒细小。接头的抗拉强度353MPa，拉伸试验时断裂位置处于冷轧钢一侧，说明接头强度高于冷轧钢母材。

案例5：铝与钢异种金属的激光-MIG复合焊

随着铝与钢复合结构件在制造中的不断应用，铝与钢异种金属的优质、高效激光-MIG复合焊也成为制备铝与钢复合结构件的主要焊接方法。激光-MIG复合焊冷轧镀锌钢板尺寸为200mm×30mm×1.2mm，5A02防锈铝（LF2）尺寸为200mm×30mm×1.5mm，焊丝采用AlSi5。

采用德国Nd:YAG激光器，最大额定功率为2kW，激光头焦距为200mm；采用奥地利某公司TPS5000型数字化MIG焊机，焊接过程采用脉冲MIG焊，熔滴过渡频率为1滴/脉冲。

焊前采用丙酮对镀锌钢板表面进行清洗，用砂纸对5A02防锈铝表面进行打磨以去除氧化膜，随后用丙酮清洗，将表面处理干净的镀锌钢板与5A02防锈铝组合成搭接接头，如图1-25所示。

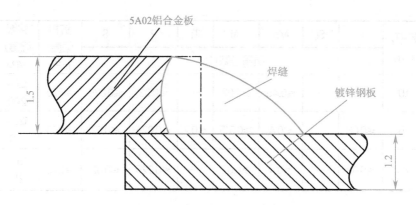

图1-25 激光-MIG复合焊的接头

采用激光-MIG复合热源进行焊接，焊接过程通过调节激光功率密度和送丝速度实现对焊接热输入的精确控制，从而保证铝合金母材熔化而镀锌钢板母材不发生熔化。激光功率密度是通过固定激光光斑（光斑直径d=6.8mm）大小和改变激光功率实现的。

焊后采用金相分析，激光-MIG复合焊得到的铝与钢焊接接头具有良好的铺展性，钢母材与焊缝为钎焊连接，钎焊界面有一薄金属中间层，靠近焊缝一侧的钢母材未见熔化，且热影响区组织明显细化；同时钢母材与焊缝之间有一薄金属Zn层，Zn层有向焊缝中生长的柱状晶组织，焊缝近Zn层侧可见富Zn相。

将激光-MIG复合焊得到的铝与钢接头进行拉伸性能试验，其应力-位移曲线如图1-26所示。

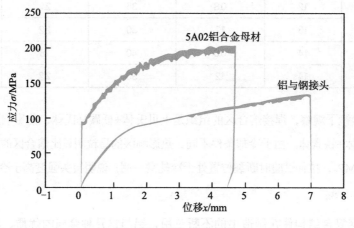

图1-26 应力-位移曲线

拉伸试验中最大载荷为8.97kN，最大拉应力为132.8MPa，接头强度达 5A02铝合金母材的65.3%，与5A02铝合金电弧焊接头强度相当，并且拉伸试样破坏位置发生在铝合金母材的焊接热影响区而非钎焊界面。结果表明，利用激光-MIG复合焊可以获得组织、性能良好的铝与钢接头，最高焊接速度可达5m/min以上。

————————————— **项目总结** —————————————

激光焊技术经历了由脉冲波向连续波的发展、由小功率薄板焊接向大功率厚件焊接的发展、由单工作台单焊件向多工作台多焊件同时焊接的发展，以及由简单焊缝形状向可控的复杂焊缝形状的发展。目前激光焊技术几乎已涉及整个工业领域，尤其在航空航天、汽车制造业，激光焊技术能够显著降低成本，提高生产率，减轻飞机、车辆和飞行器的重量，成为传统焊接技术的有效补充，显示出其独特的优势。

该项目在组织学习内容时，遵循认知规律，注重介绍基础知识和讲清基本原理，坚持任务导向，突出实用性，增加工程应用案例和发展前沿信息。通过项目学习，学生能够了解激光焊基本知识、相关特点和典型应用，掌握基础操作技术，扩大工作和学习视野，提升激光焊技术水平和应用能力。

作为一种特种新型焊接技术，激光焊在新型激光器研发、先进工艺研究、焊接性能预测及质量控制、高能束流复合等领域还有诸多问题需要解决、突破，有待于广大科技工作者、生产实践者进一步研究、实践、开发。

————————————— **复习思考题** —————————————

一、思考与练习

（一）填空

1.激光焊是利用能量密度极高的_____作为热源的一种高效精密焊接方法，属于_____焊接。

2.激光器是产生受_____并将其_____的装置，是激光焊设备的核心部分。根据激光器中工作物质的形态分为_____、_____和_____激光器。

3.采用激光焊焊接铝及铝合金时，除了能量密度的问题，还有三个很重要的问题需要解决，即_____、_____和_____。

4.激光焊设备主要由_____、光学系统、机械系统、_____、光束检测器及一些辅助装置等组成。

5.激光复合焊技术是指将_____与_____组合起来的集约式焊接技术，其特点是能充分发挥每种焊接方法的优点并克服某些不足，从而形成一种_____。

（二）选择

1.激光焊的热效应取决于焊件吸收光束能量的程度，常用（　　）来表征。

    A.吸收率   B.热导率   C.反射率   D.入射率

2.激光焊时，激光光斑的功率密度超过（　　），光子轰击金属表面导致汽化，金属对激光的吸收率大幅提高。

    A.$10^9 W/cm^2$ B.$10^5 W/cm^2$ C.$10^6 W/cm^2$ D.$10^{12} W/cm^2$

3.就材料对激光的吸收而言，材料的（　　）是一个分界线。

　　A.熔化　　　　　　B.汽化　　　　　　　C.蒸发　　　　　　　D.软化

4. CO_2激光器工作气体主要成分是（　　）气体。

　　A.CO_2　　　　　　B.N_2　　　　　　　C.He　　　　　　　　D.O_2

5.激光-电弧复合焊的特点有（　　　　　）。

　　A.电弧预热提高激光热效率。

　　B.提高电弧热流密度和焊接稳定性、增大熔深。

　　C.提高焊接效率，降低成本。

　　D.减少焊接缺陷，改善焊缝成形，焊接质量好。

　　E.减小焊接应力和变形。

　　F.增强焊接适应性，扩展应用范围。

（三）判断

1.反射式聚焦用于中、小功率的激光加工设备，而透射式聚焦用于大功率激光加工设备。（　　）

2.在较高速度下施焊可更大程度地发挥激光焊的优势。（　　）

3.在提高激光焊功率密度时，减小光斑直径比增加激光功率的效果更明显。（　　）

4.选择或购买激光焊设备时，应根据焊件尺寸、形状、材质和设备的特点、技术指标、适用范围以及经济效益等综合考虑。（　　）

5.焊件表面在激光焦点以内时为正离焦，反之为负离焦。（　　）

（四）简答

1.简述激光焊的工作原理，并举例说明其应用前景。

2.什么是激光传热焊？什么是激光深熔（小孔焊）焊？比较这两种激光焊接方法各自的特点和适用场合。

3.连续激光深熔焊的焊接参数有哪些？对激光焊接头质量有什么影响？选择激光焊的焊接参数时，应考虑哪几个方面的问题？

4.脉冲激光焊和连续CO_2激光焊在选择焊接参数时有什么不同？

5.激光焊用于非铁金属和钢铁材料的焊接时，在焊接工艺上有什么不同？

二、观察与讨论

1.参观企业焊接生产车间，了解采用激光焊的产品结构及其焊接工艺，写出参观记录。

2.利用互联网或相关书籍资料，写出两个激光焊的应用实例，并与同学交流讨论。

项目二

电子束焊技术

项目导入

电子束焊（Electron Beam Welding，EBW，焊接代号51）由于能量密度高，热输入低，加热集中，通常在真空中进行焊接，因此适用于高熔点金属和热敏感金属以及化学活性强的金属的焊接；由于电子束的功率、焦点位置和扫描轨迹精确可控，焊缝深宽比大，焊接变形小，因此特别适用于航空航天、核电工业中精密结构件的焊接；随着电子、计算机技术的发展，以及电子束焊机的制造成本相对下降和电子束焊技术日趋成熟，电子束焊显现出较高的生产率和显著的经济效益。

根据"特种焊接技术"课程教学目标要求，旨在使学生较好地掌握电子束焊的基本原理和工艺特点，培养电子束焊技术应用能力。本项目以"电子束焊技术"为项目载体，提炼了"编制电子束焊工艺"和"选用电子束焊设备"两个典型任务，选取了"火箭发动机TC4钛合金组件的电子束焊"和"发动机部件（钛合金与铌合金）的电子束焊"两个典型案例，配置了丰富的动画、视频资源，使教学内容更加生动、直观。建议采用项目化教学，模拟企业情境，以小组的形式来完成任务。教学过程中注重培养学生的职业素养以及自主学习、协作交流的能力。

学习目标

1. 掌握电子束焊的原理、特点、分类。

2. 掌握电子束焊的焊前准备、接头形式。

3. 掌握电子束焊的焊接参数。

4. 掌握电子束焊的技术要点。

5. 熟悉电子束焊的设备分类、组成。

6. 掌握电子束焊的设备选用原则。

7. 掌握电子束焊的安全防护。

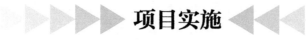

项目实施

任务一　编制电子束焊工艺

任务解析

　　编制焊接工艺是焊接生产的重要环节。"编制电子束焊工艺"是电子束焊技术的典型任务。这一任务涉及的知识点包括电子束焊的原理、特点、分类及应用范围等。通过任务实施，学生能够掌握电子束焊的焊接参数及其对焊接质量的影响，熟悉工艺编制基本流程，能够编制并实施电子束焊工艺。

必备知识

一、电子束焊的原理及特点

　　电子束焊是一种高能束流焊接方法。电子束焊在工业上的应用已有70余年的历史，其技术的诞生和最初应用主要是为了满足核能工业及宇航工业的焊接要求。目前，电子束焊应用范围已扩大到航空航天、造船、汽车、电动机、电子电器、机械、医疗器械、石油化工、能源等领域。

　　电子束撞击焊件时，其动能的96%可转换为焊接所需要的热能。电子束作为热源有两个明显特征。

　　一是功率密度高。电子束焊的加速电压范围为30~300kV，电子束电流范围为20~1000mA，焦点直径约为$\phi 0.1 \sim \phi 1mm$，这样，功率密度可达$10^6 W/cm^2$以上，属于高能束流。

　　二是精准、快速的可控性。电子质量极小，仅为$9.1 \times 10^{-31}kg$，其荷质比高达$1.76 \times 10^{-11}C/kg$，通过电场、磁场均可对电子做快速而精确的控制。在这方面，电子束焊明显优于激光焊，后者只能用透镜和反射镜控制。

　　（一）电子束焊的原理

　　电子束是在高真空环境中由电子枪产生。当阴极被加热后，由于热发射效应，阴极表面发射电子，电子在电场的作用下不断加速飞向焊件。但这样的电子束功率密度低，能量不集中，只有通过电子光学系统把电子汇聚起来，提高其能量密度后，才能达到熔化金属和焊接的目的。为此，以热发射或场致发射的方式从阴极逸出的电子，在30~300kV的加速电压作用下，被加速到光速的30%~70%，具有较高的动能，再经电子枪中静电透镜和电磁透镜的作用，汇聚成功率密度很高的电子束。图2-1所示为电子束发生原理图。

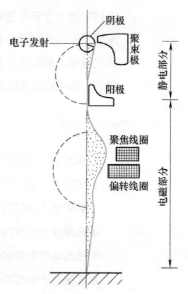

图2-1　电子束发生原理图

电子束撞击到焊件表面，动能转变为热能作用于焊件，使接合处金属迅速熔化、蒸发。在高压金属蒸气的作用下，熔化的金属被排开，电子束就能继续撞击焊件深处的固态金属，于是很快在焊件上"钻"出一个匙孔，如图2-2所示，小孔的周围被液态金属包围。随着电子束与焊件的相对移动，液态金属沿小孔周围流向熔池后部，逐渐冷却、凝固形成了焊缝。在电子束焊的焊接过程中，焊接熔池始终存在一个匙孔。正是由于匙孔的存在，从根本上改变了焊接熔池的传热规律，使电子束焊由一般熔焊方法的"传热焊"转变为"穿孔焊"。这是包括激光焊、等离子弧焊在内的高能束流焊接的共同特点。

小孔的形成过程是一个复杂的高温流体动力学过程。高功率密度的电子束轰击焊件，使焊件表面材料熔化并伴随着液体金属的蒸发，材料表面蒸发走的原子的反作用力是力图使液态金属表面被压凹，随着电子束功率密度的增加，金属蒸气量增多，液面被压凹的程度也增大，并形成一个通道。电子束经过通道轰击底部的待焊金属，使通道逐渐向纵向发展。

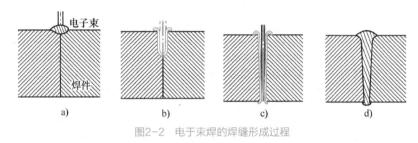

图2-2　电子束焊的焊缝形成过程

a）接头局部熔化、蒸发　　b）金属蒸气排开液体金属，电子束"钻入"母材，形成匙孔

c）电子束穿透焊件，匙孔被液态金属包围　　d）电子束后方形成焊缝

形成深熔焊的主要原因是金属蒸气的反作用力。它的增加与电子束焊的功率密度成正比。当电子束的功率密度低于$10^5 W/cm^2$时，金属表面不产生大量蒸发现象，电子束的穿透能力较小，金属的熔化过程与电弧焊时相似，焊缝熔深较浅。在大功率的电子束焊中，电子束的功率密度可达$10^6 \sim 10^8\ W/cm^2$，足以获得很深的穿透效应和很小的焊缝成形系数。

动画：电子束焊的
焊缝形成过程

但是电子束在轰击路途中会与金属蒸气和二次发射的粒子碰撞，造成功率密度下降，液态金属在重力和表面张力的作用下对通道有浸灌和封口作用，从而使通道变窄，甚至被切断，干扰和阻断了电子束对熔池底部待熔金属的轰击。在焊接过程中，通道不断被切断和恢复，达到一个动态平衡。

（二）电子束焊的特点

基于电子束的特点和焊接时的真空条件，电子束焊具有的主要特点见表2-1。

表 2-1　电子束焊的特点

特　点	内　容
电子束穿透能力强,焊缝成形系数小	电子束斑点尺寸小、功率密度大,可实现焊缝成形系数小(即焊缝深而窄)的焊接,焊缝成形系数达1:60,可一次焊透0.1~300mm厚度的不锈钢板;与常规电弧焊比较,可节约大量填充材料,降低能源消耗

（续）

特 点	内 容
焊接速度快,焊缝组织性能好	能量集中,熔化和凝固过程快。例如：焊接厚度为125mm的铝板,焊接速度可达400mm/min,是氩弧焊的40倍。高温作用时间短,合金元素烧损少,能避免晶粒长大,使接头性能改善,焊缝耐蚀性好
焊接变形小	功率密度高,输入焊件的热量少,焊件变形小,焊后工件仍可保持足够高的尺寸精度,对精加工的工件可用作最后连接工序
焊缝纯度高,接头质量好	真空电子束焊不仅可以防止熔化金属受氢、氧、氮等有害气体的污染,而且有利于焊缝金属的除气和净化,因而特别适用于钛及钛合金等化学性质活泼的金属的焊接,也可用于焊接真空密封元件,焊后元件内部保持真空状态
再现性好,工艺适应性强	焊接参数可独立地在很宽的范围内调节;易于实现机械化、自动化控制,重复性、再现性好,产品质量稳定;通过控制电子束的偏移,可以实现复杂接缝的自动焊接;电子束在真空中可以传到距离约500mm的较远位置上进行焊接,因而可以焊接难以接近部位的焊缝,对焊接结构具有广泛的适应性
可焊材料多	不仅能焊接金属和异种金属,也可焊接非金属材料和复合材料,如陶瓷、石英玻璃等
可简化加工工艺	可将复杂的或大型整体结构件分为易于加工的、简单的或小型部件,用电子束焊将其焊为一个整体,减少加工难度,节省材料,简化工艺
不足之处	设备复杂,一次性投资大,费用较昂贵;电子束焊要求接头位置准确,间隙小而且均匀,焊前对接头加工、装配要求严格;焊件尺寸和形状常常受到真空室的限制;需专门加工焊接工装夹具,夹具及焊件必须是非磁性材料,否则要进行完全退磁处理

二、电子束焊的分类及应用范围

（一）电子束焊的分类

根据焊件所处环境的真空度,可将电子束焊分为高真空电子束焊、低真空电子束焊和非真空电子束焊三种。图2-3所示为真空和非真空电子束焊的示意图。

1.高真空电子束焊

高真空电子束焊是在真空度为$10^{-4} \sim 10^{-1}$Pa的环境下进行,具有良好的真空条件,电子束很少发生散射,可以保证对熔池的保护,防止金属元素的氧化和烧损,适用于活性金属、难熔金属和质量要求高的零件焊接,也适用于各种形状复杂零件的精密焊接。

微课：电子束焊的优点

2.低真空电子束焊

低真空电子束焊是在真空度为$10^{-1} \sim 10$Pa范围内进行,但电子枪仍在高真空（$\leqslant 10^{-2}$Pa）条件下工作。电子束通过隔离阀和气阻通道进入真空室,电子枪和真空室各用一套独立的抽气机组单独抽真空。由图2-4可知,压强为4Pa时束流密度及其相应能量密度的最大值与高真空时最大值相差很小。因此,低真空电子束焊的束流密度和能量密度也较高。由于只需要抽到低真空,缩短了抽真空的时间,从而加速焊接过程,提高了生产率,适用于大批量零件的焊接和生产线上使用。例如：汽车变速器组合齿轮多采用低真空电子束焊。

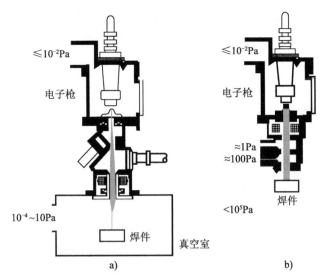

图2-3　真空和非真空电子束焊的示意图

a）真空电子束焊　b）非真空电子束焊

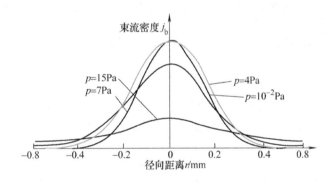

图2-4　不同压强下电子束斑点束流密度的分布

3.非真空电子束焊

在非真空电子束焊中，电子束仍是在真空条件（$\leqslant 10^{-2}$Pa）下产生的，然后穿过一组光阑、气阻通道和若干级预真空小室，射到处于大气压力下的焊件上。由图2-4可知，压强增加到15Pa时，由于散射，电子束末流密度明显下降。在大气压下，电子束散射更加强烈，即使将电子枪的工作距离限制在12～50mm，焊缝深度也小于60mm，焊缝成形系数最小也只能达到1∶5。随着气压的升高，发散逐渐增大，焊缝深宽比减小。

这种方法的优点是不需真空室，因而可以焊接大尺寸焊件，生产率较高。近年来出现的移动式真空室或局部真空电子束焊方法，既保留了真空电子束高功率密度的优点，又不需要真空室，因而在大型焊件的焊接工程上有很好的应用前景。

（二）电子束焊的应用范围

由于电子束焊具有焊接熔深大、焊缝性能好、焊接变形小、焊接精度高、生产率高等特点，因此，在航空航天、车辆制造、压力容器、电力及电子等工业领域中得到了广泛应用，能够实现特殊难焊材料的焊接。目前，电子束焊可应用于下列材料和结构。

1.可焊接的材料

在真空室内进行电子束焊时，除含有大量高蒸气压元素的材料外，一般熔焊能焊的金属，都可以采用电子束焊，如铁、铜、镍、铝、钛及其合金等；此外，电子束焊还能焊接稀有金属、活性金属、难熔金属、高纯金属和非金属陶瓷等；也可焊接熔点、热导率、溶解度等物理性能差异较大的异种金属；焊接热处理强化或冷作硬化的材料时，接头的力学性能不发生变化。各种金属材料对电子束焊的适应性见表2-2。

表2-2　各种金属材料对电子束焊的适应性

焊接性	金属材料种类
焊接性好	低碳钢（全镇静），奥氏体型不锈钢，非硬化铝合金，铜合金（无锌），钛合金，钽、铌、银、金、铂、铅、铀等纯金属
焊接性一般	低碳钢（半镇静），中碳钢（易切削钢），低合金钢，高温镍基或固溶合金，马氏体不锈钢，锆合金
焊接性差	热处理调质钢，高强度合金钢，高温铁基或沉淀硬化合金，硬化铝合金，铍、钽、镁、钨等
不可焊	低碳钢（沸腾钢），含锌高的材料（如黄铜），未能消磁的钢材

2.焊件的结构形状和尺寸

电子束焊可以单道焊接厚度超过100mm的非合金钢（碳钢）或厚度超过400mm的铝板，焊接时无须开坡口和使用填充金属，也可焊接厚度小于2.5mm的薄件（甚至薄到0.025mm），还可焊接厚度相差悬殊的焊件。

真空电子束焊时，焊件的形状和尺寸必须控制在真空室容积允许的范围内；非真空电子束焊不受此限制，可以焊接大型焊接结构，但必须将电子枪底面出口到焊件上表面的距离控制在12~50mm之间，单面焊可焊厚度一般不超过10mm。

3.有特殊要求或特殊结构的焊件

电子束焊可以焊接内部需保持真空度的密封件、靠近热敏元件的焊件、形状复杂且精密的零部件，也可以同时施焊具有两层或多层接头的焊件，这种接头层与层之间可以有几十毫米的空间间隔。

表2-3列出了电子束焊部分应用实例。

表2-3　电子束焊部分应用实例

工业领域	应用实例
航空	发动机喷管、定子、叶片、双金属发动机轮、导向翼、翼盒、双螺旋线齿轮、齿轮组、主轴活门、燃料槽、起落架、旋翼桨毂、压机轮子、涡轮盘等

（续）

工业领域	应用实例
汽车	双金属齿轮、齿轮组、发动机外壳、发动机起动器用飞轮、汽车大梁、微动减振器、转矩转换器、转向立柱吊架杆、旋转轴、轴承环等
宇航	火箭部件、钼铂蜂窝结构、宇航站安装（宇航员用手提式电子枪）等
原子能	燃料原件、压力容器及管道等
电子器件	集成电路、密封包装、电子计算机的磁芯存储器及行式打印机用的小锤、微型组件、薄膜电阻、电子管、加热器等
电工	电动机换向器片、双金属式换向器、汽轮机定子、电站锅炉集箱与接管的焊接等
化工	压力容器、球形油管、热交换器、环形传动带、管子与法兰焊接等
重型机械	厚板焊接、超厚板压力容器的焊接等
修理	各种修补（修复有缺陷的容器,设计修改后要求返修件）、裂纹补焊、补强焊、堆焊等
其他	双金属锯条、钼坩埚、波纹管

任务实施

一、焊前准备

（一）接合面的加工与清理

电子束焊接头属于无坡口对接形式，装配时力求使零件紧密接触。电子束焊要求接合面经过机械加工，其表面粗糙度值由被焊材料、接头设计而定，在1.5~25μm间选定。一般电子束焊不用填充金属，只有在焊接异种金属或合金时，才会根据使用需要填充金属。

真空电子束焊前必须对焊件表面进行严格清理，否则将导致焊缝产生缺陷，使接头的力学性能降低，不清洁的表面还会延长抽真空时间，影响电子枪工作的稳定性，降低真空泵的使用寿命。焊件表面的氧化物、油污应用化学或机械方法清除。煤油、汽油可用于去除油渍，丙酮是清洗电子枪零件和焊件最常用的溶剂。若需强力去油，则可使用含有氯化烃类溶剂，随后须将焊件放在丙酮内彻底清洗。清理完毕后不能再用手或工具触及接头区，以免再次污染。非真空电子束焊对焊件清理的要求可降低。

（二）零件装配

零件装配时力求紧密接触，接缝间隙应尽可能小而均匀，并使接合面保持平行。间隙的具体数值与焊件厚度、接头形式和焊接方法有关。被焊材料越薄，则间隙越小。对于无锁底的对接接头，当板厚$\delta < 1.5$mm时，局部最大间隙不应超过0.07mm，随板厚增加，间隙略增；板厚超过3.8mm时，局部最大间隙可到0.25mm。焊薄件时，一般装配间隙不应大于0.13mm。焊铝合金时的接头间隙可比焊钢时大。填丝电子束焊时，间隙要求可适当放宽。若采用偏转或摆动电子束使熔化区变宽时，则可以用较大的间隙。非真空电子束焊时，装配间隙可以放宽到0.75mm。深熔焊

时，若装配不良或间隙过大，会导致过量收缩、咬边、漏焊等缺陷。

（三）夹紧

电子束焊通常采用机械或自动操作，如果零件不是设计成自紧式的，必须利用夹具进行定位与夹紧，然后移动工作台或电子枪体完成焊接。零件的装夹方法与钨极氩弧焊相似，夹具的刚性和夹紧力比钨极氩弧焊时小，无须水冷；夹具要求制造精确，因为电子束焊对零件的装配和对中的要求极为严格。非真空电子束焊可用一般焊接变位机械，其定位、夹紧都较为简便。在某些情况下可用定位焊缝代替夹具。

（四）退磁

夹具和工作台的零部件应使用非磁性材料来制造，以避免电子束发生磁偏转。若夹具和零部件是磁性材料时，则焊前应去磁，并用磁强计测量剩磁，一般剩磁强度应低于（$0.5 \sim 3$）$\times 10^{-4}$ T。

（五）抽真空

电子束焊机的抽真空程序通常自动进行，可以保证各种真空机组和阀门正确地按顺序进行，避免由于人为的误操作而发生事故。真空室需经常清洁，尽量减少真空室暴露在大气中的时间，仔细清除焊件上的油污，并按期更换真空泵油，保持真空室的清洁和干燥是保证抽真空速度的重要环节。

二、焊接接头设计

电子束焊的接头形式有对接、角接、T形接、搭接和端接。电子束直径细，能量集中，焊接时一般不加填充焊丝，所以电子束焊接头的设计应按无间隙接头考虑。不同类型的接头有各自特有的接合面设计方法、接缝的准备和施焊的方位。设计的原则是便于接头的准备、装配和对中，减少收缩应力，保证获得所需熔透深度。如果电子束的功率不足以一次穿透焊件，也可采用正反两面焊的方法来完成。对重要承力结构，焊缝位置最好避开应力集中区。

（一）对接接头

对接接头是最常用的接头形式。图2-5a~c所示三种接头的准备工作相对简单，但需要使用装配夹具。不等厚的对接接头采用上表面对齐的设计（图2-5b）优于台阶接头（图2-5c），后者在焊接时要用宽而倾斜的电子束，且焊接角度须精确控制，否则极易焊偏造成脱焊。图2-5d~f所示均为自定位接头，在环焊、周边焊和其他特定焊缝中可以自行紧固。其中图2-5e、f所示接头具有锁边（自衬垫）作用，便于装配对齐，但焊缝根处易形成未焊透，锁扣较小时焊后可避免留下未焊合的焊缝。图2-5g、h所示接头均有自动填充金属的作用，焊缝成形得到改善。斜对接接头（图2-5i）可增大焊缝金属面积，但装夹定位比较困难，只用于受结构和其他原因限制的特殊场合。为了提高接头的强度、延展性、疲劳寿命和避免应力集中，应优先采用全穿透或熔深到指定深度的单道焊接头。

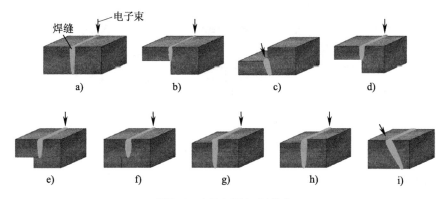

图2-5　电子束焊的对接接头

a）正常接头　b）齐平接头　c）台阶接头　d）锁口对中接头　e）锁底接头

f）双边锁底接头　g）、h）自填充材料的接头　i）斜对接接头

（二）角接接头

图2-6所示为电子束焊的角接接头，其中图2-6a所示为熔透焊缝的角接接头，留有未焊合的间隙，接头承载能力差。图2-6h所示为卷边角接接头，主要用于薄板焊接，其中一端须弯边90°。其他几种接头都易于装配对齐。

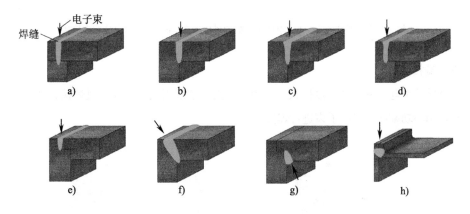

图2-6　电子束焊的角接接头

a）熔透焊缝的角接接头　b）正常角接接头　c）锁口自对中接头　d）锁底自对中接头

e）双边锁底接头　f）双边锁底斜向熔透焊缝的角接接头　g）双边锁底接头　h）卷边角接接头

（三）T形接头

电子束焊也常采用T形接头，如图2-7所示。熔透焊缝在接头区有未焊合缝隙，接头强度差。推荐采用单面T形接头，焊接时焊缝易于收缩，残余应力较低。图2-7c所示方案多用于板厚超过25mm的双面焊场合，焊接第二面时，先焊的第一面焊缝起拘束作用，有开裂倾向。

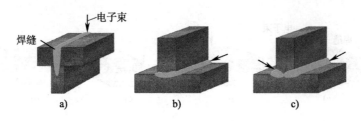

图2-7　电子束焊的T形接头

a）熔透焊缝的T形接头　b）单面焊接头　c）双面焊接头

（四）搭接接头

搭接接头常用于焊接厚度小于1.6mm的焊件，如图2-8所示。熔透焊缝主要用于板厚小于0.2mm的场合，有时需要采用散焦或电子束扫描以增加熔合区宽度。厚板搭接接头焊接时需添加焊丝以增加填角尺寸，有时也采用散焦电子束以加宽焊缝并形成光滑的过渡。

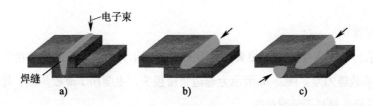

图2-8　电子束焊的搭接接头

a）熔透焊缝的搭接接头　b）单面角焊缝的搭接接头　c）双面角焊缝的搭接接头

（五）端接接头

图2-9所示为电子束焊的端接接头。厚板端接接头常采用大功率深熔透焊接，薄板及不等厚端接接头常用小功率或散焦电子束进行焊接。

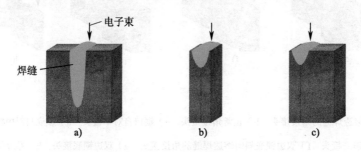

图2-9　电子束焊的端接接头

a）厚板端接接头　b）薄板端接接头　c）不等厚端接接头

当多层结构中各层的接头位置相同时，可采用分层焊缝的接头设计。分层焊缝是指在同一电子束方向上将几层对接接头用电子束一次穿透焊接而成的焊缝，如图2-10所示。为保证各层焊缝成形良好，必须仔细选择电子束焊参数。

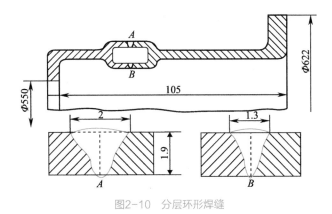

图2-10　分层环形焊缝

A—外层焊缝　　*B*—内层焊缝

（加速电压为125kV，电子束电流为9.3mA，外层焊接速度为760mm/min，内层焊接速度为730mm/min，

电子束焦点位于内外层接头之间）

三、焊接参数的选择

电子束焊的主要焊接参数包括加速电压、电子束电流、焊接速度、焦点位置和工作距离等。这些参数直接影响到焊缝的外观成形和内部质量。电子束焊熔深主要取决于形成匙孔的金属蒸发速率，而金属蒸发速率的大小决定于电子束功率密度。电子束功率密度与电子束的功率以及束斑大小密切相关。

设定加速电压为130kV，电子束电流为13mA，分别在两种电子束发生系统（系统Ⅰ为短聚焦式，系统Ⅱ为远聚焦式）上试焊。试样材料为20mm厚的Cr-Ni钢。各个试样在真空室里分别装在不同高度上，分别计算不同工作距离时的功率密度，绘成图2-11。当功率保持不变时，功率密度还与加速电压有关，如图2-12所示。

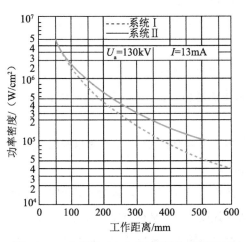

图2-11　工作距离对功率密度的影响（功率不变）

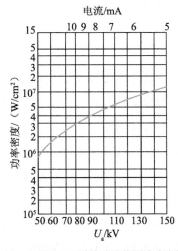

图2-12　加速电压对功率密度的影响（功率不变）

焊后，在横截面的金相试样上量出熔化区的熔深*H*和熔宽*B*，绘出工作距离与熔深、熔宽的关

系曲线，并绘出功率不变时加速电压与熔深、熔宽的关系曲线，如图2-13和图2-14所示。

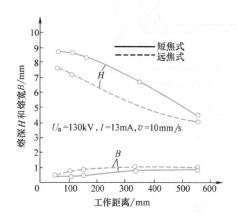

图2-13　工作距离与熔深、熔宽的关系曲线
（功率不变）

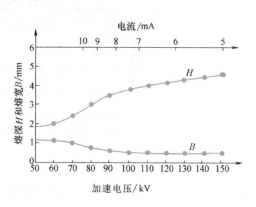

图2-14　加速电压与熔深、熔宽的关系曲线
（功率不变）

综合这四种关系曲线，可以得出随电子束功率密度增大，焊缝的熔深增加，而熔宽减小。

（一）加速电压

加速电压是电子束焊的一个重要参数，提高加速电压可增加焊缝的熔深。在大多数电子束焊过程中，加速电压数值往往不变，但当电子枪的工作距离较大或者要求获得深穿透的平行焊缝时，应提高加速电压，即选用高压型设备。通常电子束焊机工作在额定电压下，通过调节其他参数来实现焊接参数的调整。

（二）电子束电流

电子束电流（简称为束流）与加速电压共同决定着电子束焊的功率。增加电子束电流值，热输入增大，熔深和熔宽都会增加。电子束焊时，由于加速电压基本保持不变，所以为满足不同的焊接工艺需要，要调整电子束电流值。这些调整包括以下几个方面。

1）焊接环缝时，要控制电子束电流的递增或递减，以获得良好的起始、收尾搭接处的质量。

2）焊接各种不同厚度的材料时，要改变电子束电流，以得到不同的熔深。

3）焊接厚大件时，由于焊接速度较低，随着焊件温度的增加，电子束电流应逐渐减小。

（三）焊接速度

焊接速度也是电子束焊中的一个基本工艺参数，其主要影响焊缝的熔深、熔宽以及熔池的冷却、凝固等。通常随着焊接速度的增大，熔宽变窄，熔深减小。

电子束焊的热输入是各焊接参数综合作用的结果。热输入与电子束焊焊接能量成正比，与焊接速度成反比。图2-15所示为电子束功率、热输入、焊接速度、被焊材料与板厚的关系。板厚越大，所要求的热输入越高。在保证完全焊透的条件下，所需热输入与板厚及焊接速度的关系可利用试验得出的曲线图初步选择，并在选用的设备上进行试焊修正。焊接同一零件，采用不同的电子束焊机，由于电子枪结构、加速电压和真空度的差异，电子束的束流品质也不尽相同，所采用的电子束焊焊接参数也就不同。此外，还应考虑焊缝横截面、焊缝外形及防止产生焊缝缺陷等因素，综合选择和试验确定实际使用的焊接参数。

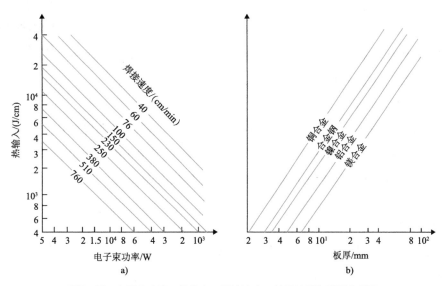

图2-15　电子束功率、热输入、焊接速度、被焊材料与板厚的关系

（四）焦点位置

电子束斑点品质直接影响电子束焊质量。电子束通过光学系统聚焦使斑点变小。但在实际上，由于电子之间的斥力作用，限制了电子束斑点继续缩小，形成的焦点是一段直径相对稳定、束斑大小变化不大、功率密度几乎相等的区域，称为活性区。活性区的长度根据电子枪的不同而变化。电子束焊时，焦点位置相对于焊件表面有上焦点、下焦点和表面焦点3种。电子束聚焦状态对焊缝的熔深及其成形影响很大。当焊件处于活性区的不同范围内进行电子束焊时，焊缝横截面的形状及熔深有所区

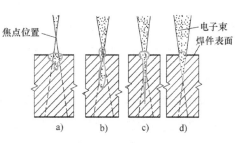

图2-16　焦点位置对焊缝横截面形状的影响

a)上聚焦，U形横截面　b)表面聚焦，中凸形横截面
c)下聚焦，平行状横截面　d)过下聚焦，V形横截面

别，如图2-16所示。根据被焊材料的焊接速度、接头间隙等决定焦点位置，进而确定电子束斑点大小。薄板焊接时，应使焦点位于焊件表面。当焊件厚度大于10mm时，通常采用下焦点焊，即焦点处于焊件表面的下部，且焦点在焊缝熔深的30%处。当焊件厚度大于50mm时，应使焦点位于焊缝熔深的50%更合适。

（五）工作距离

工作距离通常取真空室顶部到焊件的距离。工作距离变化之后，为了获得最佳聚焦条件，必须调节聚焦磁透镜的聚焦电流。当工作距离增大后，在其他规范参数不变的前提下，聚焦电流要减小，则磁透镜的放大倍数增大，因而束斑增大，从而使功率密度减小，焊缝熔深相应减

小，反之亦然。当工作距离变小后，束斑变小，电子束的压缩比增大，增加了电子束功率密度。但工作距离过小会使过多的金属蒸气进入枪体中造成放电现象，因而在不影响电子枪稳定工作的前提下，可以采用尽可能短的工作距离。

微课：影响焊缝成形的主要参数

电子束焊的最大优点是具有深穿透效应。为了保证获得深穿透效果，除了选择合适的电子束焊焊接参数外，还可以采取如下的一些工艺方法。

1.电子束水平入射焊

当要求焊接熔深超过100mm时，往往采用电子束水平入射和侧向焊接方法进行焊接。因为水平入射侧向焊接时，液态金属在重力作用下，流向偏离电子束轰击路径的方向，其对小孔通道的封堵作用降低，此时的焊接方向可以是自下而上或是横向水平施焊。

2.脉冲电子束焊

在同样功率下，采用脉冲电子束焊，可有效地增加熔深。因为脉冲电子束的峰值功率比直流电子束高得多，使焊缝获得高得多的峰值温度，金属蒸发速率会以高出一个数量级的比例提高。脉冲电子束焊可产生更多的金属蒸气，蒸气反作用力增大，小孔效应增强。

3.变焦电子束焊

极高的功率密度是获得深熔焊的基本条件。电子束功率密度最高的区域在其焦点上。在焊接大厚度焊件时，可使焦点位置随着焊件的熔化速度变化而改变，始终以最大功率密度的电子束来轰击待焊金属。但由于变焦的频率、波形、幅值等参数是与电子束功率密度、焊件厚度、母材金属和焊接速度有关的，所以手工操作起来比较复杂，宜采用计算机自动控制。

4.焊前预热或预置坡口

焊件在焊前进行预热，可减少焊接时热量沿焊缝横向的热传导损失，有利于增加熔深。有些高强度钢焊进行预热，还可以减少焊接裂纹倾向。在深熔焊时，往往有一定量的金属堆积在焊缝表面，如果预开坡口，则这些金属会填充坡口，相当于增加了熔深。另外，如果结构允许，应尽量采用穿透焊，因为液态金属的一部分可以在焊件的下表面流出，以减少液态金属在接头表面的堆积，减少液态金属的封口效应，增加熔深，减少焊根缺陷。

四、电子束焊技术要点

（一）薄板的焊接

电子束焊可用于焊接板厚在0.03~2.5mm的零件，这些零件多用于仪表、压力或真空密封接头、膜盒、封接结构等构件中。

薄板导热性差，电子束焊时局部加热强烈，为防止过热，可采用夹具。图2-17所示为膜盒零件及其装配焊接夹具，夹具材料为纯铜。对极薄零件，可考虑使用脉冲电子束流。

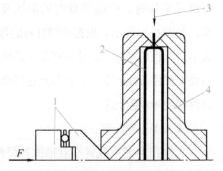

图2-17　膜盒零件及其装配焊接夹具

1—顶尖　2—膜盒　3—电子束　4—纯铜夹

电子束功率密度高，易于实现厚度相差很大的接头焊接。焊接时薄板应与厚板紧贴，适当调节电子束焦点位置，使接头两侧均匀熔化。

（二）厚板的焊接

目前，电子束焊可以一次焊透300mm厚的钢板。焊道的焊缝成形系数可达1∶60。当被焊钢板厚度在60mm以上时，应将电子枪水平放置进行横焊，因为侧向焊接时，液态金属在重力作用下，流向熔孔（电子束）的下方，有利于焊缝成形。电子束焦点位置对于熔深影响很大，在给定的电子束功率下，将电子束焦点调节在焊件表面以下熔深的50%~75%，此时电子束的穿透能力最好。根据实践经验，焊前将电子束焦点调节在板材表面以下板厚的1/3处，可以发挥电子束的熔透效力并使焊缝成形良好，厚板焊接时应保持良好的真空度。

（三）填充金属

从实际操作角度看，电子束焊应尽量不加填充金属。但在某些情况下，如在接头装配间隙过大时为防止焊缝凹陷、焊接异种金属接头时为防止裂纹的产生、在修补焊缝缺陷或修复磨损报废零件时，需要使用填充金属。

填充金属可根据需要制成丝材、带材、颗粒或粉末状，可将其喷涂或堆焊在接头处，也可在接头处加工预留凸边作为填充材料。目前应用较多的是直径为0.8~1.6mm的丝材。丝状填充金属可用送丝机构送入或用定位焊固定。送丝速度和焊丝直径的选择原则是使填充金属量为接头凹陷体积的1.25倍。焊接时采用电子束扫描有助于焊丝的熔化和改善焊缝成形。

（四）复杂结构件的焊接

用电子束进行定位焊是装配焊件的有效措施，其优点是节约装夹时间和费用。生产中常采用焊接束流或弱束流进行定位焊。对于搭接接头可用熔透法定位，也可先用弱束流定位，再用焊接束流完成焊接。

由于电子束很细、工作距离长和易于控制，电子束可以焊接狭窄间隙的底部接头。这不仅可以用于加工制造新产品，在修复报废零件时也非常有效，复杂形状的昂贵铸件常用电子束焊来修复。

对可达性差的接头只有满足以下条件才能进行电子束焊。

1）焊缝必须在电子枪允许的工作距离上。

2）必须有足够宽的间隙允许电子束通过，以免焊接时误伤焊件。

3）在电子束通过的路径上应无干扰磁场。

（五）电子束扫描和偏转

在焊接过程中采用电子束扫描可以加宽焊缝，降低熔池冷却速度，消除熔透不均等缺陷，降低对接头准备的要求。

电子束扫描是通过改变偏转线圈的励磁电流，从而使横向磁场发生变化来实现的。常用的电子束扫描图形有正弦形、圆形、矩形、锯齿形等。通常电子束扫描频率为100~1000Hz，电子束偏转角度为2°~7°。

通过专用高频扫描系统，电子束经过高达1MHz频率扫描后，可以实现观测焊件表面形态，检测焊缝位置，实现焊缝跟踪。通过二次电子反射，可以观察焊件表面细微形貌。焊接时可以分出小部分电子束在焊缝前段扫描观察，以确定焊缝位置，比对偏差，实现实时焊缝跟踪。

此外，扫描系统可以实现的辅助功能如图2-18所示。利用该技术可以实现多束焊接（图2-18a），提高生产率，减小应力变形；改变扫描方式，实现平面扫描加热，用于表面清理、表面热处理及表面改性（图2-18b）；甚至可以实现焊前预热、焊接、焊后热处理同时进行，一次完成（图2-18c）。

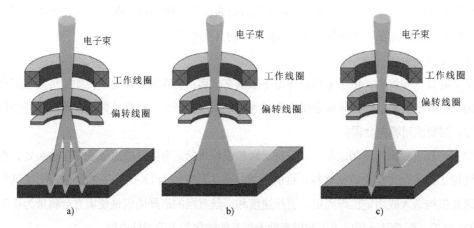

图2-18　扫描系统可以实现的辅助功能

（六）焊接缺陷的控制

与其他熔焊一样，电子束焊焊接接头也会出现未熔合、咬边、塌陷、气孔、裂纹等缺陷。此外，电子束焊常见的缺陷包括熔深不均、长空洞、中部裂纹和由于剩磁或干扰磁场造成的焊道偏离接合线等。

熔深不均出现在未穿透焊缝中。当在焊缝根部还出现孔洞时，称为焊缝根部钉形缺陷。这种缺陷是高能束流焊接所特有的。它与电子束焊时熔池的形成和金属的流动有密切的关系。加大小孔直径可防止出现这种缺陷。改变电子束焦点在焊件内的位置也会影响到熔深的大小和均匀程度。适当地散焦可以加宽焊缝，有利于消除和减小熔深不均的缺陷。

长空洞及焊缝中部裂纹都是深熔透电子束焊时所特有的缺陷，降低焊接速度，改进材质有利于消除此类缺陷。

任务二　选用电子束焊设备

任务解析

选用焊接设备是焊接生产的重要环节。"选用电子束焊设备"是电子束焊技术的典型任务。这一任务涉及的知识点包括电子束焊机的分类、组成等。通过任务实施，学习者能够合理选用电子束焊设备，能够按照安全操作规程文明生产。

必备知识

一、电子束焊机的分类

电子束焊机一般可按真空状态和加速电压分类。按真空状态，它可分为真空型（高、低）、局部真空型、非真空型；按电子枪加速电压的高低分类，它可分为高压型（120kV以上）、中压型（60~100kV）和低压型（40kV以下）。表2-4列出了不同类型电子束焊机的技术特点及适用范围。

表 2-4 不同类型电子束焊机的技术特点及适用范围

类型		技术特点	适用范围
按焊件所处环境的真空度	高真空型 (10^{-4}~10^{-1} Pa)	加速电压为15~175kV,最大工作距离可达1000mm;电子束功率密度高,焦点尺寸小,焊缝成形系数小、质量高;可防止熔化金属氧化,但真空系统较复杂,抽真空时间长,生产率低,焊件尺寸受真空室限制	适用于活性金属、难熔金属、高纯度金属和异种金属的焊接,以及质量要求高的焊件焊接
	低真空型 (10^{-1}~10 Pa)	加速电压为40~150kV,最大工作距离小于700mm;不需要扩散泵,焦点尺寸小,抽真空时间短,生产率较高;可用局部真空室满足大型焊件的焊接,工艺和设备得到简化	适用于大批量生产,如电子元件、精密仪器零件、轴承内外圈、汽轮机隔板、变速箱、组合齿轮等的焊接
	非真空型 (大气压)	不需真空室,焊接在正常大气压下进行,加速电压为150~300kV,最大工作距离为30mm左右;可焊接大尺寸焊件,生产率高、成本低;但功率密度较低,散射严重,焊缝成形系数大于1:5,某些材料需用惰性气体保护	适用于大型焊件的焊接,如大型容器、导弹壳体、锅炉热交换器等,但一次焊透深度不超过60mm
	局部真空型	用于移动式真空室,或在焊件焊接部位制造局部真空进行焊接	适用于大型焊件的焊接
按加速电压	高压型 (120kV以上)	最小束斑小于0.4mm,功率密度大、焊缝成形系数小;需附加铅板防护X射线,电子枪结构复杂,只能做成定枪式	大厚板单道焊、难熔金属、热敏感性强的材料
	中压型 (60~100kV)	最小束斑直径约0.4mm,电子枪可做成定枪式或动枪式	中、厚板(最大厚度为70mm)
	低压型 (40kV以下)	电子束流大、汇聚困难,最小束斑直径大于1mm,功率限于10kW以内	焊缝成形系数要求不高的薄板

二、电子束焊机的组成

电子束焊机的结构形式多样，但基本原理大体相同。图2-19所示为典型真空电子束焊机组成示意图。由图2-19可见，真空电子束焊机主要由电子枪、真空室、高压电源及控制系统、真空系统、工作台以及辅助装置等几大部分组成。

（一）电子枪

1.电子枪的结构

电子束焊机中用以产生电子并使之加速、汇聚成电子束的装置称为电子枪。它是电子束焊机的核心部件。

电子枪主要由阴极、阳极和聚焦线圈等组成。电子枪有二极枪和三极枪之分，现代电子束焊

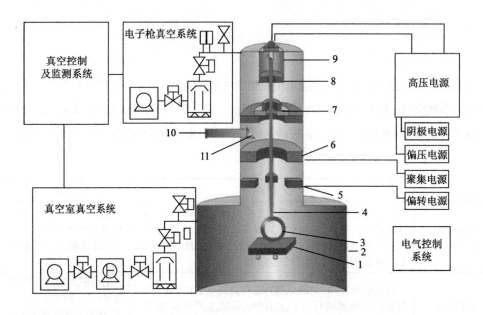

图2-19　典型真空电子束焊机组成示意图

1—工作台　2—真空室　3—焊件　4—电子束　5—偏转线圈　6—聚集线圈

7—阳极　8—偏压电极　9—阴极　10—光学观察系统　11—反光镜

机多采用三极电子枪。图2-20所示为三极电子枪枪体结构示意图，其电极系统由阴极、偏压电极和阳极组成。阴极处于高的负电位，它与接地的阳极之间形成电子束的加速电场。偏压电极相对于阴极呈负电位，通过调节其负电位的大小以及改变偏压电极形状及位置，可以调节电子束流的大小和改变电子束的形状。聚焦线圈又称为电磁透镜，其作用是将电子束流聚焦到焊件的焊缝上，这样既增加了电子束焊的工作距离，又易于对其进行控制和调节。偏转线圈的作用是使电子束的束斑对准焊件的接缝或在焊缝区做有规律的周期性运动。偏转方向和偏转量可通过改变偏转线圈中的电流方向及大小来调节。

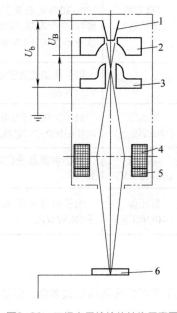

图2-20　三极电子枪枪体结构示意图

1—阴极　2—偏压电极　3—阳极　4—聚焦线圈 5—偏转线圈　6—焊件　U_b—加速电压　U_B—偏压

2.电子枪中的阴极

电子枪中的阴极应采用热电子发射能力强而且不易"中毒"的材料，常用的材料有钨、钽、六硼化镧(LaB_6)等。

阴极按加热形式可分为直热式和间热式。直热式阴极的加热方式是直接加热阴极，其特点是结构简单、易于制作、成本相对较低，缺点是发射面几何形状易变形；间热式阴极的加热方式是利用传导辐射或电子轰击的方法加热阴极，其优点是阴极表面呈等电位面，发射电流密度较均匀，缺点是加工制造难度大，成本相对较高。

根据所需束流值的大小，阴极形状可制成点发射或面发射型。一般常用钨丝制成发针形状或盘状阴极；用钨带压制成V形直热式阴极；用钨块或钨棒制成间热式阴极；钽片也常制成直热式或间热式阴极；六硼化镧一般制成间热式阴极，如图2-21所示。

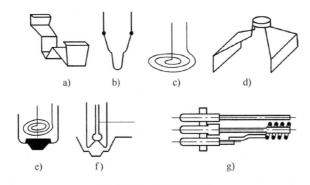

图2-21 常用阴极形状

a）直热式钨带阴极 b）发针状钨丝阴极 c）盘状钨丝阴极 d）直热式钽阴极

e）间热式六硼化镧阴极 f）间热式钽阴极 g）间热式钨棒阴极

（二）高压电源及控制系统

1.高压电源

高压电源为电子枪提供加速电压、控制电压和灯丝加热电流。高压电源控制原理图如图2-22所示。电源应密封在油箱内，以防止伤害人体及干扰设备的其他控制部分。纯净的变压器油既可作为绝缘介质，又可作为传热介质，将热量从电器元件传送到箱体外壁。电器元件都装在框架上，该框架又固定在油箱的盖板上，以便维修和调试。

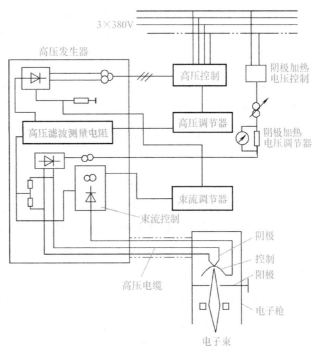

图2-22 高压电源控制原理图

近年来，半导体高频大功率开关电源已应用到电子束焊机中，其工作频率大幅度提高，用很小的滤波电容器，即可获得很小的波纹系数；放电时所释放出来的电能很少，减少了其危害性。另外，开关电源通断时间比接触器要短得多，与高灵敏度微放电传感器联用，为抑制放电现象提供了有力手段。该类电源体积小，质量小，如15kW高压油箱的外形尺寸为1100mm×500mm×100mm，质量仅为600kg。

2.控制系统

早期电子束焊机的控制系统仅限于控制电子束流的递减、电子束流的扫描及真空泵阀的开关。目前，可编程序控制器及计算机数控系统等已在电子束焊机上得到应用，使控制范围和精度得以大大提高。计算机数控系统除了控制焊机的真空系统和焊接程序外，还可实时控制电子参数、工作台的运动轨迹和速度，实现电子束扫描和焊缝自动跟踪。

（三）真空系统及真空室

1.真空系统

真空系统用于对电子枪和真空室进行抽真空操作。该系统大多使用三种类型的真空泵：一种是低真空泵，也称为活塞式或叶片式机械泵，它能够将电子枪和真空室从大气压抽到10Pa左右；另一种是油扩散泵，用于将电子枪和真空室压强降到10^{-2}Pa以下，它不能直接在大气压下起动，必须与低真空泵配合组成高真空抽气机组；还有一种是涡轮分子泵，它是抽速极高的高真空泵，又不像油扩散泵那样需要预热，同时也避免了油的污染，多用于电子枪的真空系统。不同真空度得到的焊缝形状及熔深是不同的。

目前的趋势是采用涡轮分子泵，因为其极限真空度更高，无油蒸气污染，不需要预热，节省抽真空时间，真空室真空度可在$10^{-3} \sim 10^{-1}$Pa范围内。较低的真空度可用机械泵获得，高真空则采用机械泵及扩散泵系统获得。

2.真空室

真空室（工作室）提供了电子束焊的真空环境，同时将电子束与操作者隔离开来，防止电子束焊时产生的X射线对人体和环境的伤害。真空室可用低碳钢板制成，以屏蔽外部磁场对电子束运动轨迹的干扰。真空室内表面应镀镍或进行其他的表面处理，以减少表面吸附气体、飞溅及油污等，缩短抽真空时间和便于真空室进行清洁。真空室通常开一个或几个窗口，用以观察内部焊件及焊接情况。

真空室的设计应满足气密性、承受大气压所必需的刚度及强度指标和X射线防护的要求。低压型电子束焊机（加速电压<40kV）可以靠真空室钢板的厚度和合理设计真空室结构来防止X射线的泄漏。中、高压型电子束焊机（加速电压>60kV）的电子枪和真空室必须设置严密的铅板防护层。

真空室的尺寸和形状应根据焊机用途和焊件尺寸而定。通用型电子束焊机的真空室容积大。专用型电子束焊机是根据焊件来设计真空室的，特别是对生产率高的焊机，为了减少抽真空时间，应尽量减小真空室容积。由于电子束焊适用范围很广，所以电子束焊机真空室的结构多种多样，其尺寸也大小不一。

电子束焊机的使用者未得到焊机设计者的允许，不得随意改装真空室，以免出现X射线的泄漏、真空室的变形等问题。

（四）焊接工作台及工装夹具

工作台、旋转台和焊接夹具对于在焊接过程中保持电子束与接缝的位置、焊接速度稳定、焊缝位置的重复精度都是非常重要的。多数电子束焊采用固定电子枪，让焊件做直线移动或旋转运动来实现焊接。高压电子束焊机给电子枪供电的电缆粗大，柔性差，一般采用定枪结构。对大型真空室的中、低压电子束焊机，为了充分利用真空室，也可采用使焊件不动而驱使电子枪运动的方法进行焊接。为了提高电子束焊的生产率，可采用双工作台或多工位夹具。采用双工作台时，一个工作台在真空室内进行焊接，另一个工作台在室外装卸焊件。这种工作台的优点是装配、焊接可同时进行，真空室体积小，抽一次真空可以焊接多个焊件。由于多工位夹具应用于大批量生产中，对其重复定位精度要求高。对大中型焊机，为装卸焊件方便，工作台大多可移出真空室外。工作台的控制有手动和自动两种，现代焊机的工作台多采用数控式，从而实现复杂焊缝，甚至空间焊缝的焊接。

ppt：电子束焊机的组成

（五）电气控制系统

电子束焊机的电气控制系统主要完成电子枪供电、真空系统阀门的程序启闭、传动系统的恒速运动、焊接参数的闭环控制以及焊接过程的程序控制等功能。

任务实施

一、选用电子束焊设备

选用电子束焊机时，应综合考虑被焊材料、板厚、形状、产品批量等因素。一般来说，焊接化学性质活泼的金属（如W、Ta、Mo、Nb、Ti等）及其合金应选用高真空焊机；焊接易蒸发的金属及其合金应选用低真空焊机；焊接厚大焊件时应选用高压型焊机，焊接中等厚度焊件时应选用中压型焊机；成批生产时选用专用焊机，品种多、批量小或单件生产时则选用通用焊机。表2-5和表2-6分别列出法国的TECHMETA、加拿大的PAVAC-EB系列电子束焊机型号及技术参数。

表 2-5　法国 TECHMETA 系列电子束焊机技术参数

参数		MEDARD系列	LARA系列	GENOVA系列	BARI系列
真空室尺寸	长/mm	350~700	600~9000	2000~10000	0.015m³以上
	宽/mm	350~800	400~1500	1500~6000	
	高/mm	350~700	600~1600	1800~6000	
电子枪功率/kW		6、10、15、20	6、10、15、20、30、50	6、15、30、40、50、60、75	6、15
可选		垂直转台、水平转台、可倾工作台、尾顶、不同尺寸和行程的X工作台	立卧转台、可倾摆转台、尾顶、不同尺寸和行程的X工作台、多个电子枪安装位置	立卧转台、带变位机转台、尾顶、不同尺寸和行程的X工作台、多个室外电子枪安装位置、室内动枪、室内电子枪可0°~90°摆动	电子枪垂直放置、电子枪水平放置、尾顶、一次装夹单个焊件或多个焊件、电子枪移动调节位置

表 2-6　加拿大 PAVAC- EB 系列电子束焊机型号及技术参数

参数	设备型号					
	EB0	EB1	EB2	EB4	EB8	EB10
真空室尺寸:长/mm	520	1250	1700	2500	3950	5500
真空室尺寸:宽/mm	520	750	1150	1150	1500	1650

（续）

参数	设备型号					
真空室尺寸:高/mm	520	850	1250	1400	1950	1500
真空室真空度抽到5 Pa的时间/min(真空室内没有焊接试样)	1	5	10	15	20	20
真空室真空度抽到5×10^{-2} Pa的时间/min(真空室内没有焊接试样)	2	10	20	30	40	40
60kV、100kV、150kV的电子枪	可选					
最大偏转角	6°/最高电压					
X 轴行程/mm	200	500	750	1000	1600	2650
Y 轴行程/mm	150	250	500	500	700	750
T形槽平台以上的高度/mm	150	500	800	950	1500	1050
T形槽平台的尺寸: X轴/mm	240	600	750	1400	2000	2650
T形槽平台的尺寸: Y轴/mm	240	250	500	500	710	750
T形槽平台距真空室底面的高度/mm	185	250	450	450	450	450
电子枪的工作真空度	5×10^{-3} Pa					
在线光学系统	CCD 彩色相机(配变焦镜头)					
电子枪真空度抽到 1×10^{-2} Pa的时间/min	10					
脉冲、分束	可选					

世界上电子束焊机生产商主要有英国的CVE、加拿大的PAVAC、法国的TECHMETA、德国的pro-beam、SST、Focus以及乌克兰的巴顿焊接研究所等。我国真空电子束焊机的研制自20世纪80年代以来取得了较大进展，国内主要专业生产商有上海电焊机厂、成都电焊机研究所、沈阳电焊机厂及桂林狮达、中科电气、北京航空制造研究所等。目前，中等功率的真空电子束焊机已形成了系列，50kV、60kV的焊机已在实际生产中得到广泛应用，一些焊接设备采用了计算机控制等先进技术。图2-23所示为真空电子束焊机外形照片。

图2-23　真空电子束焊机外形照片

二、电子束焊安全与防护

（一）防止高压电击的措施

无论是低压型或高压型的电子束焊机，在运行时都带有足以致命的高电压。因此，焊机中一切带有高电压的系统，都必须采取有效的绝缘防护措施。

1）高压电源和电子枪应保证有足够的绝缘能力，绝缘试验电压应为额定电压的1.5倍。

2）设备应装置专用地线，外壳用截面积大于$12mm^2$的粗铜线接地，保证接地良好，接地电阻应小于3Ω。

3）更换阴极组件或维修时，应切断高压电源，并用接地良好的放电棒接触准备更换的零件或需要维修的地方，以防电击。

4）电子束焊机应安装电压报警或其他电子联动装置，以便在出现故障时自动断电。

5）操作时应戴耐高压的绝缘手套、穿绝缘鞋，无论是高压或是低压电子束系统，都应使用铅玻璃窗口。焊机则安装在用高密度混凝土建造的X射线屏蔽室内。

（二）X射线的防护

电子束焊时，高速运动的电子束与焊件撞击产生X射线；在枪体和真空室内，电子束与气体分子或金属蒸气相撞时，也会产生相当数量的X射线；焊接时，约有1%的射线能量转变为X射线辐射。我国规定，工作人员允许的X射线剂量不应大于0.25mR/h。因此必须加强对X射线的防护措施。

1）对于加速电压等于或低于60kV的电子束焊机，真空室采用足够厚度的钢板就能起防护X射线的作用。

2）加速电压高于60kV以上的焊机，外壳应附加足够厚度的铅板进行防护。

3）电子束焊机在高电压下运行，观察窗应选用铅玻璃。

4）工作场所的面积一般不应小于40m^2，高度不小于3.5m。对于高压电子束焊设备，可将高压电源设备和抽气装置与操作人员的工作室分开。

此外，电子束焊时会产生有害的金属蒸气、烟雾、臭氧及氧化氮等，应采用抽气装置将真空室排出的废气、烟尘等及时排出，以保证真空室内和工作场所的有害气体含量降低到安全标准以下，设备周围应通风良好。

由于熔化金属发射的可见光对视力和皮肤有害，因此焊接过程中不允许用肉眼直接观察熔池，必须佩戴防护眼镜。

项目拓展

拓展一　不同材料的电子束焊

电子束焊是金属材料焊接性较好的熔焊方法之一。各种金属、合金、金属间化合物等都可以采用电子束焊，并且接头具有良好的力学性能。

一、钢的电子束焊

（一）非合金钢（碳钢）的焊接

低碳钢易于焊接。与电弧焊相比，电子束焊焊缝和热影响区晶粒细小。低碳沸腾钢则因脱氧不彻底，焊接时可能产生强烈的熔池反应，易产生飞溅，并在焊缝中可能产生气孔。因此，焊接时可在接头间隙处夹一厚度为0.2~0.3mm的铝箔，以保证脱氧作用。半镇静钢焊接过程中有时也会产生气孔，降低焊接速度、加宽熔池有利于消除气孔。

中碳钢也可以采用电子束焊，但其焊接性随着含碳量的增高而变差。碳的质量分数大于0.5%的碳钢用电子束焊时，开裂倾向比电弧焊时低，但需焊前预热及焊后热处理。

（二）合金钢的焊接

碳当量低于0.3%的低合金钢采用电子束焊时，可不预热和后热。在焊件厚度大、结构刚性强时，为防止开裂应预热，预热温度为250~300℃。对焊前已进行过淬火和回火处理的零件，焊后回火温度应略低于原回火温度。

碳当量高于0.30%的高强度合金钢，可进行电子束焊，退火或正火状态下焊接性更好。当板厚大于6mm时，应采用焊前预热和焊后缓冷的工艺措施，以免产生裂纹。

（三）工具钢的焊接

采用电子束焊焊接的工具钢，焊接接头性能良好，生产率高。与其他焊接方法相比，工具钢电子束焊不需要进行退火等热处理，可实施高速焊接。例如：厚度为6mm的4Cr5MoSiV钢焊前硬度为50HRC，焊后进行550℃正火，焊缝金属的硬度可以达到56~57HRC，热影响区硬度下降到43~46HRC，但其宽度只有0.13mm。

（四）不锈钢的焊接

采用电子束焊焊接的奥氏体型不锈钢可具有较高耐晶间腐蚀能力，因为高的冷却速度有助于抑制碳化物析出。对于马氏体不锈钢，可以在任何热处理状态下进行电子束焊，但焊后接头区会产生淬硬的马氏体组织，增加了裂纹敏感性。随着含碳量的增大和冷却速度的提高，马氏体的硬度和裂纹敏感性也会增大。必要时可用散焦电子束预热来加以防止。

沉淀硬化不锈钢采用电子束焊，可获得较好的力学性能；含磷量较高的沉淀硬化不锈钢焊接性较差。表2-7列出了常用钢材电子束焊的焊接参数。

表 2-7 常用钢材电子束焊的焊接参数

材质	板厚/mm	加速电压/kV	电子束电流/mA	焊接速度/(mm/min)
低碳钢	3	28	120	1000
		50	130	1600
低合金钢	12	50	80	300
	15	30	350	830
不锈钢	1.3	25	28	506
	2.0	55	17	1770
	5.5	50	140	2500
	8.7	50	125	1000
奥氏体型不锈钢	15	30	230	833
		30	330	1333

二、非铁金属及难熔金属的电子束焊

（一）铝及铝合金的焊接

铝及铝合金化学活泼性强，表面易氧化，易生成难熔氧化膜，氧化膜不致密，易吸收水分；有些合金元素，如Mg、Zn、Li等，焊接时易蒸发；电子束焊时焊接速度快，熔池凝固速度快。这些因素均易促成焊缝金属产生气孔。因此铝及铝合金电子束焊时，必须采用高真空；母材内的含氢量控制在0.4mL/100g；焊接前需经认真化学清理；焊接时采用下聚焦和形成较窄的焊缝，以抑制氢气泡的形成，使氢来不及聚集；焊接速度不宜过快，对于厚度小于40mm的铝板，焊接速度应在600~1200mm/min；对于40mm以上的厚铝板，焊接速度应在600mm/min以下；焊接过程中，可使电子束按照一定图形对熔池进行扫描，使熔池发生搅拌，促使氢气泡易于从熔池中逸出；或在焊后使焊缝再用电子束重熔一次，利于消除焊缝气孔。

铝合金电子束焊时对束流十分敏感，尤其是对厚度大于3mm的铝合金焊件，如束流偏小，易产生未焊透；如束流偏大，则焊缝金属易下塌，导致焊缝正面凹陷。为此，必须选择合适的焊接参数，控制焊缝成形。必要时，采用在焊件表面下聚焦，并在接头一侧预留单边凸台，以其作为填充金属，可获得良好的焊缝成形。表2-8列出了推荐使用的铝合金焊接条件。

表2-8　推荐使用的铝合金焊接条件

合金牌号	厚度/mm	电子束功率/kW	焊接速度/(mm/min)	焊接位置
5A07	0.6	0.4	1020	平焊,电子枪垂直
	5	1.7	1200	平焊,电子枪垂直
	100	21	240	横焊,电子枪水平
	300	80	240	横焊,电子枪水平
7A04	10	4.0	1500	平焊,电子枪垂直
2A08	18	8.7	1020	平焊,电子枪垂直

铝及铝合金有时焊前呈变形强化或热处理强化状态，即使电子束焊热输入小，合金焊接接头仍将发生热影响区软化或出现焊接裂纹倾向，此时可提高焊接速度，减小软化区及热影响区宽度和软化程度；也可以施加特殊合金填充材料，改变焊缝金属成分；或减轻近缝区过热程度，降低焊接裂纹倾向。

（二）钛及钛合金的焊接

钛合金具有比强度高、耐蚀性优异、工作温度范围宽等性能优势，广泛应用于航空发动机结构中。钛合金的化学活泼性强、熔点高、导热性差，采用常规焊接方法难以获得优质接头，而电子束焊是所有工业钛及钛合金最理想的焊接方法。采用电子束焊能有效地避免有害气体的污染，而且电子束的能量密度大，焊接速度高，焊缝和热影响区中不会出现粗大的晶粒，因而焊接接头的有效系数可达到100％。焊接时为了防止晶粒长大，宜采用高电压、小束流的焊接参数。

为了改善焊缝向母材的过渡，采用两道焊法，第一道采用高功率密度的深熔焊，保证焊透，第二道采用低功率密度的修饰焊。电子束摆动可改善焊缝成形，细化晶粒和减少气孔，接头性能也随之提高。钛合金真空电子束焊的焊接参数见表2-9。该方法已成功用于航空发动机部件，压力机盘等钛合金的焊接。

表2-9　钛合金真空电子束焊的焊接参数

板厚/mm	加速电压/kV	电子束电流/mA	焊接速度/(mm/min)	备注
1.3	85	4	1520	
5.1	125	8	460	高压

（续）

板厚/mm	加速电压/kV	电子束电流/mA	焊接速度/(mm/min)	备注
5.1	28	180	1270	低压
9.5~11.4	36	220~230	1400~1520	
12.7	37	310	2290	焊透
12.7	19	80	2290	焊缝表面
25.4	23	300	380	
50.8	46	495	1040	焊透
50.8	19	105	1040	焊缝表面
57.2	48	450	760	焊透
57.2	20	110	760	焊缝表面

（三）铜及铜合金的焊接

电子束焊焊接含锌、锡、磷等低熔元素的黄铜和青铜时，这些元素的蒸发会造成焊接合金含量的损失。此时应避免电子束直接长时间聚焦在焊缝同一处，如可以使用摆动电子束的方法。

电子束焊焊接厚大铜件时会出现因电子束冲击表面发生熔化金属飞溅问题，导致焊缝成形变坏。此时采用散射电子束修饰焊缝的方法加以改善。

由于纯铜的导热系数比碳钢大7~11倍，焊接时热损失较大，焊缝熔深受到限制，试样越厚，散热越严重。在实际焊接中，由于电子束焊焊缝成形系数小，为了有利于熔池中气体的排出，可采用横枪电子束焊的方法，即横枪的电子束水平入射焊件被焊处，使得到的熔池横宽竖短，由于重力作用，熔池上部有间隙，使焊缝根部气体仅经过很小的距离即进入间隙而排出。同时水平入射的电子束穿透的阻力减小，使得焊缝熔深增加，焊缝内部及表面的缺陷减少，焊接质量优于竖枪电子束焊。横枪电子束焊焊接纯铜时，焊接速度一般在1000mm/min。液态纯铜表面张力小，流动性大，表面成形差，低的焊接速度会引起熔池液态金属的外流，这使得横焊时通过降低焊接速度来提高熔深的方法受到限制。

为了进一步提高焊缝的熔深，采用倾斜角度横枪电子束焊工艺，将电子束倾斜射入焊件，使熔池表面略高于熔池底部来抑制焊缝金属的流淌，从而降低焊接速度，获得更大的熔深。

铜及铜合金电子束焊的焊接参数见表2-10。

表2-10 铜及铜合金电子束焊的焊接参数

厚度/mm	加速电压/kV	电子束电流/mA	焊接速度/(mm/min)
1	14	70	336
2	16	120	336
4	18	200	300
6	20	250	300
10	50	190	180
18	55	240	66

对纯铜这类材料，由于其热导率较大，宜采用较大焊接热输入，以获得较大的熔深。焊接距离也有一定要求，焊接距离太大，电子束电流因发散而降低；焊接距离太小，焊件容易给电子枪造成运行障碍，同时纯铜在焊接过程中产生大量金属蒸气会严重污染电子枪系统。聚焦电流的调节可以改变焊缝的形状和熔深。对较厚板而言，聚焦电流为使电子束焦点处于板厚的 $1/2 \sim 1/3$ 之间为合适。

（四）镁合金的焊接

采用电子束焊可获得良好接头的镁合金为AZ91、AZ80系列。镁、锌在真空里蒸气压很高，易产生气孔，且镁的挥发对真空室污染大，降低焊接速度，利用电子束对熔化金属熔池按一定图形进行扫描搅拌，以利气体从熔池内逸出。必要时，可实行对焊缝的电子束重熔。

在非真空条件下，电子束圆形的摆动和微散焦的电子束，有利于获得优质焊缝。通过合理调节焊接参数使气体在焊缝金属凝固前完全逸出，其中电子束电流大小必须严格控制。

（五）难熔金属的焊接

电子束焊对于熔点在2000℃以上的钼、钨、铌、锆等难熔金属是较为理想的焊接方法，因为高功率密度可使用较小的热输入获得性能良好的焊接接头。

钼和钨的焊接困难不仅是因为其熔点高，还在于熔化和再结晶会使这两种金属的韧-脆转变温度提高到室温以上，而电子束焊时高温停留时间短，使晶粒长大及其他能提高转变温度的反应的影响减至最小。当焊件厚度较大，拘束加剧时，为了降低拘束，可设计成凸缘对接或卷边接，并在近缝区设置应力槽以调节其弹塑性。此外，预热焊接区可以降低开裂的敏感性。焊接时真空度要求在 $10^{-3} \sim 10^{-2} \mathrm{Pa}$，一般选用低热输入的高速焊来控制焊缝金属及过热区的晶粒长大。推荐采用脉冲电子束焊或摆动电子束焊，摆动频率为60Hz，摆幅为0.12~0.25mm。

钼焊接时常见的缺陷是气孔和裂纹。焊前仔细清理焊缝并进行预热将有利于消除气孔。钼合金中加入铝、钛、锆、铪、钍、碳、硼、钇或镧，能够中和氧、氮及碳的有害作用，提高焊缝韧性。焊接速度为50~67cm/min时，每1mm厚度的钼约需要1~2kW电子束功率。

钨合金对电子束焊具有较好的适应性。焊接时接头准备和清理非常重要，清理后应进行除气处理，预热是防止钨接头出现冷裂纹的有效措施。焊后退火可降低某些钨合金焊接接头的脆性转变温度，但不能改善纯钨焊缝金属的冷脆性。

钨、钼及合金电子束焊的焊接参数见表2-11。

表 2-11　钨、钼及合金电子束焊的焊接参数

钨、钼及合金	厚度/mm	加速电压/kV	电子束电流/mA	焊接速度/(mm/min)
W	0.5	20	25	220
	1.0	22	80	200
	1.5	23	120	240
Mo	1.0	18~20	70~90	1000
	1.5	96	26	600
	1.5	50	45	1000

（续）

钨、钼及合金	厚度/mm	加速电压/kV	电子束电流/mA	焊接速度/(mm/min)
Mo	2.0	20~22	100~120	670
	3.0	20~22	200~250	500
Mo–0.5Ti	2.0	90	57	120

铌合金焊缝中常见的缺陷是气孔和裂纹。在 1.33×10^{-2} Pa的高真空下，用散焦电子束对焊缝进行预热，有清理和除气作用，有利于消除气孔。

锆非常活泼，接头准备和清理对焊接质量至关重要，焊接应在真空度达到 1.33×10^{-2} Pa以上的高真空中进行。焊后退火可提高接头抗冷裂和延迟破坏的能力。退火条件是在750~850℃的温度下保温1h，随炉冷却。焊接锆所用的热输入与同厚度的钢相近。

三、异种材料的电子束焊

异种金属对电子束焊的适应性取决于各自的物理、化学性质。彼此能形成固溶体的异种金属焊接性良好，而易生成金属间化合物的异种金属接头韧性差。对于不能互溶和难以直接电子束焊的异种金属，可通过加入两种金属兼容的中间过渡金属或加入填充金属来实现焊接，见表2-12。

表 2-12　异种金属电子束焊所采用的中间过渡金属

被焊异种金属	中间过渡金属	被焊异种金属	中间过渡金属
Ni+Ta	Pt	钢+硬质合金	Co、Ni
Mo+钢	Ni	Al+Cu	Zn、Ag
Cr–Ni不锈钢+Ti	V	黄铜+Pb	Sn
Cr–Ni不锈钢+Zr	V		

用电子束焊焊接异种材料时，可以采取以下工艺措施。

1）两种材料的熔点接近，这种情况对焊接无特殊要求，可将电子束指向中间；如果要求焊缝金属熔合比不同，以改善组织性能时，可把电子束倾斜一角度而偏于要求熔合比多的母材。

2）两种材料的熔点相差较大，在这种情况下，为了防止低熔点母材熔化流失，可将电子束集中在熔点较高的母材一侧。焊接时不让低熔点母材熔化过多而影响焊缝质量，可利用铜护板传递热量，以保证两侧母材受热均匀。为了防止焊缝根部未焊透等缺陷，应改变电子束对焊件表面的倾斜角，在多数情况下，电子束应指向熔点较高的母材。

3）异种金属相互接触和受热会产生电位差，这会引起电子束偏向一侧，应注意这一现象，防止偏焊等。

4）焊接难熔的异种金属时应尽量降低热输入，采用小束斑，尽可能在固溶状态下施焊，焊后进行时效处理。

（一）钢与有色金属的焊接

为了提高钢与铝的电子束焊接头的性能，选用Ag作为中间过渡金属，焊接接头强度可达117.6~156.8MPa。因为Ag不会与Fe生成金属间化合物。

12Cr18Ni9Ti不锈钢与钛及钛合金电子束焊时，可选用Nb和青铜作为填充材料，可使焊缝不出现金属间化合物、裂纹和其他缺陷，接头强度高且有一定的塑性。这些中间过渡层的合金有V+Cu、Cu+Ni、Ag、V+Cu+Ni、Nb和Ta等。

不锈钢与钼电子束焊时，电子束偏离开钼的一侧，以调节和控制钼的加热温度。只要焊接加工合适、焊接参数适当，熔化的不锈钢就能很好地浸润固态钼的表面，形成有一定力学性能的接头。

不锈钢与钨电子束焊时，真空度在10^{-5}Pa以上，加速电压为17.5kV，电子束电流为70mA，焊接速度为0.83cm/s。

（二）陶瓷与金属的焊接

陶瓷与金属的真空电子束焊是一种有效的连接方法，其装配间隙控制在0.02~0.05mm，不能过大，否则可能产生未焊透等缺陷；适宜选用高真空度低压型焊机。陶瓷与金属的电子束焊工艺过程如下。

1）焊件表面处理干净，将焊件放入预热炉内进行预热。

2）当真空炉内真空度达到10^{-2}Pa之后，开始用钨丝热阻炉对焊件进行预热和加热，使焊件在30min内由室温升到1600~1800℃。

3）在预热恒温条件下，让电子束扫射焊件一侧，开始焊接。

4）焊后降温退火，预热炉要在10min内使电压降到零，使焊件在真空炉内自然冷却1h后才能出炉。

随着材料科学的进步，金属间化合物越来越多地得到应用，如Ti_3Al，Ni_3Al等。对于不能互溶的两种金属进行电子束焊时，可以通过嵌放或预置与两种金属兼容的过渡金属来实现焊接。焊接时，必须严格控制焊接热输入，采用较高的焊接速度，避免焊接裂纹和接头脆性。材料冶炼和铸造过程中杂质控制得好坏，对焊接质量的影响很大，因此焊前应对材料成分及力学性能进行复验。

图2-24　应用电子束焊制成的不同金属和具有复杂结构的零件

在电子和仪表工业中，有许多零件采用特殊材料制作，结构复杂且紧凑，有特殊的技术要求，如需焊后形成真空腔，不能破坏温敏元件等，或要求精密焊接制造，因此，真空电子束焊就成为首选方法。例如：管式应变计传感器要求管内装有应变丝和MgO绝缘粉，焊缝半穿透，变形小，采用严格的电子束焊工艺与合适的工装配合，完全可以得到满意的焊接质量，满足产品的技术要求。

图2-24所示为应用电子束焊制成的不同金属和具有复杂结构的零件。

拓展二　电子束焊典型案例

案例1：火箭发动机TC4钛合金组件的电子束焊

登月火箭发动机燃料喷射系统Ti-6Al-4V合金（相当于TC4）集油箱组件的焊接结构如图2-25所示。其中组件中环缝B靠近小孔（图2-25B部放大处），且小孔距离焊缝中心线仅0.76mm，焊接操作难度很大。母材焊前经固溶和时效处理，为防止变形，焊后不进行热处理。焊接工艺如下。

1）装配。使用安装在真空室内可转动工作台上的特制夹具装配，组件均需倒角，以利于装配。装配前接头区域应经严格清理。

2）抽真空与定位焊。抽真空（10^{-3} Pa）同时使电子束与焊缝B对中，相隔90°焊4处定位焊，然后从侧向移动组件使电子束与焊缝A对中后，焊8处等距定位焊。

3）焊接焊缝A。采用摆动电子束，并以功率衰减方式，转动组件以焊接焊缝A。TC4合金组件电子束焊的焊接参数见表2-13。

表2-13　TC4合金组件电子束焊的焊接参数

焊缝	焊接电流/mA		加速电压/kV	焊接速度/(mm/min)	工作距离/mm	电子束摆动幅值、频率
焊缝A	定位焊	4	110	930	152.4	1.1mm、1000Hz
	全焊缝	20	130			
焊缝B	定位焊	4	110	912	133.4	1.1mm、1000Hz
	全焊缝	16.9	130			

注：1.焊缝B近处的孔用铜插入块和装在孔上的铜圈冷却。

2.直线摆动，与接头圆周正切。

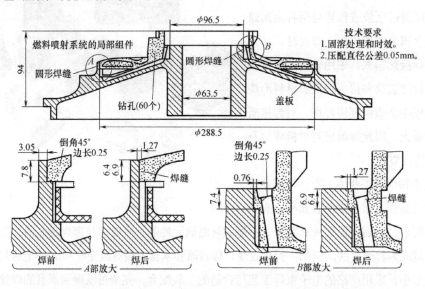

图2-25　火箭发动机燃料喷射系统Ti-6Al-4V合金（相当于TC4）
集油箱组件的焊接结构

4）焊接焊缝B。先打开真空室重新对中电子束，为防止距接头不到0.76mm处的孔区烧穿，要拆卸夹具部件以使铜插入块放入靠近焊头的孔中，且为铜插入块配上铜圈。为使可转动工作台保持足够高的焊接速度，还需更换齿轮。一切准备工作就绪后，在抽真空后开始焊接。采用与焊缝*A*相同的摆动工艺和功率衰减方法，焊接参数见表2-13。除使用铜插入块外，为改善热循环，须用较小的焊接电流，并尽可能减小熔深。

案例2：发动机部件（钛合金与铌合金）的电子束焊

某航天产品的几种双元发动机中，推力室头部与机体采用7715D钛合金与C-103铌合金的对接焊接结构（图2-26）。焊缝熔深要求从2.1~4.7mm不等，焊接熔深精度要求控制在±0.3mm以内，接头抗拉强度要求达到母材强度，保证焊缝密封性能，承受10MPa的压力。焊接结构的规格参数见表2-14。

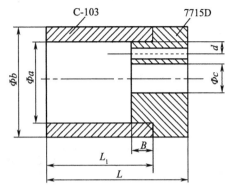

图2-26　7715D钛合金与C-103铌合金的对接焊接结构

表2-14　焊接结构的规格参数　　　　　　　　　　　（单位：mm）

产品	ϕb	ϕa	ϕc	d	L	L_1	B
A	21.6	18	8	2.2~2.3	46	40	2
B	33	29	18	2.2~2.3	46	40	2
C	101	93	67	4.3~4.4	36	30	2

（一）材料焊接性分析

钛合金与铌合金都含有Ti、Nb、Zr等元素，冶金性能比较接近，可能形成有限固溶体，不产生脆性金属间相，焊接性较好。但这两种合金的熔点相差较大，热传导性能也有差别，焊接时使铌合金一侧的热输入大一些。这两种合金的化学性能活泼，易产生气孔，应采取防护措施。采用电子束焊的焊接速度较快，钛合金与铌合金流动性能不同，使焊缝表面成形变差。

钛合金与铌合金力学性能相差较大，钛合金的强度较高，铌合金的强度较低。焊缝强度设计要求超过铌合金的强度。

（二）焊接设备

真空电子束焊设备型号：BOCAMK15-GN100KM-CNC。主要参数：加速电压为60kV；最大电子束电流为250mA；最大工作距离为300mm；最大静态偏转角为±3°；最大动态偏转角为±2°。

（三）工艺步骤及焊接参数

1）焊前清洗。为防止产生气孔与夹渣等缺陷，焊件应严格进行酸洗处理，使待焊表面呈金属本色。清洗后焊件在真空烘箱中烘干，并在24h内进行焊接。钛合金与铌合金分别使用不同的酸洗配方。

2）装配。严格控制装配间隙小于0.05mm，环焊缝同轴度控制在0.1mm以内。

3）真空度。焊接时真空度要求大于10^{-2} Pa，并在焊后根据焊件的散热条件，在一定时间内保持真空度，以防止焊件氧化。

4）电子束对缝与扫描。为了补偿两种金属物理性能的差别，将电子束对准焊缝后，用焊接自动程序将其偏向铌合金侧一定距离。使用一定频率的扫描函数使电子束按照某一轨迹运动，建立合适的热量输入分布场，保证焊缝金属均匀熔化、充分熔合，形成良好的电子束焊缝。

5）表面成形。焊后用小能量束流对焊缝表面进行重熔，使焊缝金属向母材光滑过渡，消除焊接应力。

6）焊接参数。根据设计熔深要求，通过一系列焊接工艺试验，选取了三种焊接参数，见表2-15。

表 2-15　钛合金与铌合金电子束焊的焊接参数

加速电压/kV	焊接电流/mA	焊接速度/(mm/min)	偏置距离/mm	真空度/Pa	熔深/mm
60	20	180	0.20	$>10^{-2}$	2.37
60	25	180	0.25	$>10^{-2}$	2.45
60	40	120	0.30	$>10^{-2}$	4.60

焊后经金相分析，表明母材与焊缝界面有交互结晶，熔合良好，焊缝中形成有限固溶体，无脆性共晶组织。

（四）接头的力学性能

接头在拉伸试验中，试样均断裂在铌合金基体，焊缝平均拉伸强度为552MPa，远高于铌合金母材基体的强度449.5MPa。

项目总结

电子束焊作为高能束焊的一种，功率密度可到10^6 W/cm²以上，远远高于常规的氩弧焊，可保证大厚度焊件在不开坡口的条件下一次焊成，其精准可控的微焦点和高速扫描等特性，可实现对材料和构件的高质量、高效率焊接。电子束焊热影响区宽度小、变形小，适用于精密构件的焊接，也可用于经过热处理的构件，不引起接头组织和性能的显著变化。采用真空电子束焊，可以节省焊后矫正变形及热处理所需要的人力和物力，改进焊接构件的生产工艺过程。电子束焊设备投资较高，焊件尺寸受真空室大小限制，这些因素在分析可行性时必须予以考虑。

通过本项目学习，使学生能够掌握电子束焊基础原理、工艺特点及应用等必备知识，能够根据焊件结构和材料合理编制电子束焊工艺，提升电子束焊技术水平和应用能力，增强安全文明生产意识。

—————————————————— 复习思考题 ——————————————————

一、思考与练习

（一）选择

1.形成深熔焊的主要原因是（　　）。

　A.电子束入射　　　　　　　B.金属蒸气的反作用力　　　　　C.表面张力

2.在大功率的电子束焊中，电子束的功率密度可达（　　）。

　A.10^6 W/cm²以上　　　　B.10^4 W/cm²以上　　　　　　C.10^5 W/cm²以上

3.电子束焊是一种高能束流焊接方法，其电子束电流范围为20~1000 mA，焦点直径约为（　　）。

　A.ϕ1~ϕ10mm　　　　　B.ϕ0.1~ϕ1mm　　　　　　C.ϕ1~ϕ5mm

4.下列关于电子束焊焊缝形成过程的描述正确的是（　　）。

　A.电子的速度被加速到光速的0.3~0.7倍，直接"钻"出一个匙孔

　B.在电子束焊过程中始终存在一个匙孔

　C.金属蒸气排开液体金属，电子束能轰击焊件深处的固态金属

　D.电子束穿透焊件，匙孔由液态金属包围

5.根据焊件所处环境的真空度，可将电子束焊分为（　　）。

　A.中真空电子束焊　　　　　B.高真空电子束焊

　C.低真空电子束焊　　　　　D.非真空电子束焊

（二）填空

1.电子束焊是利用_____和_____的高速电子流轰击置于_____或_____中的焊件接缝处，所产生的热能使被焊金属熔合的一种焊接方法，是一种_____流焊接方法。

2.真空电子束焊机主要由_____、_____、_____工作台以及辅助装置等几大部分组成。

3.一般来说，焊接化学性质活泼的金属（如W、Ta、Mo、Nb、Ti等）及其合金应选用_____；焊接易蒸发的金属及其合金应选用_____；焊接厚大焊件时应选用_____，焊接中等厚度焊件时应选用_____。

4.当焊件厚度大于10mm时，通常采用_____，且焦点在焊缝熔深的30%处。当焊件厚度大于50mm时，应使焦点位于焊缝熔深的_____更合适。

（三）判断

1.电子束焊有很小的焊缝成形系数是因为功率密度大。（　　）

2.电子束功率密度大，焊件的热输入也大。（　　）

3.多数电子束焊机采用固定电子枪，让焊件做直线移动或旋转运动来实现焊接。对于大型真空室，也可采用使焊件不动，而驱使电子枪运动进行焊接。（　　）

4.焊接环缝时，要控制电子束电流的递增或递减，以获得良好的起始、收尾搭接处的质量。（　　）

5.电子束偏转角度为5°~10°。（　　）

（四）简答

1.简述电子束焊原理。

2.与常规焊接方法比较，电子束焊有哪些优缺点？

3.简述不同类型电子束焊的技术特点及适用范围。

4.简述小孔效应，它在电子束焊中起什么作用？

5.电子束焊的焊接参数对焊接接头质量有什么影响？

二、观察与讨论

1.参观企业焊接生产车间，了解采用电子束焊的产品结构及其焊接工艺，写出典型电子束焊工艺。

2.利用互联网或相关书籍资料，写出两个电子束焊的应用实例，并与同学交流讨论。

项目三

扩散焊技术

项目导入

　　扩散焊或称为扩散连接（Diffusion Bonding，Diffusion Welding，DFW，焊接代号45），一般以间接热能为热源的固相焊接方法。它通常是在真空或者保护气氛下进行。焊接时将两焊件在高温或者较大压力条件下紧密接触并保温一定时间，使接触面间的原子相互扩散而实现可靠连接。焊前不仅需要清洗焊件表面的氧化物等杂质，而且表面粗糙度要低于一定程度才能保证焊接质量。扩散焊对被焊材料的性能几乎不产生有害作用。扩散焊特别适合异种金属材料、耐热合金和陶瓷、金属间化合物、复合材料等新材料的接合，尤其是对于熔焊方法难以焊接的材料，扩散焊具有明显的优势。扩散焊可以焊接复杂的结构及厚度相差很大的焊件。

　　根据"特种焊接技术"课程教学目标要求，旨在使学生较好地掌握扩散焊的原理和特点，培养扩散焊技术应用能力。本项目以"扩散焊技术"为项目载体，提炼了"编制扩散焊工艺"和"选用扩散焊设备"两个典型任务，选取了"Al_2O_3陶瓷与工业纯钛TA1的真空扩散焊"和"亚微米级$(Al_2O_3)_p$/6061铝基复合材料的扩散焊"两个典型案例，配置了丰富的动画、视频资源，使教学内容更加生动、直观。建议采用项目化教学，模拟企业情境，以小组的形式来完成任务。教学过程中注重培养学生的职业素养以及自主学习、协作交流的能力。

学习目标

　　1.掌握扩散焊的原理、特点、分类。

　　2.熟知扩散焊焊前准备、接头形式。

　　3.掌握中间层材料及其选择。

　　4.掌握扩散焊焊接参数。

　　5.了解扩散焊质量检测。

　　6.熟悉扩散焊设备组成、典型扩散焊设备技术参数。

项目实施

任务一 编制扩散焊工艺

任务解析

编制焊接工艺是焊接生产的重要环节。"编制扩散焊工艺"是扩散焊技术的典型任务。这一任务涉及的知识点包括扩散焊的原理、特点、类型及应用范围等。通过任务实施，学生能够掌握扩散焊的焊接参数及其对焊接质量的影响，熟悉工艺编制基本流程，能够编制扩散焊工艺。

必备知识

一、扩散焊的原理及特点

（一）固相扩散焊的原理

扩散焊时，把两个或两个以上的焊件紧压在一起，置于真空或保护气氛中，加热至母材熔点以下某个温度，然后对其施加压力，使其表面的氧化膜破碎、表面微观凸起处发生塑性变形和高温蠕变而达到紧密接触，激活界面原子之间的扩散，在若干微小区域出现界面间的结合。再经过一定时间的保温，这些区域进一步通过原子相互扩散得以不断扩大。当整个连接界面均形成金属键结合时，则完成了扩散焊过程。

实际的待焊接表面总是存在微观凹凸不平、气体吸附层、氧化膜等，而且焊件表面的晶体位向不同，不同材料晶体结构不同，这些因素都会阻碍接触点处原子之间形成金属键，影响扩散焊过程的稳定进行。所以，扩散焊时必须采取适当的工艺措施来解决这些问题。

固相扩散焊焊缝的形成过程如图3-1所示。为了便于分析和研究，通常把其分为变形和界面的形成、晶界迁移和微孔收缩、微孔消除和界面消失三个阶段。

扩散焊前，通常对材料表面进行机械加工、研磨、抛光和清洗，但无论焊前如何加工处理，加工后的材料表面在微观上仍然是粗糙的，且表面还常常有氧化膜覆盖。将这样的固体表面相互接触，在室温且不施加压力的情况下，结合面只限于少数凸出点接触，如图3-1a所示。

1）变形和界面的形成阶段。在高温下通过对焊件施加压力，使材料表面微观凸出点接触部位发生塑性变形，在变形中挤开表面吸附层，挤碎表面氧化膜，于是导致该接触点的面积增加和被挤平，达到紧密接触的程度，形成金属键结合。宏观上大部分表面形成晶粒之间的连接，未接触部分形成微孔残留在界面上，如图3-1b所示。

2）晶界迁移和微孔收缩阶段。高温下微观不平的表面，在外加压力的作用下，紧密接触的界面上发生原子持续扩散和再结晶，使界面晶界发生迁移。界面上微孔逐渐变小，继而许多微孔消失，形成了焊缝，如图3-1c所示。

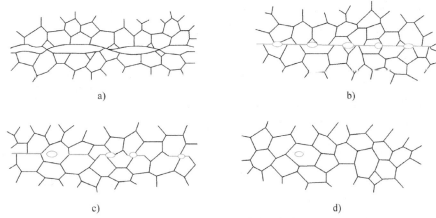

图3-1　固相扩散焊焊缝的形成过程

a）凹凸不平的初始接触　b）变形和界面的形成　c）晶界迁移和微孔收缩　d）微孔消除和界面消失

3）微孔消除和界面消失阶段。原子扩散向纵深发展，界面与微孔最后消失形成新的晶界，达到冶金结合，最后接合区成分趋于均匀，形成可靠的焊接接头，如图3-1d所示。

在焊接过程中，表面氧化膜除受到塑性变形的破坏作用外，还受到溶解和球化聚集作用而被去除或减薄。氧化物的溶解是通过间隙原子向金属母材中扩散而发生的，而氧化物的球化聚集是借氧化物膜过多的表面能造成的扩散而实现的。两者均需在一定的温度和时间条件下完成。

扩散焊过程的三个阶段并没有明确的界限，而是相互交叉进行的，甚至有局部重叠，很难准确确定其开始与终止时间。焊接区域经蠕变、扩散、再结晶等过程而最终形成固态冶金结合，可以形成固溶体及共晶体，有时也可能生成金属间化合物，从而形成可靠的扩散焊接头。

（二）瞬时液相扩散焊过程

瞬时液相扩散焊是指在扩散焊过程中接缝区短时出现微量液相的扩散方法。短时出现液相有助于改善扩散表面接触情况，允许使用较低的扩散压力。此微量液相在焊接过程中、后期经等温凝固、均匀化扩散过程，接头重熔温度将提高，最终形成了成分接近母材的接头。获得微量液相的方法有以下两种。

（1）利用共晶反应　利用某些异种材料之间可能形成低熔点共晶的特点进行液相扩散连接（称为共晶反应扩散焊）。这种方法要求一旦液相形成之后应立即降温使之凝固，以免继续产生过量的液相，所以要严格控制温度，实际上应用较少。

（2）添加特殊钎料　特殊钎料是采用与母材成分接近但含有少量既能降低熔点又能在母材中快速扩散的元素（如B、Si、Be等），用此钎料作为中间层，以箔或涂层方式加入。与普通钎料凝固相比，此钎料层厚度较薄，钎料凝固是在等温状态下形成的，而钎焊时钎料是在冷却过程中凝固的。

瞬时液相扩散焊又称为扩散钎焊。瞬时液相扩散焊有以下优点：液体金属的原子运动较为自由，且易在母材表面形成稳定的原子排列而凝固；使界面的接触变得容易；可大幅度降低焊接压力。

瞬时液相扩散焊过程可用图3-2所示四个阶段描述。

第一阶段：溶解。置于两待焊表面之间的中间层在低的压力作用下与待焊表面接触后，中间层熔化或与母材之间发生共晶反应，形成液相并润湿填充接头间隙。

第二阶段：液相层扩大。焊件处于保温阶段，液相层与母材之间进一步相互扩散导致液相层成分均匀化和固相母材被熔化，从而使液相层逐步增宽直至达到最大值。母材边缘因液相中低熔点元素扩散进来而熔点下降，直至溶入液相，液相熔点则因高熔点母材元素的加入和低熔点元素扩散到固相中而相应提高。

第三阶段：等温凝固。晶粒从固相基体表面向液相生长，液相逐渐减少，经过一段时间扩散之后，液相层变得越来越薄。等温凝固过程结束，液相层完全消失，接头初步形成。等温凝固所获得的结晶成分几乎一致，均为此温度下固-液相平衡成分，避免了熔焊和普通钎焊时的不平衡凝固组织。

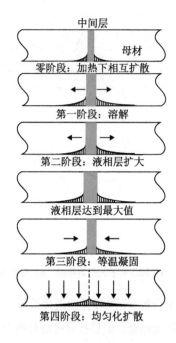

图3-2　瞬时液相扩散焊过程

第四阶段：均匀化扩散。接头成分和组织进一步均匀化，直到达到使用要求为止。此阶段可与焊后热处理合并进行。

（三）扩散焊的特点

与其他焊接方法相比，扩散焊有以下优点。

1）扩散焊时因基体不过热、不熔化，可以在不降低被焊材料性能的情况下焊接几乎所有的金属或非金属，特别适合于熔焊用其他方法难以焊接的材料，如活性金属、耐热合金、陶瓷和复合材料等。对于塑性差或熔点高的同种材料，以及不互溶或在熔焊时会产生脆性金属间化合物的异种材料，扩散焊是较适宜的焊接方法。

动画:瞬时液相
扩散焊过程

2）扩散焊接头质量好，其显微组织和性能与母材接近或相同，在焊缝中不存在熔焊缺陷，也不存在过热组织和热影响区。焊接参数易于精确控制，在批量生产时接头质量和性能稳定。

3）焊件精度高、变形小。因焊接时所加压力较小，无宏观塑性变形，工件多是整体加热，随炉冷却，故焊件整体塑性变形很小，焊后的工件一般不再进行机械加工。

4）可以焊接大截面焊件。因焊接所需压力不大，故大截面焊接所需设备的吨位不高，易于实现。

5）可以焊接结构复杂、接头不易接近以及厚薄相差较大的焊件；能对组装件中许多接头同时实施焊接。

扩散焊的缺点如下。

1）焊件表面的制备和装配质量要求较高，特别是对接合表面要求严格。

2）焊接热循环时间长，生产率低。

3）设备一次性投资较大，且焊件的尺寸受到设备的限制，接头结构设计也有所限制。

4）无法进行连续式批量生产。

扩散焊与熔焊、针焊在工艺方面的比较见表3-1。

表 3-1　扩散焊与熔焊、钎焊在工艺方面的比较

方法 / 条件	扩散焊	熔焊	钎焊
加热	整体、局部	局部	整体、局部
温度	母材熔点的60%~80%	母材熔点	高于钎料熔点
表面制备	注意	不严格	注意
装配	精确	不严格	不严格
焊件材料	金属、合金、非金属	金属、合金	金属、合金、非金属
异种材料连接	无限制	受限制	无限制
裂纹倾向	无	有	弱
气孔倾向	无	有	有
变形	无	有	弱
可达性	无限制	有限制	无限制
接头强度	接近母材	接近母材	决定于钎料强度
接头耐蚀性	好	敏感	差

二、扩散焊的类型及应用范围

（一）扩散焊的类型

根据被焊材料的组合方式和加压方式的不同，扩散焊可以分成同种材料扩散焊、异种材料扩散焊、加中间层扩散焊、瞬时液相扩散焊、超塑性成形扩散焊、热等静压扩散焊等。扩散焊的主要类型及工艺特点见表3-2。

表 3-2　扩散焊的主要类型及工艺特点

类型	工艺特点
同种材料扩散焊	同种材料的焊件直接接触，不加中间层的扩散焊。对待焊表面制备质量要求高，焊接时要求施加较大的压力，焊后接头组织与母材基本一致。对氧溶解度大的钛、铜、锆、铁等金属最易焊，而对容易氧化的铝及铝合金，含铝、钛、铬的铁基及钴基合金则难焊
异种材料扩散焊	异种金属材料或金属与陶瓷、石墨等非金属之间直接接触实施扩散焊。由于两种材质的物理和化学等性能存在差异，焊接时可能出现以下问题 ①因线胀系数不同，导致结合面上出现热应力 ②由于冶金反应，在结合面上产生低熔点共晶或形成脆性金属间化合物 ③因扩散系数不同，导致接头中形成扩散微孔 ④因电化学性能不同，接头可能产生电化学腐蚀

（续）

类型	工艺特点
加中间层扩散焊	在待焊材料界面之间加入中间层材料,该中间层材料通常以箔片、电镀层、喷涂或气相沉积层等形式使用,其厚度< 0.25 mm,适合焊接难焊或在冶金上不相容的异种材料
瞬时液相扩散焊（TLP法）	在待焊件表面之间放置熔点低于母材的中间层金属,在较小压力下加热,使中间层金属熔化、润湿并填充整个接头间隙成为过渡液相,通过扩散和等温凝固,然后再经一定时间的扩散均匀化处理,从而形成焊接接头的方法,又称为扩散钎焊
超塑性成形扩散焊(SPF/DB)	将超塑性成形与扩散焊组合起来的焊接方法,适用于具有相变超塑性的材料,如钛及钛合金等的焊接。薄壁零件可先超塑性成形然后焊接,也可按相反的顺序进行,顺序取决于零件的设计
热等静压扩散焊（HIP）	利用热等静压技术完成焊接的一种扩散焊。焊接时将焊件安放在密封的真空盒内,将此盒放入通有高压惰性气体的加热釜中,通过电热元件加热,利用高压气体与真空盒中的压力差对焊件施以各向均衡的等静压力,在高温与高压共同作用下完成焊接。此法因加压均匀,不易损坏构件,适合于脆性材料的扩散焊,可以精确地控制焊接构件的尺寸

（二）扩散焊的应用范围

扩散焊适合焊接特殊材料或特殊结构,这类材料和结构在宇航、电子和核工业中应用很多,因而扩散焊在这些工业部门中的应用广泛。宇航、核能等工程中很多零、部件是在极恶劣的环境下工作,如要求耐高温、耐辐射等,其结构形状也比较特殊,如采用空心轻型蜂窝结构等,且它们之间的连接多是异种材料的组合。扩散焊成为制造这些零、部件的优先选择。

微课：扩散焊的类型

钛合金具有耐蚀、比强度高的特点,因而在飞机、导弹、卫星等飞行器的结构中被大量采用。图3-3所示为钛合金典型结构的超塑性扩散焊。铝及铝合金具有很好的传热与散热性能,利用扩散焊可制成铝热交换器、太阳能热水器、电冰箱蒸发器等。

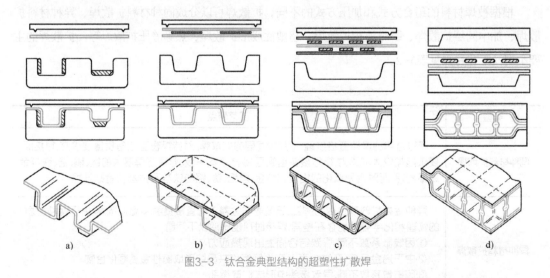

a) b) c) d)

图3-3 钛合金典型结构的超塑性扩散焊

a）单层加强构件 b）双层加强结构 c）桁条芯夹层结构（三层板） d）蜂窝夹层结构（四层板）

扩散焊可以焊接多种耐热钢和耐热合金，可以制成高效率燃气轮机的高压燃烧室、发动机叶片、导向叶片和轮盘等。

扩散焊可以将非铁金属与钢铁材料焊在一起，如用Ti和CoCrWNi耐热合金制成蒸气轮机、用高导无氧铜和不锈钢制成火箭发动机燃烧室的通道等。

用扩散焊可将陶瓷、石墨、石英、玻璃等非金属与金属材料焊接在一起，如将钠离子导电体玻璃与铝箔或铝丝焊接成电子元件等。

任务实施

一、焊件表面的制备与清理

待焊表面状态对扩散焊过程和接头质量的影响很大，特别是固态扩散焊，装焊前必须对焊件表面进行认真准备，其表面准备包括加工表面至符合要求的表面粗糙度、平面度，去除表面的氧化物，消除表面的气、水、有机物膜层等。

（一）表面机械加工

待焊表面要求达到平整光滑。为了使焊接间隙最小，微观接触点尽可能多，一般要求表面粗糙度Ra值应达到2.5μm。用精车、精刨（铣）、磨削、研磨、抛光等方法都可以加工出所需的表面粗糙度。若是采用加入软中间层的扩散焊或瞬时液相扩散焊，则表面粗糙度值可适当放宽。

高温下不易变形的材料，焊接时的塑性变形小，则要求表面粗糙度值小一些，一般来讲，焊件表面粗糙度Ra值在0.63μm左右。对耐热合金与耐热钢的扩散焊，要求表面粗糙度Ra值达到0.32μm。表面加工质量越高，即表面粗糙度值越小，越有利于接合面之间的紧密结合。焊接异种材料时，对表面平面度的要求与材料组配有关，通常情况下，焊件材料硬度越高，对其表面平面度和装配质量的要求就越严格。例如：铝和钛扩散焊时，可借助钛表面凸出部位来破坏铝表面的氧化膜，实现金属间的连接。

（二）表面净化处理

表面净化处理的目的是清除氧化膜、油和吸附物。去除表面氧化物多用化学腐蚀方法，腐蚀剂可参考金相腐蚀液的配方。腐蚀速度不能过大，以防止产生腐蚀坑。当腐蚀至露出金属光泽时，就立即用水冲净和烘干。除油可用乙醇、三氯乙烯、丙酮、洗涤剂等；也可采用在真空中加热的方法去除焊件表面的有机物、水、气体吸附层等。

某些金属，如钛、锆、钽、铌的氧化物，在高温真空条件下会分解或溶解于母材金属中，从而去除表面氧化膜。这类材料的氧化膜在不太厚的情况下一般对扩散焊过程没有影响。

经清洗干净的待焊件应尽快组装焊接，如需长时间放置，则应对焊件表面加以保护，可放在高纯度的惰性气体或置于真空容器内。

焊件装配正确与否是决定扩散焊能否获得质量良好接头的关键步骤之一。焊件表面紧密接触可使被接合面在较低的温度或压力下实现可靠的结合与焊接。对于异形焊件，可采用装配严格的工装。选择表面处理方法时需考虑具体的焊接条件，如果焊接时温度或压力较高，则焊件表面的清洁要求可适当降低。

二、接头形式设计

由于扩散焊结构的千变万化，实际连接接头可能有各种形式。扩散焊接头的形式比熔焊多，可进行复杂形状的接合，如平板、圆管、中空、T形及蜂窝等结构均可进行扩散焊。在实际生产中常用的接头形式如图3-4所示。

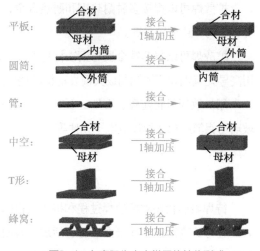

图3-4 在实际生产中常用的接头形式

三、中间层材料及其选择

（一）中间层的作用

1）改善表面接触，减小扩散连接时的压力。对于难变形材料，使用比母材软的金属或合金作为中间层，利用中间层的塑性变形和塑性流动，使接合面达到紧密接触，提高物理接触和减小达到紧密接触所需的时间。同时，中间层材料的加入，使界面的浓度梯度增大，促进元素的扩散和加速扩散微孔的消失。

2）改善冶金反应，避免或减少形成金属间化合物和有害的共晶组织。异种材料扩散焊选用与母材不形成金属间化合物的第三种材料，以便通过控制界面反应，借助中间层与母材的合金化，如固溶强化和沉淀强化，提高接头结合强度。

3）异种材料连接时，可以抑制夹杂物的形成，促使其破碎或分解。例如：铝合金表面氧化膜，扩散焊时很难向母材中溶解，可采用Si作为中间层，Al-Si共晶反应形成液膜，促进氧化膜破碎。

4）促进原子扩散，降低连接温度，加速连接过程。例如：Mo直接扩散焊温度为1260℃，而采用Ti箔作为中间层，连接温度只需要930℃。

5）控制接头应力，提高接头强度。连接线胀系数相差很大的异种材料时，选取兼容两种母材性能的中间层，使之形成梯度接头，能避免或减小界面的热应力，从而提高接头强度。

（二）中间层的性能特点

1）容易发生塑形变形。

2）含有加速扩散或降低中间层熔点的元素，如Be、B、Si等。

3）物理化学性能与母材的差异比被焊材料之间的差异小。

4）不与母材产生脆性相或共晶相的不良冶金反应。

5）不会在接合处引起电化学腐蚀问题。

通常，中间层是熔点较低（但不低于焊接温度）、塑性较好的纯金属，如Cu、Ni、Al、Ag等，或者与母材成分、物理化学性能接近且含有少量易扩散的低熔点元素的合金。

（三）中间层的选用原则

中间层可采用箔、粉末、镀层、离子溅射和喷涂层等多种形式。中间层厚度一般为几十微米，以利于缩短均匀化扩散的时间。过厚的中间层焊后会以层状残留在界面区，影响接头的物理、化学和力学性能。中间层厚度在30~100μm时，宜以箔片的形式夹在待焊接表面间。不能轧制成箔片的中间层材料，可以采用电镀、真空蒸镀、等离子喷涂等方法直接将中间层材料涂覆在待焊接材料表面上，镀层厚度仅为几微米。中间层可以是两层或三层复合。中间层厚度可根据最终成分来计算、初选，然后通过试验修正确定。

中间层材料为母材金属低合金化的改型材料，以纯金属应用较多。在固相扩散焊中，多选用软质纯金属材料作为中间层，常用的材料为Ti、Ni、Cu、Al、Ag、Au等。例如：Ni基超合金扩散焊时采用Ni箔作为中间层，Ti基合金扩散焊时采用Ti箔作为中间层。瞬时液相扩散焊时，除了要求中间层具有上述性能以外，还要求中间层与母材润湿性好、凝固时间短、含有加速扩散的元素。对于Ti基合金，可以使用含有Cu、Ni、Zr等元素的Ti基中间层。对于铝及铝合金，可使用含有Cu、Si、Mg等元素的Al基中间层。对于Ni基母材，中间层须含有B、Si、P等元素。在陶瓷与金属的扩散焊中，活性金属中间层可选择V、Ti、Nb、Zr、Ni-Cr、Cu-Ti等。

（四）阻焊剂

扩散焊时为了防止压头与焊件或焊件之间某些区域被粘接在一起，需加片状或粉状的阻焊剂。例如：钢与钢扩散焊时，可以用人造云母片隔离压头；钛与钛扩散焊时，可以涂一层氮化硼或氧化钇粉。阻焊剂应具有以下性能。

1）熔点或软化点应高于焊接温度。

2）具有较好的高温化学稳定性，高温下不与焊件、夹具或压头发生化学反应。

3）不释放有害气体污染附近的待焊接表面，不破坏保护气氛或真空度。

四、焊接参数的选择

正确选择扩散焊焊接参数是获得优质接头的重要保证。扩散焊焊接参数主要有焊接温度、焊接压力、焊接时间、环境气氛。这些参数之间相互影响、相互制约，在选择焊接参数时应综合考虑。

（一）焊接温度

焊接温度是扩散焊最重要的工艺参数。焊接温度越高，扩散系数越大，金属的塑性变形能力越好，焊接表面达到紧密接触所需的压力越小，所获得的接头强度越高。但是，焊接温度的提高要受到被焊材料的冶金、物理、化学特性方面的限制，如再结晶、低熔共晶和金属间化合物的生成等，此外，提高焊接温度还会造成母材软化，这些变化直接或间接地影响到扩散焊过程及接头的质量。因此，当温度高于某一限定值后，再提高焊接温度时，扩散焊接头质量不仅得不到提高，甚至会有所下降。不同材料组合的焊接接头，应根据具体情况，通过试验来确定焊接温度。

焊接温度的选择要考虑母材成分、表面状态、中间层材料以及相变等因素。从大量试验结果看，受母材物理性能、焊件表面状态、设备等因素的限制，对于许多金属和合金，扩散焊温度大都为$0.6 \sim 0.8 T_m$（T_m为母材的熔点，异种材料焊接时T_m为熔点较低一侧母材的熔点），最适合的温度一般取接近$0.7 T_m$。对于瞬时液相扩散焊，焊接温度比中间层材料熔点或共晶反应温度略高，待液相填充间隙后，等温凝固和均匀化扩散时温度可适当降低。表3-3列出了部分金属材料的扩散焊温度与熔化温度的关系。

表3-3　部分金属材料的扩散焊温度与熔化温度的关系

金属材料	扩散焊温度T/℃	熔化温度T_m/℃	T/T_m
银（Ag）	325	960	0.34
铜（Cu）	345	1083	0.32
70-30黄铜	420	916	0.46
钛（Ti）	710	1815	0.39
20钢	605	1510	0.40
45钢	800 1100	1490 1490	0.54 0.74
铍（Be）	950	1280	0.74
质量分数为2%的铍铜	800	1071	0.75
Cr20-Ni10不锈钢	1000 1200	1454 1454	0.68 0.83
铌（Nb）	1150	2415	0.48
钽（Ta）	1315	2996	0.44
钼（Mo）	1260	2625	0.48

焊接温度对接头强度的影响如图3-5所示，焊接时间为5min。由图3-5可知，随着温度的提高，接头强度逐渐增加，但随着压力继续增加，温度的影响逐渐减小。另外，温度只能在一定范围内提高接头的强度，温度过高反而使接头强度下降，这是由于随着温度的升高，母材晶粒长大而产生性能变化的结果。

总之，扩散焊焊接温度的选择应保证在短时间内获得最好的焊接质量，达到完全冶金结合。在不使接头及母材发生不良冶金反应的情况下，尽可能用较高的焊接温度。

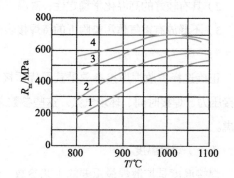

图3-5　焊接温度对接头强度的影响

1—P=5MPa　2—P=10MPa　3—P=20MPa　4—P=50MPa

（二）焊接压力

扩散焊时施加压力的主要作用是促使焊件表面产生塑性变形并达到紧密接触状态，使界面区原子激活，加速扩散与界面微孔的弥合及消失，防止扩散微孔的产生。

压力越大，温度越高，紧密接触的面积也越大。但不管压力多大，在扩散焊的第一阶段，焊接表面无法达到100%的紧密接触状态，总有一小部分局部未接触的区域演变为界面微孔。因此，在加压变形阶段，就要设法使绝大部分焊接表面达到紧密接触状态。

增加压力能促进局部产生塑性变形，在其他参数不变的情况下，采用较高的压力才能形成强度较高的接头。焊接压力对接头强度的影响如图3-6所示。但压力过大会导致焊件变形，同时高压力需要使用昂贵的设备和更精确的控制，还需要采用复杂的夹持焊件的方法。因此，从经济性和加工方面考虑，选用较低的压力更为有利。

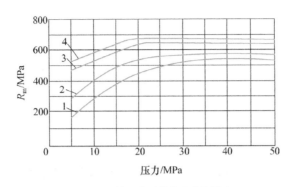

图3-6　焊接压力对接头强度的影响

1—$T=800℃$　2—$T=900℃$　3—$T=1000℃$　4—$T=1100℃$

在焊接同类材料时，压力主要作用于扩散焊第一、二阶段，使焊件表面紧密接触，而在第三阶段压力对扩散的影响较小。固相扩散焊时可在后期将压力减小或完全撤去，以便减小焊件变形。

目前，扩散焊焊接压力的选用范围较宽，最小只有0.04MPa（瞬时液相扩散焊），最大可达350MPa（热等静压扩散焊），而一般情况下压力为10~30MPa。对于异种金属扩散焊，采用较大的压力对减少或防止扩散微孔有良好作用。通常异种材料扩散焊采用压力在0.5~50MPa之间。在正常扩散焊温度下，从限制焊件变形量的角度考虑，应尽量降低压力，其值可在表3-4中给出的范围内选取。

表3-4　同种金属扩散焊常用的压力

材料	碳钢	不锈钢	铝合金	钛合金
常规扩散压力/MPa	5~10	7~12	3~7	—
热等静压扩散压力/MPa	100	—	75	50

（三）焊接时间

扩散焊焊接时间又称为保温时间，是指焊件在焊接温度下保持的时间。扩散焊所需的焊接时间与温度、压力、中间层厚度、接头成分及组织均匀化的要求密切相关，也受材料表面状态和中间层材料的影响。

研究表明，原子扩散迁移的平均距离与焊接时间的平方根成正比，要求接头成分均匀化的程度越高，焊接时间就将以平方的速度增长。扩散焊接头强度与焊接时间的关系如图3-7所示。

温度较高或压力较大时，焊接时间可以缩短。在一定的温度和压力条件下，初始阶段接头强度随时间延长而增加，但当接头强度提高到一定值，即达到临界焊接时间后，接头强度不再随时间延长而继续增加。相反，高温、高压持续时间太长，会使母材的晶粒长大，还会导致接头脆化。

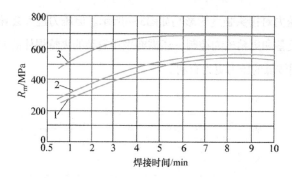

图3-7　扩散焊接头强度与焊接时间的关系（低合金结构钢，压力20MPa）

1—T=800℃　2—T=900℃　3—T=1000℃

因此，焊接时间不宜过长，特别是异种金属焊接形成脆性金属间化合物或扩散微孔时，应避免焊接时间超过临界焊接时间。

在实际扩散焊工艺中，焊接时间可以从几分钟到几小时，甚至长达几十小时。但从提高生产率的角度考虑，在保证结合强度的条件下，焊接时间越短越好。缩短焊接时间，必须相应提高温度与压力。对那些不要求成分与组织均匀化的接头，焊接时间一般只需要10~30min。

（四）环境气氛

扩散焊一般在真空或保护气氛环境下进行。真空度以及保护气体纯度、流量和压力等均会影响扩散焊的接头质量。真空度越高，净化作用越强，焊接效果越好。但真空度过高会增加生产成本，常用的真空度为（1~20）×10^{-3}Pa。

扩散焊中常用的保护气体是Ar气。对于有些材料也可以采用高纯度N_2、H_2或He气。纯H_2气氛能降低氧化物形成趋势，并能在高温下使许多金属的表面氧化层减薄。但使用这些气体时纯度必须很高，以防止造成再次污染。H能与Zr、Ti、Nb和Ta形成不利的氢化物，应注意避免。

（五）选择焊接参数时还应考虑的因素

（1）材料的同素异构转变对扩散速率有很大的影响　常用的合金钢、钛、锆、钴等均有同素异构转变。在同一温度下，Fe的自扩散速率在体心立方晶格α-Fe中比在面心立方晶格γ-Fe中约快1000倍。显然，选择在体心立方晶格状态下进行扩散焊可以大大缩短焊接时间。

（2）母材能产生超塑性时，扩散焊更容易进行　进行同素异构转变时金属的塑性非常大，所以当焊接温度在相变温度附近反复变动时可产生相变超塑性，利用相变超塑性也可以大大促进扩散焊过程。除相变超塑性外，细晶粒也对扩散过程有利。例如：当TC4合金（名义化学成分Ti-6Ai-4V）的晶粒足够细小时也产生超塑性，对扩散焊十分有利。

（3）增加扩散速率的另一个途径是合金化，即在中间层合金系中加入高扩散系数的元素　高扩散系数的元素除了加快扩散速率外，在母材中通常有一定的溶解度，虽不与母材形成稳定的化合物，但能降低金属的局部熔点。因此必须控制合金化导致的熔点降低问题，否则在接合面处可能产生局部液化。

（4）异种材料焊接时，界面处有时会形成扩散微孔，有时还会形成脆性金属间化合物，使接

头的力学性能下降 对线胀系数不同的异种材料在高温下进行扩散焊,冷却时由于界面的约束会产生很大的残余应力。构件尺寸越大、形状越复杂、焊接温度越高,产生的线膨胀差就越大,残余应力也越大,甚至可使界面附近立即产生裂纹。因此,在设计扩散焊接头时,要设法减少由线膨胀差引起的残余应力,特别是要避免使用硬脆材料承受拉应力。为了解决此类问题,工艺上可降低焊接温度或插入适当的中间层,以吸收应力、减小线膨胀差。

表3-5列出了固相扩散焊时常用的中间层材料及焊接参数。

表 3-5 固相扩散焊时常用的中间层材料及焊接参数

焊接母材	中间层材料	焊接参数			
		压力/MPa	温度/℃	时间/min	保护气体
Al/Al	Si	7~15	580	1	真空
Be/Be	—	70	815~900	240	非活性气体
	Ag	70	705	10	真空
Mo/Mo	—	70	1260~1430	180	非活性气体
	Ti	70	930	120	氩气
	Ti	85	870	10	真空
Ta/Ta	—	70	1315~1430	180	非活性气体
	Ti	70	870	10	真空
Ta-10W/ Ta-10W	Ta	70~140	1430	0.3	氩气
Cu-20Ni/钢	Ni	30	600	10	真空
Al/Ti	—	1	600~650	1.8	真空
	Ag	1	550~600	1.8	真空
Al/钢	Ti	0.4	610~635	30	真空

（六）扩散焊接头质量检测

扩散焊接头的主要缺陷有未焊透、裂纹、变形等,产生这些缺陷的因素也较多。扩散焊接头质量检测方法如下。

1）采用着色、荧粉或磁粉探伤来检验表面缺陷。

2）采用真空、压缩空气以及煤油试验方法等检验气密性。

3）采用超声波、X光射线探伤等检查接头的内部缺陷。

表3-6列出了扩散焊接头常见缺陷及产生的原因。常见异种材料扩散焊接头的缺陷、产生的原因及防止措施见表3-7。

表 3-6 扩散焊接头常见缺陷及产生的原因

缺陷	缺陷产生原因
出现裂纹	升温和冷却速度太快,焊接温度过高,高温时间太长;焊接表面加工精度低

（续）

缺陷	缺陷产生原因
未焊透	焊接温度不够,压力不足,焊接时间短,真空度低 焊接夹具结构不正确或在真空室里焊件安装位置不正确,焊件表面加工精度低
残余变形	焊接温度过高,压力太大,焊接时间过长
局部熔化	焊接温度过高,焊接时间过长;加热装置结构不合理或加热装置与焊件的相对位置不对,升温速度太快
位错	焊接夹具结构不合理或在真空室里焊件安放位置不对,焊件错动

表 3-7　常见异种材料扩散焊接头的缺陷、产生的原因及防止措施

异种材料	缺陷	缺陷产生原因	防止措施
青铜+铸铁	青铜一侧产生裂纹,铸铁一侧变形严重	扩散焊时焊接温度、压力不合适,冷却速度太快	选择合适的焊接参数,真空度要合适,延长冷却时间
铜+铝	接头严重变形	焊接温度过高,压力过大,焊接时间过长	焊接温度、压力及焊接时间应合理
金属+玻璃	接头贴合,强度低	焊接温度不够,压力不足,焊接时间短,真空度低	提高焊接温度,增加压力,延长焊接时间,提高真空度
金属+陶瓷	产生裂纹或剥离	线胀系数相差太大,升温速度过快,冷却速度太快,压力过大,焊接时间过长	选择线胀系数相近的材料,升温和冷却应均匀,压力、焊接温度及焊接时间适当
金属+半导体材料	错位,尺寸不合要求	夹具结构不正确,接头安放位置不对,焊件振动	夹具结构合理,接头安放位置正确,防止振动

任务二　选用扩散焊设备

任务解析

"选用扩散焊设备"是扩散焊技术的典型任务。这一任务涉及的知识点包括扩散焊设备的分类、组成等。通过任务实施,使学生熟悉部分扩散焊设备型号及技术参数,能够根据要求,合理选用扩散焊设备。

必备知识

一、扩散焊设备的分类

1.按照真空度分类

根据工作空间所能达到的真空度或极限真空度,可以把扩散焊设备分为四类,即低真空（10^{-1}Pa以上）扩散焊机、中真空（10^{-3}~10^{-1}Pa）扩散焊机、高真空（$<10^{-5}$Pa）扩散焊机和保护

气体扩散焊机。根据焊件在真空中所处的情况，可分为焊件全部处在真空中的扩散焊机和局部真空扩散焊机。局部真空扩散焊机仅对焊接区域进行保护，主要用来焊接大型焊件。

2.按照热源类型和加热方式分类

根据扩散焊时所应用的加热热源和加热方式，可以把扩散焊设备分为感应加热扩散焊机、电阻辐射加热扩散焊机、接触加热扩散焊机、电子束加热扩散焊机、辉光放电加热扩散焊机、激光加热扩散焊机等。实际应用最广的是高频感应加热和电阻辐射加热两种方式。

二、扩散焊设备的组成

扩散焊设备一般包括加热系统、加压系统、保护系统和控制系统等。

1.加热系统

按加热方式分为感应加热、辐射加热、接触加热等。常采用感应加热或电阻幅射加热方法对焊件进行局部或整体加热。

高频感应扩散焊设备采用高频感应加热，工作频率为60~500kHz，由于趋肤效应的作用，该频率区间的设备只能加热较小的焊件。对于较大或较厚的焊件，为了缩短感应加热时间，最好选用500~1000Hz的低频焊接设备。在焊接非导电的陶瓷等材料时，应采用间接加热的方法，可在焊件与感应线圈之间加圆筒状石墨导体，利用石墨导体产生的热量进行焊接加热。

电阻辐射加热真空扩散焊设备采用电阻辐射加热，加热体可选用钨、钼或石墨等材料。真空室中应有耐高温材料围成的均匀加热区，以便保持温度均匀。

2.加压系统

为了使焊件之间达到紧密接触，扩散焊时要施加一定的压力。高温下材料的屈服强度降低，为避免焊件发生整体变形，加压只是使接触面产生微观的局部变形。对于一般的金属材料，扩散焊所施加的压力较小，压力范围为1~100MPa。对于陶瓷、高温合金等难变形的材料，或加工表面粗糙度值较大的材料，当扩散焊温度较低时，才采用较高的压力。

加压系统分为液压系统、气压系统、机械加压系统、热膨胀加压系统等。在自动控制压力的扩散焊设备上一般装有压力传感器，以实现对压力的测量和控制。目前，大多数扩散焊设备采用液压和机械加压系统。近年来，热等静压技术（HIP）在国内外均有应用，即利用气压系统将所需的压力从各个方向均匀地施加到焊件上。

3.保护系统

保护系统是在加热和加压过程中，保护焊件不被氧化的真空系统或可控气氛。

目前，扩散焊设备一般采用真空保护。真空系统通常由扩散泵和机械泵组成。机械泵能达到1.33×10^{-2}Pa的真空度，加扩散泵后可以达到$1.33 \times 10^{-5} \sim 1.33 \times 10^{-4}$Pa的真空度，几乎可以满足所有焊接要求。真空室的大小应根据焊件的尺寸确定，真空室越大，要达到和保持一定的真空度，对所需真空系统要求越高。真空室中应有由耐高温材料围成的均匀加热区，以保持设定的温度。真空室外壳需要冷却。

4.控制系统

控制系统主要实现温度、压力、真空度及时间的控制，少数设备还可以实现位移测量及控制。温度测量采用镍铬-镍铝、钨-铼、铂-铂铑等热电偶，测量范围为20~2300℃，控制精度范围为±（5~10）℃。压力的测量与控制通常是通过压力传感器进行的。控制系统多采用计算机编程自动控制，可以实现焊接参数显示、存储、打印等功能。

任务实施

目前生产中使用的扩散焊设备种类较多，现介绍几种常用扩散焊设备。

一、真空扩散焊设备

在进行扩散连接时，为保证连接面积及连接金属不受空气的影响，必须在真空或惰性气体介质中进行连接，目前应用最多的方法是真空扩散连接。真空扩散连接可采用感应、辐射、接触电阻、电子束及辉光放电等方法对焊件进行局部加热。工业中普遍应用的扩散焊设备主要采用感应和辐射加热的方法。图3-8所示为真空扩散焊机结构示意图。图3-9所示为FJK-2型真空扩散焊机外观图。表3-8列出了部分真空扩散焊设备的主要技术参数。

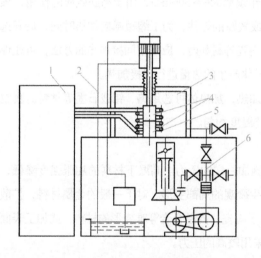

图3-8　真空扩散焊机结构示意图　　　　图3-9　FJK-2型真空扩散焊机外观图

1—高频电源　2—加压系统　3—真空室　4—扩散连接件

5—感应线圈　6—机械泵和扩散泵

表 3-8　部分真空扩散焊设备的主要技术参数

设备型号或类型		ZKL-1	ZKL-2	Workhorse II	HKZ-40	DZL-1
加热区尺寸/mm		Φ600×800	Φ300×400	304×304×457	300×300×300	—
真空度/Pa	冷态	$1.33×10^{-3}$	$1.33×10^{-3}$	$1.33×10^{-6}$	$1.33×10^{-3}$	$7.62×10^{-4}$
	热态	$5×10^{-3}$	$5×10^{-3}$	$6.65×10^{-5}$	—	—
加压能力/kN		245(最大)	58.8(最大)	300	80	300
最高炉温/℃		1200	1200	1350	1300	1200
炉温均匀性/℃		1000±10	1000±5	—	1300±10	1200±5

二、超塑性成形扩散焊设备

此类设备是由压力机和专用加热设备组成，可分为两大类。一类是由普通液压机与专门设计的加热平台构成，加热平台由陶瓷耐火材料制成，安装于压力机的金属平台上。超塑性成形扩散用模具及焊件置于两陶瓷平台之间，可以将焊件密封在真空容器内进行加热。另一类是将压力机的金属平台置于加热设备内，如图3-10所示。平台由耐高温的合金制成，为加速升温，平台内也可安装加热元件。这种设备有一套抽真空供气系统，用单台机械泵抽真空，利用反复抽真空-充氩的方式来降低待焊表面及周围气氛中的氧分压。氩气经气体调压阀，向装有焊件的模腔内或袋式毛坯内供气，以获得均匀可调的扩散焊压力和超塑性成形压力。

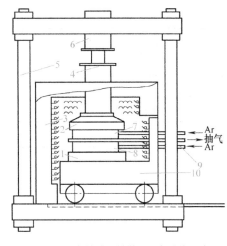

图3-10 超塑性成形扩散焊设备结构示意图

1—下金属平台 2—上金属平台 3—炉壳 4—导筒 5—立柱
6—液压缸 7—上模具 8—下模具 9—气管 10—活动炉底

三、热等静压扩散焊设备

近年来，为了制备致密性高的陶瓷及精密形状的构件，热等静压扩散焊设备逐渐引起各行业的重视。扩散焊时，焊件密封在薄的包囊中并将其抽成真空，然后将整个装有焊件（包括填料）的包囊置于加热室内进行加热，在高温施焊的同时，对焊件施加很高的压力，以增加其致密性或获得所需的构件形状。由于所加气压较高，设备外壳须较厚，应能承受几十兆帕甚至更高的压力。该设备可用于粉末冶金、铸件缺陷的愈合、复合材料的制备、陶瓷烧结及精密复杂构件的扩散焊等。热等静压扩散焊设备由水冷耐高压气压罐（包括筒体、上塞和下塞）、加热器、框架、液压系统、冷却系统、温控系统、供气系统和电源等几部分组成。图3-11所示为该设备主体部分的结构示意图。表3-9列出了三种型号热等静压扩散焊设备的技术数据。

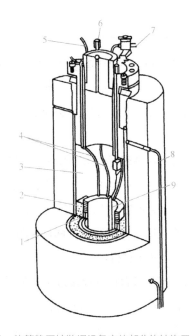

图3-11 热等静压扩散焊设备主体部分的结构示意图

1—加热器 2—炉衬 3—隔热屏 4—电源引线 5—气体管道
6—安全阀组件 7—真空管道 8—冷却管 9—热电偶

表 3-9　三种型号热等静压扩散焊设备的技术数据

型号	工作压力/MPa	工作温度/℃	工作室尺寸 $D \times H$/mm	装料方法	供气系统	备注
RD200	200	2000	$\phi 200 \times 300$	上装料	气体不回收	试验型
RD270	150	1500	$\phi 270 \times 500$	下装料	气体回收	生产型
RD690	150	1500	$\phi 690 \times 1120$	下装料	气体回收	生产型

项目拓展

拓展一　不同材料的扩散焊

扩散焊的接头质量好且稳定，材料适用范围极广，特别适用于脆性材料、特殊结构的焊接。在航空航天、电子和核工业等领域，许多零、部件的使用环境苛刻，加之产品结构要求特殊，设计者不得不采用特种材料，如为减轻重量而采用空心结构，而且要求接头与母材成分、性能上匹配，在这种焊接质量更为重要的情况下，虽然扩散焊的生产成本稍高一些，但其仍然是优先考虑的焊接方法。

一、同种材料的扩散焊

（一）钛合金的扩散焊

钛及钛合金是一种比强度高、耐蚀、耐高温的高性能材料，适用于制造重量轻，可靠性高的结构，目前广泛应用于航空航天领域中。在航空航天领域中，它常用来制造压力容器、储箱、发动机壳体、卫星壳体、构架、发动机喷管延伸段等。钛合金采用扩散焊时，其接头性能优于常规熔焊。

钛合金在扩散焊时无需对焊件表面进行特殊的准备和控制。钛合金表面的氧化膜在高温下可以溶解在母材中，在5MPa的气压下，可以溶解TiO_2达30%，故氧化膜不妨碍扩散焊的进行。在相同成分的钛合金扩散焊的接头组织中没有原始界面的痕迹。

钛合金能吸收大量的O_2、H_2和N_2等气体，故不宜在H_2和N_2气氛中进行扩散焊，而应在真空状态或Ar气保护下进行。

钛合金应用最普遍的焊接方法是超塑性成形扩散焊（SPF/DB），所选择的温度与通常扩散焊所用的温度基本相同，但须注意压力与时间要匹配选择。

钛合金原始晶粒度对扩散焊质量也有影响。原始晶粒越细，获得良好扩散焊接头所需要的时间越短、施加的压力也越小，因此，超塑性成形扩散焊工艺要求钛合金母材必须具有细晶组织。

钛合金常用焊接参数：焊接温度为855~957℃；焊接时间为60~240min；焊接压力为2~5MPa；真空度为1.33×10^{-3}Pa以上或在Ar气保护下焊接。对于大面积钛合金扩散焊，可加中间层进行扩散钎焊，中间层主要采用Ag基钎料、Ag-Cu钎料、Ti基钎料。Cu基钎料和Ni基钎料容易和Ti

发生反应，形成金属间化合物，一般不作为中间层使用。

（二）镍合金的扩散焊

镍合金具有优良的耐高温、耐蚀及耐磨损等性能，其熔焊时焊接性差，接头韧性远低于母材，因此较多地应用扩散焊实现连接。

由于镍合金的高温强度高，变形阻力大，焊接时必须提高焊接温度或增大焊接压力；镍合金表面含有Ti和Al的氧化膜，而且Ni在高温下也容易生成NiO，这些氧化膜性能比较稳定，须仔细地进行焊件表面准备；在焊接过程中，须严格控制气氛，防止表面污染，通常还需要纯Ni作中间层。

镍合金扩散焊时，可根据不同合金类型、结构形式选用直接扩散焊法、加中间层扩散焊法或液相扩散焊法。

镍合金扩散焊的焊接参数：焊接温度为1093~1204℃；焊接时间为10~120min；焊接压力为2.5~15MPa；真空度为1.33×10^{-2}Pa以上。实际焊接参数与焊件的几何形状有关，要获得令人满意的焊接质量，需根据试验结果确定。

（三）高温合金的扩散焊

高温合金的热强性高，变形困难，同时又对过热敏感，因此必须严格控制焊接参数，才能获得与母材性能匹配的焊接接头。高温合金扩散焊时，需要采用较高的焊接温度和压力，焊接温度约为$0.8 \sim 0.85 T_m$（T_m是合金的熔化温度）。

焊接压力通常略低于相应温度下合金的屈服应力。其他参数不变时，焊接压力越大，界面变形越大，有效接触面积越大，接头性能就越好；但焊接压力过高会使设备结构复杂，造价昂贵。焊接温度较高时，接头性能提高，但焊接温度过高会引起晶粒长大，使塑性降低。

含Al、Ti多的沉淀强化高温合金固态扩散焊时，由于结合面上会形成Ti（CN）、Ni-TiO₃等析出物，从而造成接头性能降低。若加入较薄的Ni-35% Co（质量分数）中间层合金，则可以获得组织性能均匀的接头，同时可以降低焊接参数变化对接头质量的影响。

各类高温合金，如机械化型高温合金、含Al、Ti多的铸造高温合金等几乎都可以采用固相扩散焊。高温合金中含有Cr、Al等元素，表面氧化膜很稳定，难以去除，焊前必须严格加工和清理，甚至要求表面镀层后才能进行固相扩散焊。

目前TLP扩散焊主要用于沉淀强化高温合金和铸造高温合金的连接，因为这些合金很难用熔焊方法焊接。此方法特别适用于高性能铸造高温合金，如定向凝固高温合金、单晶合金及铸造镍铝系金属间化合物材料等的连接。TLP扩散焊接头的高温持久性能可达母材性能指标的80%～90%。

在实际生产中，焊接参数的确定应根据焊接试验所得接头性能选出一个最佳值或最佳范围。常用同种材料扩散焊的焊接参数见表3-10。同种材料加中间层扩散焊的焊接参数见表3-11。

表3-10 常用同种材料扩散焊的焊接参数

序号	被焊材料	焊接温度/℃	焊接时间/min	焊接压力/MPa	真空度/Pa(或保护气氛)
1	2A14铝合金	540	180	4	—
2	TC4钛合金	900~930	60~90	1~2	1.33×10^{-3}

（续）

序号	被焊材料	焊接温度/℃	焊接时间/min	焊接压力/MPa	真空度/Pa（或保护气氛）
3	Ti₃Al合金	960~980	60	8~10	1.33×10^{-5}
4	Cu	800	20	6.9	还原性气氛
5	H72黄铜	750	5	8	—
6	Mo	1050	5	16~40	1.33×10^{-2}
7	Nb	1200	180	70~100	1.33×10^{-3}
8	Ni	1273	10	15	1.33×10^{-2}
9	GH3044	1473	6	20	1.33×10^{-2}
10	GH4037	1348	20	20	1.33×10^{-2}
11	GH2130	1273	10	20	1.33×10^{-2}

表 3-11　同种材料加中间层扩散焊的焊接参数

序号	被焊材料	中间层	焊接温度/℃	焊接时间/min	焊接压力/MPa	真空度/Pa（或保护气氛）
1	5A06铝合金	5A02	500	60	3	5×10^{-3}
2	Al	Si	580	1	9.8	—
3	H62黄铜	Ag+Au	400~500	20~30	0.5	—
4	1Cr18Ni9Ti	Ni	1000	60~90	17.3	1.33×10^{-2}
5	K18镍基高温合金	Ni-Cr-B-Mo	1100	120	—	真空
6	GH141	Ni-Fe	1178	120	10.3	—
7	GH22	Ni	1158	240	0.7~3.5	—
8	GH188钴基合金	97 Ni-3Be	1100	30	10	—
9	Al₂O₃	Pt	1550	100	0.03	空气
10	95陶瓷	Cu	1020	10	14~16	5×10^{-3}
11	SiC	Nb	1123~1790	600	7.26	真空
12	Mo	Ti	900	10~20	68~86	—
13	Mo	Ta	915	20.	68.6	—
14	W	Nb	915	20	70	—

二、异种材料的扩散焊

在实际生产中，为了获得某种使用性能或减轻构件重量，经常需要将不同的金属材料进行焊接，由于异种材料在物理、化学性能方面存在着很大差异，采用熔焊方法往往难以获得高质量的接头。目前，可根据两种金属材料之间相互扩散的可能性，选择采用扩散焊焊接。

（一）钢与铝及铝合金的扩散焊

钢与铝及铝合金进行扩散焊的主要问题是焊接界面附近易形成Fe-Al金属间化合物，使接头强度下降。为了获得良好的扩散焊接头性能，可采用增加中间层的方法获得牢固的接头。中间层可采用电镀等方法镀上一层很薄的金属，中间层的成分可根据合金相图和在界面区可能形成的新相进行选择，一般可选用Cu和Ni。因为Cu和Ni能形成无限固溶体，Ni与Fe、Ni与Al能形成连续固溶体，这样就能防止界面处出现Fe-Al金属间化合物，从而提高接头的强度。

碳钢、不锈钢与铝及铝合金扩散焊的焊接参数见表3-12。

表3-12　碳钢、不锈钢与铝及铝合金扩散焊的焊接参数

异种金属	中间层	焊接温度/℃	焊接时间/min	焊接压力/MPa	真空度/Pa
3A21+Q235钢	Cu、Ni	550	2~20	13.7	1.33×10^{-4}
1035+Q235钢	Ni	550	2~15	12.3	1.33×10^{-4}
1071+Q235钢	Ni	350~450	5~15	2.2~9.8	1.33×10^{-3}
1071+Q235钢	Cu	450~500	15~20	19.5~29.4	1.33×10^{-3}
1035+1Cr18Ni9Ti	—	500	20~30	17.5	6.66×10^{-4}

（二）钢与钛及钛合金的扩散焊

采用扩散焊方法焊接钢与钛及钛合金时，应添加中间层或复合填充材料。中间层材料一般是V、Nb、Ta、Mo、Cu等，复合填充材料有V+Cu、Cu+Ni、V+Cu+Ni以及Ta和青铜等。

不锈钢与TA7扩散焊的焊接参数见表3-13。

表3-13　不锈钢与TA7扩散焊的焊接参数

异种金属	中间层材料	焊接温度/℃	焊接时间/min	焊接压力/MPa	真空度/Pa	备注
Cr25Ni15+TA7	—	700	10	6.86	1.33×10^{-4}	钢与钛界面有α相
	Ta	900	10	8.82	1.33×10^{-4}	接头强度R_m=292.4MPa
	Ta	1100	10	11.07	1.33×10^{-4}	有$TaFe_2$、NiTa
12Cr18Ni10Ti+TA7	—	900	15	0.98	1.33×10^{-5}	R_m=274~323 MPa
	V	900	15	0.98	1.33×10^{-5}	R_m=274~323 MPa
	V+Cu	900	15	0.98	1.33×10^{-5}	有金属间化合物
	V+Cu+Ni	1000	10~15	4.9	1.33×10^{-5}	有金属间化合物
	Cu+Ni	1000	10~15	4.9	1.33×10^{-5}	有金属间化合物

（三）钢与铜及铜合金的扩散焊

钢与铜及铜合金扩散焊时，在焊接温度为750℃、焊接时间为20~30min的条件下实施焊时，通过金相分析可观察到扩散焊接头中存在共晶体。因此，钢与铜及铜合金扩散焊时要严格控制温度、时间等焊接参数，使界面处形成的共晶脆性相的厚度不超过2~3μm，否则整个焊接界面将变脆。钢与铜及铜合金扩散焊的常用焊接参数：焊接温度为900℃；焊接时间为20min；焊接压力为5MPa；真空度为1.33×10^{-3}~1.33×10^{-2}Pa。

为了提高钢与铜及铜合金扩散焊接头的强度，可采用Ni作为中间过渡层。Ni与Fe、Cu形成无限连续固溶体。当焊接温度大于900℃，焊接时间大于15 min时，形成与铜等强度的扩散焊接头。钢与铜及铜合金扩散焊的焊接参数见表3-14。

表 3–14　钢与铜及铜合金扩散焊的焊接参数

序号	焊接材料	中间层	焊接温度/℃	焊接时间/min	焊接压力/MPa	真空度/Pa
1	铜+低碳钢	—	850	10	4.9	—
2	可伐合金十铜	—	850~950	10	4.9~6.8	$1.33×10^{-3}$
3	不锈钢+铜	—	970	20	13.7	—
4	铜+Cr18–Ni13不锈钢	Cu	982	2	0	—
5	QCr0.8+高Cr–Ni合金	—	900	10	1	—
6	QSn10–10+低碳钢	—	720	10	4.9	—

飞机发动机的精密摩擦副、止动盘等构件要求将锡青铜与钢焊在一起，该类材料采用熔焊容易产生气孔，采用钎焊方法会降低接头的耐蚀性，因此常采用扩散焊。

（四）铜与铝的扩散焊

铜与铝扩散焊时，影响接头质量和焊接过程稳定的主要因素有焊接温度、焊接压力、焊接时间、真空度和焊件的表面准备情况等。焊前焊件表面须进行精细加工、磨平和清洗去油，去除铝材表面的氧化膜，使其表面尽可能洁净和无任何杂质。由于铝的熔点较低，焊接时焊接温度不能太高，否则会因母材晶粒长大而使接头强韧性降低。受铝的热物理性能的影响，压力不能太大。在540℃以下Cu/Al扩散焊接头强度随焊接温度的提高而增加，继续提高温度则会使接头强韧性降低，因为在565℃附近时将形成Cu与Al的共晶体。Cu/Al扩散焊压力为11.5MPa即可避免界面扩散微孔的产生。在焊接温度和压力不变的情况下，延长焊接时间到25~30min时，接头强度有显著的提高。若焊接时间太短，Cu、Al原子来不及充分扩散，无法形成牢固结合的扩散焊接头。但时间过长会使Cu/Al界面过渡区晶粒长大，金属间化合物增厚，致使接头强韧性下降。在510~530℃的加热温度下，扩散时间为40~60min时，焊接压力为11.5MPa，接头界面结合较好。

根据铜与铝扩散焊接头的显微硬度测定结果，铜侧过渡区中可能产生了金属间化合物。在高温下，铜与铝会形成多种脆性的金属间化合物；在150℃时，在反应扩散的起始就形成$CuAl_2$；在350℃时，出现化合物Cu_9Al_4的附加层；在400℃时，$CuAl_2$与Cu_9Al_4之间出现CuAl层。当金属间化合物层的厚度达到3~5μm时，扩散焊接头的强度将明显降低。

铜与铝扩散焊的焊接参数应根据实际情况确定。对于真空电器元件，其焊接参数：焊接温度为500~520℃；焊接时间为10~15 min；焊接压力为6.8~9.8MPa；真空度为$6.66×10^{-3}$Pa。当焊接压力为9.8MPa时，扩散焊接头的界面结合率可达到100%。

（五）铜与钛的扩散焊

铜与钛的扩散焊可采用直接扩散焊或加中间层的扩散焊，前者接头强度低，后者强度高，并有一定塑性。铜与钛之间不加中间层直接扩散焊时，为了避免金属间化合物的生成，焊接过程应在短时间内完成。铜与纯钛TA2直接扩散焊的焊接参数：焊接温度为850℃；焊接时间为10min；焊接压力为4.9MPa；真空度为$1.33×10^{-5}$Pa。此温度虽低于产生共晶体的温度，但接头的强度并不高，低于铜的强度。

表面洁净度对扩散焊的质量影响较大。焊前对铜件用三氯乙烯进行清洗，清除油脂，然后在质量分数为10%的H_2SO_4溶液中浸蚀1min，再用蒸馏水洗涤。随后进行退火处理，退火温度为820~830℃，时间为10min。钛母材用三氯乙烯清洗后，在HF（质量分数为2%）+HNO_3（质量分数为50%）的水溶液中，用超声波振动浸蚀4min，以便清除氧化膜，然后再用水和酒精清洗干净。

在铜（T2）与钛（TC2）之间加入中间层Mo和Nb，抑制被焊金属间的界面反应，使被焊金属间既不产生低熔点共晶，也不产生脆性的金属间化合物，接头性能会得到很大的提高。铜（T2）与钛（TC2）扩散焊的焊接参数及接头抗拉强度见表3-15。

表 3-15　铜（T2）与钛（TC2）扩散焊的焊接参数及接头抗拉强度

中间层	焊接温度/℃	焊接时间/min	焊接压力/MPa	真空度/Pa	抗拉强度/MPa
—	800	30	4.9	1.33×10^{-4}	62.7
	800	300	3.4	1.33×10^{-4}	144.1~156.8
Mo（喷涂）	950	30	4.9	1.33×10^{-4}	78.4~112.7
	980	300	3.4	1.33×10^{-4}	186.2~215.6
Nb（喷涂）	950	30	4.9	1.33×10^{-4}	70.6~102.9
	980	300	3.4	1.33×10^{-4}	186.2~215.6
Nb（0.1mm 箔片）	950	30	4.9	1.33×10^{-4}	94.2
	980	300	3.4	1.33×10^{-4}	215.6~266.6

（六）铜与镍的扩散焊

采用扩散焊方法焊接铜与镍是真空器件制造中应用较为广泛的一种焊接工艺。铜与镍具有较好的塑性，而且在相互扩散的过程中均能获得连续的固溶体，使焊接接头质量提高。铜与镍真空扩散焊的焊接参数见表3-16。

表 3-16　铜与镍真空扩散焊的焊接参数

被焊材料	接头形式	焊接参数			
		焊接温度/℃	焊接时间/min	焊接压力/MPa	真空度/Pa
Cu+Ni	对接	400	20	9.8	1.33×10^{-4}
	对接	900	20~30	12.7~14.7	6.67×10^{-5}
Cu+镍合金	对接	900	15~20	11.76	1.33×10^{-5}
Cu+可伐合金	对接	950	10	1.9~6.9	1.33×10^{-4}

三、陶瓷材料的扩散焊

扩散焊技术被广泛应用于陶瓷材料的焊接。陶瓷材料扩散焊的主要优点是焊接强度高，尺寸容易控制，适合于焊接异种材料；其不足之处是焊接温度高，时间长且须在真空下进行，成本高，试样尺寸和形状受到限制。最常用的陶瓷材料为 Al_2O_3 陶瓷和 Z_rO_2 陶瓷，与此类陶瓷焊接的金属有铜（无氧铜）、钛（TA1）等。Al_2O_3、SiC、Si_3N_4 及 WC 等陶瓷的焊接研究和开发应用较早，而 AlN、ZrO_2 陶瓷发展得相对较晚。

陶瓷材料扩散焊的方法如下。

1）同种陶瓷材料直接焊接。

2）用第三种薄层材料焊接同种陶瓷材料。

3）异种陶瓷材料直接焊接。

4）用第三种薄层材料焊接异种陶瓷材料。

（一）陶瓷与金属扩散焊的主要问题

（1）界面存在很大的热应力　陶瓷与金属焊接时，由于陶瓷与金属的线胀系数差别很大，在扩散焊过程中，加热和冷却时必然会产生热应力，而热应力的分布极不均匀，使接合面产生应力集中，造成接头的承载性能下降。

（2）容易生成脆性化合物　由于陶瓷与金属的物理、化学性能差别很大，焊接时除存在着键型转换以外，还容易发生各种化学反应，在界面生成各种碳化物、氮化物、硅化物、氧化物以及多元化合物。这些化合物的硬度高、脆性大，是造成接头脆性断裂的主要原因。

（3）界面化合物很难进行定量分析　在确定界面化合物时，由于一些 C、N、B 等轻质元素的定量分析误差较大，需要制备多种标准试样进行标定。对于多元化合物相结构的确定，一般利用 X 射线衍射标准图谱进行对比，但一些新化合物相没有相应标准，给相的确定带来了很大困难。

（二）陶瓷与金属的扩散焊工艺

陶瓷与金属扩散焊时，首先要求被焊接的表面非常平整和洁净，焊接可在真空中进行，也可在 H_2 气氛中进行。金属表面有氧化膜时更易产生陶瓷/金属相互间的化学作用，因此须在真空室中充以还原性的活性介质，使金属表面仍保持一层薄的氧化膜，以使扩散焊接头具有更高的强度。由于陶瓷的硬度与强度较高，不易发生变形，所以扩散焊时还须施加压力，压力范围为 0.1~15MPa；焊接温度也较高，通常为金属熔点的 90%；焊接时间长于其他焊接方法。陶瓷与金属扩散焊的接头强度主要取决于焊接温度、焊接时间、焊接压力、环境介质、被焊接面的表面状态以及被焊接材料之间的化学反应和物理性能（如线胀系数）的匹配等因素。

（1）焊接温度　焊接温度对扩散过程的影响最显著。焊接陶瓷与金属时，温度通常达到金属熔点的 90%。固相扩散焊时，元素之间相互扩散引起的化学反应层可以促使形成界面结合。

用厚度为 0.5mm 的铝作为中间层焊接钢与 Al_2O_3 陶瓷时，扩散焊接头的抗拉强度随着焊接温度的升高而提高。但是，焊接温度过高会使陶瓷的性能发生变化，或在界面附近出现脆性相而使接头性能降低。

陶瓷与金属扩散焊接头的抗拉强度与金属的熔点有关，在进行 Al_2O_3 陶瓷与金属的扩散焊时，金属熔点提高，接头抗拉强度增大。

（2）焊接时间　焊接时间是影响扩散焊接头强度的重要因素之一。抗拉强度（R_m）与焊接时间（t）的关系为$R_m = B_0 t^{1/2}$，其中B_0为常数。但是，在一定试验温度下，焊接时间存在一个最佳值。Al_2O_3/Al接头中，焊接时间对接头抗拉强度的影响如图3-12所示。用Nb作为中间层扩散焊SiC/18-8不锈钢时，焊接时间过长会出现线胀系数与SiC相差很大的$NbSi_2$相，使接头抗剪强度降低，如图3-13所示。用V作为中间层焊接AlN时，若焊接时间过长，也会由于V_5Al_8脆性相的出现而使接头抗剪强度降低。

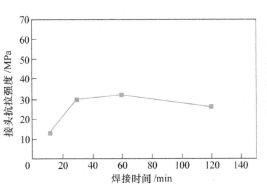

图3-12　焊接时间对接头抗拉强度的影响

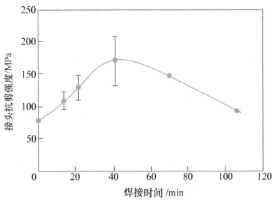

图3-13　焊接时间对SiC/Nb/18-8不锈钢接头抗剪强度的影响

（3）焊接压力　扩散焊过程中施加压力是为了使接触界面处产生塑性变形，减小表面平面度和破坏表面氧化膜，增加表面接触面积，为原子扩散提供条件。为了防止构件发生大的变形，陶瓷与金属扩散焊时所加的压力一般较小，约为0.1~20MPa，这一压力范围通常足以减小表面平面度和破坏表面氧化膜，增加表面接触面积。

压力较小时，增大压力可以使接头强度提高，如用Cu或Ag焊接Al_2O_3陶瓷、用Al焊接SiC陶瓷时，焊接压力对接头抗剪强度的影响如图3-14所示。与焊接温度和焊接时间的影响一样，压力提高后，也存在获得最佳强度所对应的最佳压力值或最佳压力范围，如用Al焊接Si_3N_4陶瓷、用Ni焊接Al_2O_3陶瓷时，最佳压力分别为4MPa和15~20 MPa。

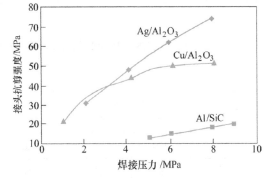

图3-14　焊接压力对接头抗剪强度的影响

（4）界面结合状态　表面粗糙度对扩散焊接头强度的影响十分显著，表面粗糙会导致陶瓷/金属界面产生局部应力集中而易引起脆性破坏。

陶瓷与金属固相扩散焊时，接触界面会发生反应形成化合物，所形成的化合物种类与温度、表面状态、杂质类型与含量等焊接条件有关。扩散条件不同，反应产物不同，接头性能也有很大差别。一般情况下，真空扩散焊的接头强度高于在Ar气和空气中焊接的接头强度。几种陶瓷／金属接头中可能出现的化合物见表3-17。

表 3-17 几种陶瓷／金属接头中可能出现的化合物

接头组合	界面反应产物	接头组合	界面反应产物
Al_2O_3/Cu	$CuAlO_2$、$CuAl_2O_4$	Si_3N_4/Al	AlN
Al_2O_3/Ti	$NiO\cdot Al_2O_3$、$NiO\cdot SiAl_2O_3$	Si_3N_4/Ni	Ni_3Si、$Ni(Si)$
SiC/Nb	Nb_5Si_3、$NbSi_2$、Nb_2C、$Nb_5Si_3C_x$、NbC	$Si_3N_4/Fe-Cr$合金	Fe_3Si、Fe_4N、Cr_2N、CrN、Fe_xN
SiC/Ni	Ni_2Si	AlN/V	$V(Al)$、V_2N、V_5Al_8、V_3Al
SiC/Ti	Ti_5Si_3、Ti_3SiC_2、TiC	ZrO_2/Ni、ZrO_2/Cu	未发现有新相出现

在1500℃的高温条件下直接扩散焊Si_3N_4陶瓷时，高温Si_3N_4陶瓷容易分解形成微孔，但在N_2气氛中焊接可以限制陶瓷的分解，N_2分压高时接头抗弯强度较高。在1MPa的N_2气中焊接的接头抗弯强度比在0.1MPa的N_2气中焊接的接头抗弯强度高30%左右。

（5）中间层的选择 陶瓷与金属直接用扩散焊焊接有困难时，可以采用加中间层的方法。扩散焊时采用中间层可以降低焊接温度，减小焊接压力和缩短焊接时间，从而可促进扩散和去除杂质元素，同时也可以降低界面产生的残余应力。中间层的影响有时比较复杂，如果界面有反应产生，则中间层的作用会因反应物类型与厚度的不同而有所不同。

中间层的选择很关键，选择不当会引起接头性能的恶化。例如：由于激烈的化学反应形成脆性反应物而使接头抗弯强度降低，或由于线胀系数的不匹配而增大残余应力，或使接头耐蚀性降低。

中间层可以直接使用金属箔片，也可以采用真空蒸发、离子溅射、化学气相沉积（CVD）、喷涂、电镀等，还可以采用烧结金属粉末法、活性金属化法，金属粉末或钎料等，这些均可实现扩散焊。

Al_2O_3陶瓷扩散焊的焊接参数与接头的抗拉强度见表3-18。

表 3-18 Al_2O_3陶瓷扩散焊的焊接参数与接头的抗拉强度

中间层材料	焊接温度/℃	焊接压力/MPa	抗拉强度/MPa	中间层材料	焊接温度/℃	焊接压力/MPa	抗拉强度/MPa
Al	400	200	<1.0	Ti	1250	200	>65
Al	450	200	<0.15	钢	750	200	1.0
Al	550	20	19	钢	800	400	1.0
Al	630	10	65	钢	1100	50	40
Al	700	50	20(熔化)	钢	1300	10	52
Al	600	20	87	钢	1300	50	105
Al	600	20	104	钢	1300	50	150
Ti	1000	200	2.0	钢	1300	50	150

拓展二 扩散焊典型案例

案例1: Al₂O₃陶瓷与工业纯钛TA1的真空扩散焊

加速管是电子加速器中使用的一个重要部件,由陶瓷和金属两种材料组成,其结构和外形示意图如图3-15所示。陶瓷型号为95等静压Al₂O₃陶瓷,内径和外径分别为164mm和180mm,高度为297mm;金属电极片采用工业纯钛TA1,厚度为0.7mm。加速管的尺寸规格由使用条件来决定。加速管的环境较为恶劣,内部是高真空,外部有0.7MPa左右的气压,电极片加0~1.5MV的高电压。这种规格的加速管由于直径大,焊接面积大,有一定的焊接难度。

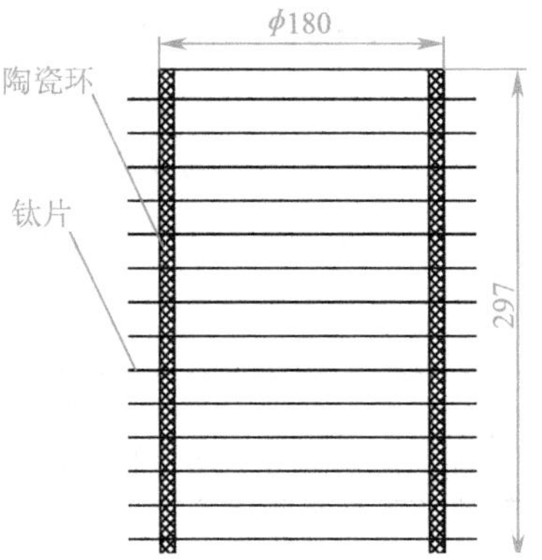

图3-15 加速管结构和外形示意图

加速管真空扩散焊工艺如下。

(一)焊前准备

陶瓷与金属扩散焊时,首先要求被焊接的表面非常平整和洁净。对焊件表面进行机械加工处理,陶瓷待焊接面进行磨削加工,使其表面粗糙度Ra值<1.6μm,平面度<0.002μm。扩散焊前对陶瓷和纯钛片进行认真清洗,去除陶瓷件表面的油污及纯钛片表面的氧化层和油污。由于上述物质在焊接时会影响原子的扩散,影响焊接效果,所以焊接过程中应始终保持焊件的清洁。对清洗过的纯钛片在烘箱内进行烘干处理,对清洗后的陶瓷在炉中进行焙烧。

(二)焊接参数的确定

(1)真空度 考虑到成本、设备状况等因素,真空度一般控制在10^{-4}Pa以上为宜,真空度过低会导致金属件被氧化等不良现象的发生。

(2)焊接温度 焊接温度对扩散过程的影响最显著,焊接陶瓷与金属扩散焊时温度通常达到金属熔点的90%。固相扩散焊时,元素之间相互扩散引起的化学反应层可以促使形成足够的界面结合。选择厚度0.2mm的铝箔作为中间层,铝箔的熔点约为658℃,所以确定焊接温度为620~630℃。

(3)焊接时间 与焊件的尺寸有关,尺寸越大,焊接时间越长,以保证焊件能够充分而且均匀受热。焊接加速管的焊接时间为180~240min。

(4)焊接压力 经多次试验证明:压力不超过12MPa(实际焊接时的压力是11MPa),根据陶瓷受压面积计算出为47kN左右。加压过程应分步进行,逐步加压,不宜一次加压到位,在保温之前完成加压即可,防止因温度升高导致陶瓷被压裂。

(5)加热速度 加热速度不宜过快,升温太快会导致炉中真空度迅速降低,另一方面也会导致炉内温度分布不均匀,影响焊接效果。所以加热速度应控制在不超过100℃/h为宜。

(6)降温速度 如果降温速度过快,由于材料的热胀冷缩,会导致焊件发生开裂,所以降温速度应不超过50℃/h。随着温度的降低(一般到200℃左右),炉中降温速度越来越慢,此时不再进行温度控制，可让炉腔自然冷却，直至室温。

案例2：亚微米级 $(Al_2O_3)_p$/6061铝基复合材料的扩散焊

铝基复合材料由于具有高比强度、高比模量、耐高温、抗辐射、尺寸稳定性好等优异的综合性能受到人们的广泛关注，并将逐步应用于航空航天、汽车制造业等领域。然而铝基复合材料的焊接性差，很难形成高强度的焊接接头，成为该材料走向实用化的严重障碍。

采用挤压铸造法制备 $(Al_2O_3)_p$/6061铝基复合材料。增强相颗粒平均尺寸为0.4μm，体积比为30%。该复合材料在退火状态下的抗拉强度为280MPa，基体6061铝合金的化学成分见表3-19。选取与基体相同成分6061铝箔作为中间层。

表 3-19　基体 6061 铝合金的化学成分

元素	Cu	Mg	Mn	Fe	Si	Zn	Ti	Ni	Al
质量分数(%)	0.34	0.75	0.22	0.36	1.26	<0.15	<0.05	<0.05	余量

采用TG-DTA差热分析方法测得 $(Al_2O_3)_p$/6061铝基复合材料液固两相温度区为840~900K。将材料加工成10mm×20mm×50mm的尺寸，在真空室（ $1.33×10^{-2}$ Pa）中进行，采用电阻法加热，通过热电偶测量温度并使其在扩散焊过程中保持恒定。铝基复合材料扩散焊工艺过程如图3-16所示

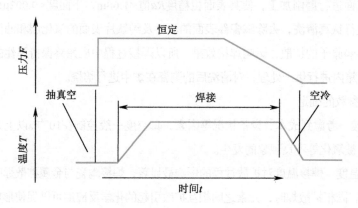

图3-16　铝基复合材料扩散焊工艺过程

焊后采用CSS-2205型万能试验机测试焊接接头力学性能，抗拉强度取三个试样平均值。分别采用直接扩散焊与加中间层扩散焊两种工艺焊接铝基复合材料，试验结果如图3-17所示。在 $(Al_2O_3)_p$/6061铝基复合材料840K固相线温度下进行扩散焊时，两种工艺的接头强度均很低。这是由于扩散结合面上基体/增强相、增强相/增强相的微观接触不能实现良好的结合，增强相不能发挥强化作用。而伴随扩散焊焊接温度的升高，接头强度逐渐升高，特别是在铝基复合材料液固两相温度区间存在"临界温度"值，在此温度区接头强度随焊接温度的升高而增强，焊接参数有明显的门槛值特征。

从图3-17可见， $(Al_2O_3)_p$/6061铝基复合材料液固两相温度区间的一定区域，直接扩散焊与加中间层扩散焊两种工艺条件下均可获得较高的接头强度，但直接扩散焊接头变形量大（6%~12%），

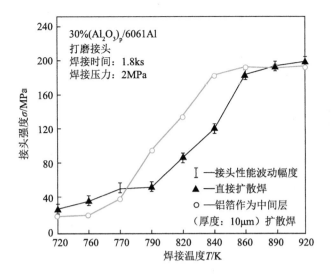

图3-17 直接扩散焊与加中间层扩散焊接头强度与焊接温度的关系

而6061铝箔中间层接头变形量小于2%。而与直接扩散焊相比，在同一参数下加6061铝箔中间层扩散焊时，接头性能稳定性大大提高。

为比较两种工艺的区别，进一步测试了直接扩散焊与加6061铝箔中间层扩散焊的最佳焊接区域，如图3-18所示。可以看出，填加铝箔中间层使得该复合材料接头最佳焊接区域明显增大，接头变形显著减小。

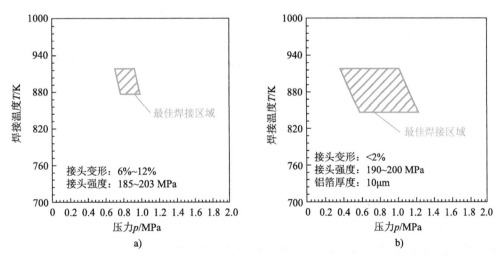

图3-18 两种扩散焊工艺最佳焊接区域的示意图

a）直接扩散焊 b）加铝箔中间层扩散焊

图3-19所示为铝箔中间层厚度与接头强度的关系曲线，可见中间层厚度对接头强度有很大的影响。当中间层厚度超过10μm时，接头强度开始明显下降。这是由于中间层过厚使得接头出现无增强相区域，导致接头强度下降。断裂首先从该区域发生。在中间层厚度为5μm时，焊接接头中观察不到明显的无增强相区域；而中间层厚度为50μm时，焊接接头中观察到明显的无增强相区

域，该区域的存在将降低焊接接头性能。

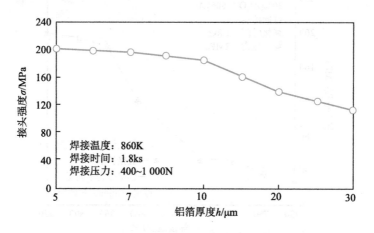

图3-19　铝箔中间层厚度与接头强度的关系曲线

项目总结

　　扩散焊是依靠界面原子相互扩散而实现结合的一种精密连接方法，是异种材料、耐热合金及新材料连接的主要方法之一。特别是对用熔焊方法难以连接的焊件和材料，扩散焊有明显的优势。对于塑性差或熔点高的同种材料、相互不溶解或在熔焊时产生脆性金属间化合物的那些异种材料，对于厚度相差很大的焊件、结构复杂的焊件或大面积接头的焊件，扩散焊是一种优先选择的方法。

　　通过本项目学习，学生能够了解扩散焊基本原理、工艺特点及应用等必备知识，掌握基本操作技术，提升扩散焊技术水平和应用能力。

复习思考题

一、思考与练习

（一）选择

1.瞬时液相扩散焊时，除了要求中间层金属具有一般中间层性能外，还要求（　　）。

　A.纯度高　　　　　　B.与母材熔点相近　　　C.与母材浸润性好　　　D.高温化学稳定性

2.对于扩散焊温度范围，正确的是（　　）。

　A.$0.7T_m$　　　　　　　　　　　　　　B.中间层材料熔点

　C.低于中间层材料熔点　　　　　　　　　D.高于中间层材料熔点

3.下列关于扩散焊焊接时间说法错误的是（　　）。

　A.高温、高压时间太长，会导致母材晶粒长大

B.在保证结合强度的条件下，焊接时间越短越好

C.在一定温度和压力条件下，初始阶段接头强度随焊接时间延长而增加

D.焊接时间与组织均匀化的要求没有密切关系

4.下列属于扩散焊优点的是（　　　）。

A.焊件精度高、变形小　　　　　　　　B.焊接接头质量好

C.焊接速度快　　　　　　　　　　　　D.可以焊接大截面的焊件

5.下列关于中间层的性能说法正确的是（　　　）。

A.不与母材产生脆性相或共晶相的不良反应

B.容易发生塑性变形

C.不会在接合处引起电化学腐蚀

D.含有加速扩散的元素，如Be、B、Si等

（二）填空

1.扩散焊是将紧密接触的焊件置于_____或保护气氛中，并在一定_____和_____下保持一段时间，使接触界面之间的原子相互_____而实现可靠连接的一种压焊方法。

2.根据被焊材料的组合方式和加压方式的不同，扩散焊可以分成_____扩散焊、_____扩散焊、_____扩散焊、_____扩散焊、_____扩散焊、热等静压扩散焊等。

3.扩散焊设备一般包括_____、_____、_____和控制系统等。

4.扩散焊时施加压力的主要作用是_____及达到紧密接触状态，使界面区原子_____，加速_____的弥合及消失，防止_____的产生。

5.焊接温度是扩散焊最重要的工艺参数。焊接温度_____，扩散系数_____，金属的塑性变形能力_____，焊接表面达到紧密接触所需的压力_____，所获得的接头强度_____。

（三）判断

1.可以采用电镀、真空蒸镀、等离子喷涂等方法直接将中间层材料涂覆在待焊材料表面，镀层厚度仅几微米。（　　）

2.焊接温度、焊接压力、焊接时间都只能在一定范围内提高接头的强度。（　　）

3.扩散焊时，两个焊件紧压在一起，加热后对其施加压力，使其表面氧化膜破碎，并发生宏观塑性变形达到紧密接触。（　　）

4.超塑性成形扩散焊是将超塑性成形与扩散焊组合起来的焊接方法，在一个热循环内完成。（　　）

5.中间层是熔点低、塑性好的纯金属，或者含有少量易扩散低熔点元素的合金。（　　）

（四）简答

1.什么是扩散焊？与其他方法比较有何显著特点？

2.扩散焊焊接参数有哪些？对焊接质量有什么影响？

3.扩散焊为什么采用中间层？如何选用中间层？

4.何谓超塑性成形扩散焊？它有什么特点？

5.分析陶瓷与金属扩散焊的主要问题及焊接技术要点。

二、观察与讨论

1.参观企业焊接生产车间，了解采用扩散焊方法焊接的产品、所用设备及工艺要点，写出参观记录。

2.利用互联网或相关书籍资料，写出两个扩散焊的应用实例，并与同学交流讨论。

项目四

摩擦焊技术

项目导入

摩擦焊是利用焊件端面相互运动、相互摩擦所产生的热，使端面达到热塑性状态，然后迅速顶锻，完成焊接的一种方法。摩擦焊可以实现金属、部分金属基复合材料、陶瓷及塑料等同种或异种材料的连接，其以优质、高效、节能、无污染等优势受到制造业的重视，在航空航天、核能、交通运输、海洋开发等技术领域得到了越来越广泛的应用。特别是近年来开发出的搅拌摩擦焊技术，为铝合金等轻质材料的焊接提供了新的解决方案。

根据"特种焊接技术"课程教学目标要求，立足拓展和提升学生传统摩擦焊和搅拌摩擦焊技术应用能力，以"摩擦焊技术"为项目载体，提炼了"编制传统摩擦焊工艺"和"编制搅拌摩擦焊工艺"两个典型任务，选取了高速工具钢-45钢刀具的封闭摩擦焊、铝合金车体的搅拌摩擦焊等典型案例，配置了丰富的动画、视频资源，使教学内容更加生动、直观。建议采用项目化教学，模拟企业情境，以小组形式来完成任务。教学过程中注重培养学生的职业素养以及自主学习、协作交流的能力。

学习目标

1.掌握传统摩擦焊的原理及工艺特点。

2.能够编制并实施传统摩擦焊焊接工艺。

3.合理选用传统摩擦焊设备。

4.掌握传统摩擦焊质量控制方法。

5.掌握搅拌摩擦焊的原理及工艺特点。

6.能够编制并实施搅拌摩擦焊焊接工艺。

7.合理选用搅拌摩擦焊设备。

8.掌握搅拌摩擦焊技术在工业领域的应用。

9.能够按照安全操作规程文明生产。

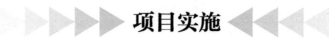

项目实施

任务一　编制传统摩擦焊工艺

任务解析

"编制传统摩擦焊工艺"是摩擦焊技术的典型任务。这一任务涉及的知识点包括传统摩擦焊原理、工艺特点及应用等。通过任务实施，使学生能够根据焊接结构和材料进行传统摩擦焊焊接性分析，编制传统摩擦焊焊接工艺，合理选用传统摩擦焊设备，掌握传统摩擦焊的操作技术与焊接质量控制方法，能够按照安全操作规程文明生产。

必备知识

一、摩擦焊的原理及分类

摩擦焊（Friction Welding，FW，焊接代号42）是利用焊件接触面之间的相对摩擦所产生的热量，使接触面金属间相互扩散、塑性流动和动态再结晶而实现连接的一种固相焊接方法。

（一）摩擦焊的原理

如图4-1所示，将两个圆形截面焊件进行对接焊，首先使一个焊件以中心线为轴高速旋转，然后用另一个焊件向旋转焊件施加轴向压力F_1，两焊件接触端面开始摩擦生热，达到给定的摩擦时间或规定的摩擦变形量时，焊件停止转动；同时施加更大的顶锻压力F_2，接头在顶锻压力作用下产生一定的塑性变形，即顶锻变形量，保持一定时间后，松开两个夹头，取出焊件，结束焊接过程。

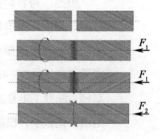

图4-1　摩擦焊原理示意图

在压力作用下两焊件接合面之间相对高速摩擦产生两个重要的效果：一是破坏了结合面上的氧化膜或其他污染层，使纯金属暴露出来；二是摩擦产热，使接合面很快形成热塑性层。在随后的摩擦转矩和轴向压力作用下，破碎的氧化物和部分热塑性层被挤出接合面外而形成飞边，剩余的塑性变形金属构成焊缝金属，最后的顶锻使焊缝金属获得进一步锻压，形成质量良好的焊接接头。

（二）摩擦焊的分类

摩擦焊的种类很多，其分类方法通常有两种：一是按焊件的相对运动形式分类；二是按焊接过程的工艺特点分类，见表4-1。

表 4-1　摩擦焊的分类

分类方式	特征	摩擦焊方法
焊件的相对运动形式	焊件绕轴旋转	连续驱动摩擦焊、惯性摩擦焊、混合型旋转摩擦焊、相位摩擦焊等
	焊件不运动	径向摩擦焊、搅拌摩擦焊等
	其他运动形式	摩擦堆焊、线性摩擦焊、轨道摩擦焊等
焊接过程的工艺特点	界面温度	高温摩擦焊、低温摩擦焊、超塑性摩擦焊等
	工艺措施	气体保护摩擦焊、感应加热摩擦焊、导电加热摩擦焊、封闭摩擦焊等
	复合工艺	钎层摩擦焊、嵌入摩擦焊、第三体摩擦焊等
	焊接环境	空间摩擦焊、水下摩擦焊等

通常所说的摩擦焊主要是指连续驱动摩擦焊、惯性摩擦焊、相位摩擦焊和轨道摩擦焊，统称为传统摩擦焊。它们的共同特点是靠两个焊件之间的相对摩擦运动产生热能。而搅拌摩擦焊、嵌入摩擦焊、第三体摩擦焊和摩擦堆焊，是靠搅拌工具与焊件之间的相对摩擦运动产生热量而实现焊接。

通过与相关学科及高新技术的紧密结合，摩擦焊工艺方法已由传统的几种方式发展到目前的20多种，拓展了摩擦焊的应用领域。焊件的形状由典型的圆截面扩展到非圆截面。在实际生产中，连续驱动摩擦焊、相位摩擦焊、惯性摩擦焊应用比较普遍，然而近年发展起来的搅拌摩擦焊在有色金属焊接中也已显示出强大的优势，并有广阔的应用前景和发展空间。

（三）传统摩擦焊方法

1.连续驱动摩擦焊

这是最常用的一种摩擦焊方法。如图4-2所示，焊件由主轴电动机连续驱动以恒定转速旋转，然后施加轴向力使焊件间摩擦生热，达到预定的摩擦时间或轴向缩短量后，焊件的连接部位处于高温塑性状态，此时立即停止焊件的旋转，同时施加轴向顶锻压力，并在压力作用下保持一段时间，使两侧金属牢固地连接在一起。

2.惯性摩擦焊

惯性摩擦焊又称为储能焊，如图

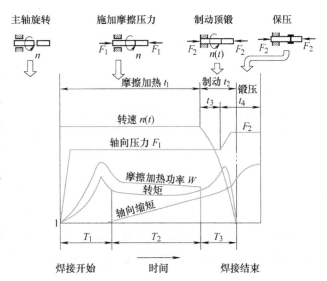

图4-2　连续驱动摩擦焊示意图

4-3所示。焊前先将飞轮、主轴系统和旋转夹头上的焊件加速到预定的转速，然后使主轴电动机和飞轮脱开或断电。同时，另一个焊件向前移动、接触并施加轴向压力，开始摩擦加热过程。在摩擦加热过程中，飞轮受到摩擦转矩的制动，转速降低，并产生机械能，机械能通过摩擦转变成热能来加热接合面。当飞轮、主轴系统和旋转夹头上的焊件转速为零时，接头上的加热温度及其分布也达到了要求。最后，在轴向压力的作用下，焊接过程结束。

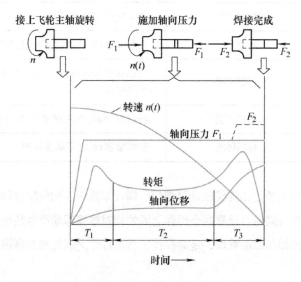

图4-3 惯性摩擦焊示意图

连续驱动摩擦焊工艺在顶锻开始之前就有一个明显的加热阶段，在这个阶段中焊件转速恒定不变。如果采用摩擦压力大而摩擦时间短的强规范时，其摩擦加热功率将以脉冲形式输出，功率极值很高。而惯性摩擦焊从两焊件接触摩擦开始，转速就逐渐下降，加热和锻压阶段混在一起，最后把储存在飞轮上的能量突然输入到接合面上。在实际生产中，可通过更换飞轮或不同尺寸飞轮的组合来改变飞轮的转动惯量，从而改变加热功率。惯性摩擦焊所需主轴电动机功率小，节省电能，适合于焊接大截面焊件和异种金属的接头。

3.相位摩擦焊

相位摩擦焊主要用于相对位置有要求的焊件，如各种方钢、汽车操纵杆等，要求焊件焊后棱边对齐、方向对正或相位满足要求。在实际应用中，它主要有机械同步相位摩擦焊和插销配合摩擦焊。

（1）机械同步相位摩擦焊 如图4-4所示，焊接前压紧校正凸轮2，调整两焊件的相对位置并夹持焊件，使静止主轴制动器3制动，打开校正凸轮2，然后开始进行摩擦焊。摩擦焊结束时切断电源并驱动主轴制动器3，在主轴临近停止转动前松开制动器3，使主轴重新获得局部回转的能力，此时立即压紧校正凸轮2，对接头进行相位校正和顶锻焊接。

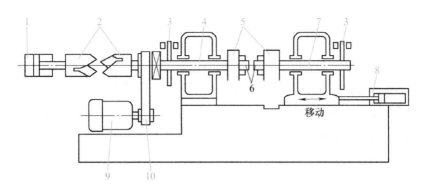

图4-4 机械同步相位摩擦焊示意图

1、8—液压缸 2—校正凸轮 3—制动器 4—驱动主轴

5—卡盘 6—焊件 7—静止主轴 9—电动机 10—传动带

（2）插销配合摩擦焊 如图4-5所示，插销配合摩擦焊是在主轴与尾座主轴的连续驱动摩擦焊机上，增加一套确定相位的机构。相位确定机构由插销、插销孔和控制系统组成。插销位于尾座主轴上，尾座主轴可自由转动，在摩擦加热过程中制动器将其固定。加热过程结束时使主轴制动，当计算机检测到主轴进入最后一转时给出信号，使插销进入插销孔，与此同时，松开尾座主轴的制动器，使尾座主轴能与主轴一起转动，这样即可保证相位，又可防止插销进入插销孔时引起冲击。

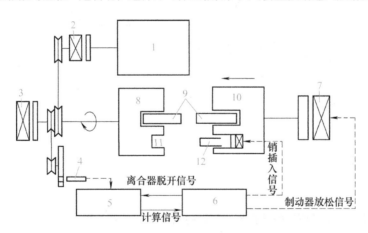

图4-5 插销配合摩擦焊示意图

1—主电动机 2—离合器 3、7—制动器 4—接触开关 5—预置计算机

6—循环程序 8—主轴 9—焊件 10—尾座主轴 11—插销孔 12—插销

4.径向摩擦焊

径向摩擦焊如图4-6所示，焊前将芯棒插入开有坡口的两个待焊管子内，然后装上一个加工好的带有斜面的圆环。焊接时圆环旋转并向两个管端施加径向摩擦压力。当摩擦加热过程结束时，圆环停止旋转，向圆环施加顶锻压力，使圆环与两管端焊牢。由于被连接的管子本身不转动，管子内部不产生飞边，整个焊接过程大约需要10s。径向摩擦焊适用于管子的现场装配焊接。

5.摩擦堆焊

如图4-7所示，摩擦堆焊时，堆焊金属圆棒1以高速n_1旋转，堆焊件（母材）也同时以转速n_2旋转，在压力F的作用下金属圆棒与母材摩擦产生热量。由于待堆焊的母材体积大，导热性好，冷却速度快，使堆焊金属过渡到母材上，当母材相对于堆焊金属圆棒转动或移动时形成堆焊焊缝。

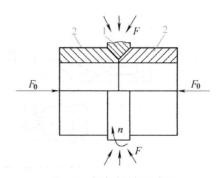

图4-6　径向摩擦焊示意图

1—旋转圆环　2—待焊管子

n—圆环速度　F_0—轴向顶锻压力　F—径向压力

6.线性摩擦焊

如图4-8所示，在线性摩擦焊过程中，一个焊件固定，另一个焊件以一定的速度做往复运动，或两个焊件做相对往复运动，在压力F的作用下两焊件的界面摩擦产生热量，从而实现焊接。该方法的主要优点是不管焊件结构是否对称，均可进行焊接。近年来，线性摩擦焊的研究较多，主要用于飞机发动机涡轮盘与叶片的焊接，还用于大型塑料管道的现场焊接。

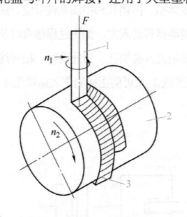

图4-7　摩擦堆焊示意图

1—金属圆棒　2—母材　3—焊缝

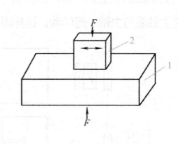

图4-8　线性摩擦焊示意图

1、2—焊件

7.嵌入摩擦焊

嵌入摩擦焊是利用摩擦焊原理把相对较硬材料嵌入到较软材料中，如图4-9所示。两个焊件之间相对运动所产生的摩擦热在软材料中产生局部塑性变形，高温塑性材料流入预先加工好的硬材料的凹区中。拘束肩迫使高温塑性材料紧紧包住较硬材料的连接头。当转动停止、焊件冷却后即形成可靠接头。

8.第三体摩擦焊

对于陶瓷-陶瓷、金属-陶瓷、热固性塑料-热塑性材料基复合材料等难焊材料，可以利用第三体摩擦焊方法形成高强度接头，如图4-10所示。低熔点的第三种物质在轴向压力和转矩作用下，在接合面间隙中摩擦生热并产生塑性变形。相对摩擦运动可以产生足够的清理效果，因而不需要焊剂和保护气氛。冷却后，第三体材料固化，从而把两个部件锁定形成可靠接头。两侧部件一般没有变形。由于第三体材料不熔化，避免了熔焊过程伴随的一些凝固问题。这种方法可提供很大的第三体横截面积，以承受所需的轴向和扭转载荷，接头强度可超过部件材料的抗拉强度。

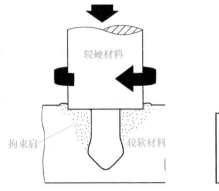

图4-9　嵌入摩擦焊示意图

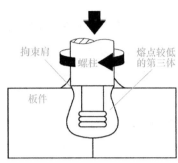

图4-10　第三体摩擦焊示意图

二、传统摩擦焊焊接过程及热源分析

（一）传统摩擦焊焊接过程

连续驱动摩擦焊时，通常将焊件两端分别固定在旋转夹具和移动夹具内，焊件被夹紧后，位于滑台上的移动夹具随滑台一起向旋转端移动，移动至一定距离后，旋转端焊件开始旋转，焊件接触后开始摩擦加热。此后则可进行不同的控制，如时间控制或摩擦缩短量（又称为摩擦变形量）控制。当达到设定值时，旋转停止，顶锻开始，通常施加较大的顶锻力并维持一段时间后，旋转夹具松开，滑台后退，当滑台退到原位置时，移动夹具松开，取出焊件，至此焊接过程结束。

对于直径为16mm的45钢，在转速为2000r/min、摩擦压力为8.6MPa、摩擦时间为0.7s、顶锻压力为161 MPa的条件下实施焊接，整个摩擦焊过程如图4-11所示。从图4-11中可知，摩擦焊过程的一个周期可分为摩擦加热过程和顶锻焊接过程两部分。摩擦加热过程又可以分为四个阶

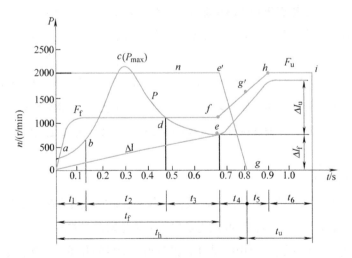

图4-11　摩擦焊过程示意图

n—工作转速　F_f—摩擦压力　F_u—顶锻压力　Δl_f—摩擦变形量　Δl_u—顶锻变形量　P—摩擦加热功率

P_{max}—摩擦加热功率峰值　t—时间　t_f—摩擦时间　t_h—实际摩擦加热时间　t_u—实际顶锻时间

段，即初始摩擦、不稳定摩擦、稳定摩擦和停车阶段。顶锻焊接过程也可以分为纯顶锻和顶锻维持两个阶段。

1.初始摩擦阶段（t_1）

此阶段是从两个焊件开始接触的a点起，到摩擦加热功率显著增大的b点止。摩擦开始时，由于焊件待焊接表面不平以及存在氧化膜、铁锈、油脂、灰尘和吸附气体等，使得摩擦因数很大。随着摩擦压力的逐渐增大，摩擦加热功率也逐步增加，最后摩擦焊接表面温度将升到200~300℃。

在初始摩擦阶段，由于较大的摩擦压力作用于两个焊件表面并且两焊件相对高速运动，使凸凹不平的表面迅速产生塑性变形和机械挖掘现象。塑性变形破坏了界面的金属晶粒，形成一个晶粒细小的变形层，变形层附近的母材也沿摩擦方向产生塑性变形。金属互相压入部分的挖掘，使摩擦界面出现同心圆痕迹，这样又增大了塑性变形。因摩擦表面不平，接触不连续以及温度升高等原因，使摩擦表面产生振动，此时空气可能进入摩擦表面，使高温下的金属氧化。但由于t_1时间很短，摩擦表面的塑性变形和机械挖掘又可以破坏氧化膜，因此，对接头质量的影响不大。当焊件断面为实心圆时，其中心的相对旋转速度为零，外缘速度最大，此时焊接表面金属处于弹性接触状态，温度沿径向分布不均匀，摩擦压力在焊接表面上呈双曲线分布，中心压力最大，外缘压力最小。在压力和速度的综合影响下，摩擦表面的加热往往从距圆心2/3半径左右的地方开始。

2.不稳定摩擦阶段（t_2）

不稳定摩擦阶段是摩擦加热过程的一个主要阶段，该阶段从摩擦加热功率显著增大的b点起，越过功率峰值c点，到功率稳定值的d点为止。由于此阶段摩擦压力较初始摩擦阶段增大，相对摩擦破坏了焊件金属表面，使纯净的金属直接接触。随着摩擦焊接表面温度的升高，金属的强度有所降低，而塑性和韧性有很大的提高，增大了摩擦焊接表面的实际接触面积。这些因素都使材料的摩擦因数增大，摩擦加热功率迅速提高。当摩擦焊接表面的温度继续增高时，金属的塑性增大，而强度和韧性都显著下降，摩擦加热功率也迅速降低到稳定值d点。因此，摩擦焊的加热功率和摩擦转矩都在c点呈现出最大值。在45钢的不稳定摩擦阶段，待焊表面的温度由200~300℃升高到1200~1300℃，而功率峰值出现在600~700℃左右。这时摩擦表面的机械挖掘现象减少，振动降低，表面逐渐平整，开始产生金属的黏结现象。高温塑性状态的局部金属表面互相焊合后，又被焊件旋转的扭力矩剪断，并彼此过渡。随着摩擦过程的进行，接触良好的塑性金属封闭了整个摩擦面，并使之与空气隔开。

3.稳定摩擦阶段（t_3）

稳定摩擦阶段是摩擦加热过程的主要阶段，其范围从摩擦加热功率稳定值的d点起，到接头形成最佳温度分布的e点为止，这里的e点也是焊机主轴开始停车的时间点（可称为e'点），还是顶锻压力开始上升的点（图4-11中的f点）以及顶锻变形量的开始点。在稳定摩擦阶段中，焊件摩擦表面的温度继续升高，并达到1300℃左右。这时金属的黏结现象减少，分子作用现象增强。稳定摩擦阶段的金属强度极低，塑性很大，摩擦因数很小，摩擦加热功率也基本上稳定在一个很低的数值。此外，其他焊接参数的变化也趋于稳定，只有摩擦变形量不断增大，变形层金属在摩擦转矩的轴向压力作用下，从摩擦表面挤出形成飞边，同时，界面附近的高温金属不断补充，始终处于动态平衡，只是接头的飞边不断增大，接头的热影响区变宽。

4.停车阶段（t_4）

停车阶段是摩擦加热过程至顶锻焊接过程的过渡阶段，是从主轴和焊件一起开始停车减速的e'点起，到主轴停止转动的g点止。由图4-11可知，实际摩擦加热时间从a点开始，到g点结束，即$t_h=t_1+t_2+t_3+t_4$。尽管顶锻压力从f点施加，但由于焊件并未完全停止旋转，所以g'点以前的压力实质上还是属于摩擦压力。顶锻开始后，随着轴向压力的增大，转速降低，摩擦转矩增大，并再次出现峰值，此值称为后峰值转矩。同时，在顶锻力的作用下，接头中的高温金属被大量挤出，焊件的变形量也增大。因此，停车阶段是摩擦焊的重要过程，直接影响接头的焊接质量，要进行严格控制。

5.纯顶锻阶段（t_5）

从主轴停止旋转的g（或g'）点起，到顶锻压力上升至最大值的h点为止。在这一阶段中，应施加足够大的顶锻压力，精确控制顶锻变形量和顶锻速度，以保证获得优异的焊接质量。

6.顶锻维持阶段（t_6）

该阶段从顶锻压力的最高点h开始，到接头温度冷却到低于规定值为止。在进行实际焊接控制和自动摩擦焊机的程序设计时，应精确控制该阶段的时间t_u（$t_u=t_5+t_6$）。在顶锻维持阶段，顶锻时间、顶锻压力和顶锻速度应相互配合，以获得合适的摩擦变形量ΔI_f和顶锻变形量ΔI_u。在实际计算时，摩擦变形速度一般采用平均摩擦变形速度（$\Delta I_f/t_f$），顶锻变形速度也采用其平均值［$\Delta I_u/（t_5+t_6）$］。

总之，在整个摩擦焊过程中，待焊金属表面经历了从低温到高温摩擦加热，连续发生了塑性变形、机械挖掘、黏结和分子作用四种现象，形成了一个存在于全过程中的高速摩擦塑性变形层，摩擦焊时的产热、变形和扩散现象都集中在变形层中。在稳定摩擦阶段，变形层金属在摩擦转矩和轴向压力的作用下，从摩擦表面挤出形成飞边，同时又被附近高温区的金属所补充，始终处于动平衡状态。在停车阶段和顶锻焊接过程中，摩擦表面的变形层和高温区金属被部分挤碎排出，焊缝金属经过锻造，形成了质量良好的焊接接头。

（二）摩擦焊热源分析

摩擦焊的热源来自金属摩擦表面上高速摩擦形成的塑性变形层。它是以两焊件摩擦表面为中心的金属质点，在摩擦压力和摩擦转矩的作用下，沿焊件径向力与切向力的合成方向做相对高速摩擦运动的塑性变形层。该变形层的温度就是摩擦焊热源的温度。

1.摩擦加热功率

摩擦加热功率的大小及其随摩擦时间的变化关系，会直接影响接头的加热过程、焊接生产率和焊接质量，同时也关系到摩擦焊机的设计与制造。摩擦加热功率就是焊接热源的功率，它的计算与分布如下。

圆形焊件采用连续驱动摩擦焊时，接合面的摩擦加热功率为

$$P=K_1F_fn\mu R^3 \tag{4-1}$$

式中　　P——摩擦加热功率；

$\quad\quad K_1$——常数；

$\quad\quad F_f$——摩擦压力(MPa)；

$\quad\quad n$——工作转速(r/min)；

$\quad\quad \mu$——焊件金属接合面摩擦因数；

$\quad\quad R$——焊件半径(mm)。

在计算摩擦加热功率时，焊件半径、工作转速和摩擦压力通常都是常数。因此，摩擦加热功率的变化规律只和摩擦因数有关。如图4-11所示，摩擦加热功率为峰值时，摩擦因数也是最大值，摩擦因数大约在0.2~2之间变化。

实际上摩擦压力不是常数。在初始摩擦阶段和不稳定摩擦阶段的前期，当摩擦表面还没有全面产生塑性变形时，主要是弹性接触，摩擦压力在中心高，外圆低。因此沿摩擦焊接表面半径R的摩擦加热功率最大值不在外圆处，而在距圆心$2R/3$左右的地方。在稳定摩擦阶段，摩擦表面全部产生塑性变形，成为塑性接触时，才可认为摩擦压力Pf等于常数。

此外，摩擦因数μ在初始摩擦阶段和不稳定摩擦阶段也不是常数。由塑性变形、机械挖掘和相互黏结的表面金属组成的高速摩擦塑性变形层即热源，在距圆心$R/2$~$2R/3$处形成了环状加热带。随着摩擦加热的进行，环状加热带向圆心和外圆迅速扩展。摩擦加热转矩峰值或功率峰值通常在表面加热到70%左右时出现。趋于平衡时，才可认为μ等于常数。

2.摩擦焊接表面温度

摩擦焊接表面温度就是摩擦焊热源的温度。它将直接影响接头的加热温度和分布状况以及接头金属的变形与扩散。

摩擦焊接表面的最高温度是受限制的。当焊件直径增大、转速增高、摩擦压力适当增加时，温度升高；反之，温度降低。摩擦焊接表面温度与被焊材料有关，其最高温度不应超过焊件材料的固相线温度。焊接异种金属时，温度不应超过熔点低的金属的固相线温度。不同材料和直径的焊件，在不同转速和摩擦压力下焊接时，摩擦焊接表面的温度见表4-2。

表 4-2　摩擦焊接表面的温度

焊接材料	试样直径/mm	转速/(r/min)	摩擦压力/MPa	焊接材料熔点/℃	焊接表面实测温度/℃
45+45	15	2000	10	1480	1130
45+45	80	1750	20	1480	1380
铝+铜	10	2000	90	660	580
铝+铜	10	3000	140	660	660
铜+钢	16	2000	24	1083	1030
铜+钢	28	1750	32	1083	1080

注：焊接异种金属时，材料的熔点是指熔点较低金属的熔点，钢材的熔点是指固相线温度。

根据以上的试验数据与分析计算，摩擦焊热源的主要特点可归纳如下。

1）摩擦焊热源是通过摩擦把机械功转变成热能加热焊件形成接头的。这个热源就是金属焊接表面上高速摩擦的塑性变形层，其能量集中，加热效率高，产生在焊件的接合面。

2）摩擦焊热源的功率和温度不仅取决于焊接参数，还受到焊件材料、形状、尺寸和焊接表面准备情况的影响。摩擦焊热源的最高温度接近被焊金属的熔点。

3）焊件表面的摩擦不仅产生热量，还能破坏和清除表面的氧化膜。变形层金属的封闭、挤出和不断被高温区金属更新可防止金属的继续氧化。

三、传统摩擦焊的特点及适用范围

（一）传统摩擦焊的特点

摩擦焊具有许多优点，近年来在国内外焊接界受到高度重视，使摩擦焊新技术的研发与工业应用取得了快速发展。摩擦焊的主要特点如下。

（1）焊接质量好且稳定　焊接过程中被焊材料不熔化，不产生与熔化和凝固有关的焊接缺陷和接头区脆化现象，焊合区金属为锻造组织。焊接时间短，热影响区窄，易于获得质量良好的焊接接头。

（2）适焊材料范围广　大多数同种和异种金属都可以进行摩擦焊，对常规熔焊方法难以焊接的铝-钢、铝-铜、钛-铜、金属间化合物-钢等异种材料可以进行焊接；能够焊接复合材料、功能材料、难熔合金等新型材料。

（3）焊接时间短，生产率高　一般说来，摩擦焊的生产率要比其他焊接方法高1~100倍，适用于大批量生产。例如：发动机排气门双头自动摩擦焊机的生产率可达800~1200件/h；对于外径ϕ127mm、内径ϕ95 mm的石油钻杆与端头的焊接，采用连续驱动摩擦焊，仅需要十几秒钟就能完成。

（4）焊件尺寸精度高、成本低　焊接热循环引起的焊接变形小，焊后尺寸精度高，不需焊后校形和消除应力。用摩擦焊生产的柴油发动机预燃烧室，全长误差为±0.1mm；专用焊机可保证焊后的长度公差为±0.2mm，偏心度为0.2mm。由于摩擦焊节省电能，接头焊前不需进行特殊处理，焊接时不需要填充材料和保护气体，因此加工成本显著降低，如载货汽车推进轴用摩擦焊代替CO_2气体保护焊，成本降低约30%。

（5）机械化、自动化程度高　当给定焊接条件后，操作简单，对焊工的技术水平要求不高。

（6）焊机功率小、节能、无污染　和闪光焊相比，电功率和能量可节约5~10倍以上。焊接时不产生烟雾、弧光以及有害气体等，不污染环境。

与其他的焊接方法一样，摩擦焊也有缺点与局限性：所需设备复杂，摩擦焊机的一次投资较大，只有大批量生产时，才能降低生产成本；摩擦焊接头的飞边有时是多余的并可能产生一定危害，要求增加清除工序；对非圆形截面焊接较困难，对盘状薄零件和薄壁管件，由于不易夹固，施焊也比较困难；受到焊机主轴电动机功率与压力的限制，目前摩擦焊焊件最大截面积不超过200cm^2。

（二）传统摩擦焊的适用范围

随着摩擦焊技术的不断发展，对于用常规方法难于焊接的材料，可以采用过渡金属层把它们牢固地焊接在一起，即金属材料的摩擦焊焊接性也在不断改善。摩擦焊也广泛用于异种金属零件的生产，制造具有复合性能的产品，可节约贵重金属和钢材，还可焊接塑料和其他非金属产品。表4-3列出了同种和异种材料组合的摩擦焊焊接性。金属材料对摩擦焊的适应性可分为以下几种情况。

表 4-3　同种和异种材料组合的摩擦焊焊接性

材料类型	纯铁及碳钢	高强度钢	不锈钢	耐热钢	高温合金	防锈铝	硬铝	锻铝	镁及镁合金	结构陶瓷	纤维增强合金	硬质合金	粉末高温合金
纯铁及碳钢	A	A	A	A	A	A			A	B		A	A
高强度钢	A	A	A	A	A							A	A
不锈钢	A	A	A	A	A	B		A					A
耐热钢	A	A	A	A	A								
高温合金	A	A	A	A	A								A
防锈铝	A	B				A		A		A			
硬铝							A	A					
锻铝	A		A				A	A					
镁及镁合金									A				
结构陶瓷	B					A				C			
纤维增强合金											A		
硬质合金	A	A										A	
粉末高温合金	A	A	A		A								A

注：A—摩擦焊焊接性良好，能得到等强度或与低强母材等强度的接头；B—摩擦焊焊接性一般，能形成接头，
　　但达不到等强性能；C—摩擦焊焊接性很差，不能形成接头；空白—尚未进行摩擦焊焊接性研究。

1）高温时，塑性良好的同种金属及能够互相固溶和扩散的异种金属，都具有较好的焊接性，能够获得强度高、延性好的焊接接头。

2）焊接能产生脆性合金的异种金属时，如铝-铜、铝-钢、钛-钢等，若不设法防止脆性合金层增厚，则很难保证接头的强度和塑性。

3）高温强度高、塑性低、导热性好的材料不容易焊接。两种金属的高温力学性能和物理性能差别越大，越不容易焊接，如不锈钢-铜，硬质合金-钢等。

4）钛、锆等活性金属以及淬硬性好的钢材，表面氧化膜不易破碎或有镀膜、渗层等及铸铁、黄铜等摩擦因数太小的金属很难进行焊接。

摩擦焊已在各工业领域获得广泛应用，表4-4列举了摩擦焊技术应用领域及应用实例。图4-12所示为采用摩擦焊技术制造的典型产品。

表4-4　摩擦焊技术应用领域及应用实例

应用领域	应用实例
航空航天	涡轮转子部件、发动机部件、风扇轴、起落架部件、双金属铆钉、铝热管等
兵器制造	高能炸弹、炸弹前段和中段壳体组件、防弹风挡、机关枪管内衬、迫击炮装药孔闭塞件等
刀具制造	钻头、立铣刀、丝锥、铰刀、拉刀等，通常是切削刃部（高速工具钢）与柄部（碳钢）之间的焊接
机器制造	轴类零件、管子、螺杆、顶杆、拉杆、拨叉、机床与圆刀主轴、铣床刀杆、地质钻杆、液压千斤顶、轴与法兰盘等
车辆制造	半轴、齿轮轴、汽车后桥轴头、涡轮增压器、异质材料气阀、活塞杆、双金属轴瓦等
石油化工	石油钻杆、高压阀门的阀体、管道、蛇形管等
轻工、纺织机械	小型轴类、辊类、管类零件等
电力行业	铜-铝接线端子

图4-12　采用摩擦焊技术制造的典型产品

a）发动机排气阀　b）发动机风扇轴　c）涡轮增压器　d）汽车后桥　e）转向轴　f）型钢

任务实施

一、分析材料的摩擦焊焊接性

材料的摩擦焊焊接性，是指材料在摩擦焊过程中焊缝成形和获得满足使用要求接头的能力。所涉及的材料有金属材料、陶瓷材料、复合材料、塑料等。影响材料摩擦焊焊接性的因素如下。

1）材料的互溶性。同种材料或互溶性好的异种材料容易进行摩擦焊；有限互溶、不能相互溶解和扩散的两种材料，很难进行摩擦焊。

2）材料表面的氧化膜。金属表面的氧化膜如果容易破碎，则焊合就比较容易，如低碳钢的摩擦焊焊接性比不锈钢好。

3）材料的力学性能。高温强度高、塑性低、导热性好的材料不容易焊接；力学性能差别大的异种材料也不容易焊接。

4）材料的碳当量与淬透性。碳当量高、淬硬性好的合金材料摩擦焊比较困难。

5）高温氧化倾向。一些活泼金属及高温氧化性大的材料难以进行摩擦焊。

6）形成脆性相的可能性。凡是能形成脆性化合物层的异种材料，都很难获得可靠性高的焊接接头。对于这类材料，在焊接过程中必须设法降低焊接温度或减少焊接时间，以控制脆性化合物层的长大，或者添加过渡金属层以利于摩擦焊。

7）摩擦因数。摩擦因数低的材料，加热功率低，得到的焊接温度低，就不容易保证接头的质量，如焊接黄铜、铸铁等就比较困难。

8）材料的脆性。大多数金属材料都具有很好的摩擦焊焊接性能，而对于焊接性较差的陶瓷材料及异种材料，为了提高接头性能，摩擦焊时应选用合适的过渡金属层。

由于摩擦焊过程本身具有的一些特点，如焊接温度等于或低于金属熔点、加热区域窄、施焊时间短、接头的加热温度和温度分布调节范围宽；焊接表面的摩擦与变形不仅清除了原有的氧化膜，而且能够防止焊缝金属继续氧化，促进金属原子的扩散；顶锻压力能破碎变形层中的氧化薄膜或脆性合金层，将其挤碎或挤出焊缝之外，使焊缝金属得到锻造组织、晶粒细化、性能提高等。因此，大多数金属材料都有很好的摩擦焊焊接性。但某种金属的摩擦焊焊接性并不是一成不变的，它随着摩擦焊工艺的不断发展，也在不断地改善。对于那些焊接性较差的金属或异种金属，摩擦焊同样也可以采用过渡金属层把它们牢固地焊接在一起。

二、摩擦焊接头形式的设计

连续驱动摩擦焊可以实现圆棒-圆棒、圆管-圆管、圆棒-圆管、圆棒-板材及圆管-板材的可靠连接。接合面形状对获得高质量的接头影响很大，图4-13所示为常用的接头形式。图4-13a所示的接头形式具有相同形状、相同直径的接合面，如果是同种材料，则两者的产热及散热均相同，温度场对称，可以获得较宽的焊接参数和得到可靠性高的接头。如果是异种材料连接，因材料的物理性能不同，产热及散热不一样，温度场不对称，选择合理的焊接参数、采取适当的质量控制措施尤为重要。在实际生产中，类似图4-13b所示的接头形式较多，两个焊件的直径不同，此时需将直径大的材料焊前加工出凸台，使接合部位的形状相同。为了节省焊前加工的生产成本，也可以采用图4-13c所示的接头形式直接进行焊接，但应保持使大直径的接合面不产生倾斜；同时，要增大摩擦压力，必须在短时间内停止相对运动，要求设备有良好的刚性。薄板和圆棒的摩擦焊接头形式如图4-13d所示，其对设备的同心度要求高。如果是异种材料的连接，高温强度高的母材应采用较小的直径。图4-13e所示是具有一定斜度的接头形式，主要用于机械设备中齿轮的摩擦焊。图4-13f所示的接头允许一定量的飞边存在，主要用于柴油机燃烧室喷嘴的制造。

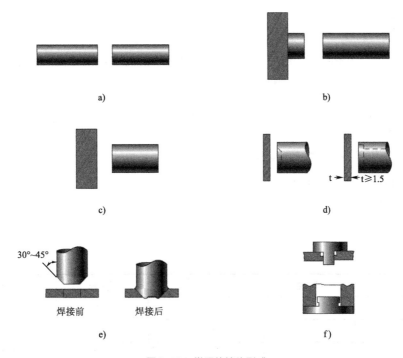

图4-13　常用的接头形式

a）相同直径　b）不同直径（有凸台）　c）不同直径（无凸台）

d）薄板与圆棒（或圆管）　e）倾斜接头　f）带飞边槽的接头

设计连续驱动摩擦焊接头形式时主要应遵循以下原则。

1）两被焊件中，最好旋转件是圆形且便于绕轴线做高速旋转。

2）焊件应具有较大的刚度，夹紧方便、牢固，要尽量避免采用薄管和薄板接头。

3）同种材料的两个焊件断面尺寸应尽量相同，以保证焊接温度分布均匀和变形层厚度相同。

4）对锻压温度或热导率相差较大的异种材料焊接时，为了使两个零件的顶锻相对平衡，应调整界面的相对尺寸；为了防止高温下强度低的焊件端面金属产生过多的变形流失，需要采用模具封闭接头金属。

5）一般倾斜接头应与中心线成30°～45°的斜面。

6）为了增大焊缝面积，可以把焊缝设计成搭接或锥形接头。

7）焊接大截面接头时，为了降低摩擦加热时的转矩和功率峰值，采用端面倒角可使焊接时接触面积逐渐增加。

8）要注意飞边的流向，使其在焊接时不受阻碍地被挤出。在不可能切除飞边或者要节省飞边切除费用的情况下，可设计带飞边槽的接头。

9）待焊表面应避免渗氮、渗碳等。

10）设计接头形式的同时，还应注意焊件的长度、直径公差以及焊接端面的垂直度、平面度和表面粗糙度。

三、接头表面准备

摩擦焊过程中，在轴向压力作用下，焊件会产生轴向缩短，而在焊合处产生飞边，因此准备毛坯时轴向尺寸需留有余量。惯性摩擦焊时的轴向缩短量可用下式估算。

$$L=L_0+KD \qquad\qquad (4-2)$$

式中 L——轴向缩短量（mm）；

L_0——不同接头形式下的预留余量（mm）；

D——外径或壁厚（mm）；

K——常数。

轴向缩短量参数的选择见表4-5。

表 4-5 轴向缩短量参数的选择

接头形式	棒-棒	棒-板	管-管	管-板
L_0/mm	1.3	0.9	3.8	2.5
K	0.1	0.067	0.2	0.133
D/mm	外径	棒件外径	壁厚	管子壁厚

焊接前还需对焊件做如下处理。

1）焊件的摩擦端面应平整，中心部位不能有凹面或中心孔，以防止焊缝中含有空气和氧化物。但切断刀留下的中心凸台则无害，有助于中心部位加热。

2）当接合面上具有较厚的氧化层、镀铬层、渗碳层或渗氮层时，常不易加热或被挤出，焊前应清除。

3）摩擦焊对焊件接合面的表面粗糙度、清洁度要求并不严格，如果能加大焊接缩短量，则气割、冲剪、砂轮磨削、锯断的表面均可直接施焊。

4）端面垂直度一般小于直径的1%，过大会造成不同轴的径向力。

四、选择焊接参数

1.连续驱动摩擦焊的焊接参数

连续驱动摩擦焊的焊接参数主要包括转速、摩擦压力、摩擦时间、摩擦变形量、停车时间、顶锻压力、顶锻速度、顶锻变形量等。这些参数将直接影响焊接质量，也对焊接生产率、金属材料消耗、焊机功率等也有影响。

（1）转速与摩擦压力 转速和摩擦压力是最主要的焊接参数。在焊接过程中，转速与摩擦压力直接影响摩擦转矩、摩擦加热功率、接头温度场、塑性层厚度以及摩擦变形速度等。

焊件直径一定时，转速代表摩擦速度。实心圆截面焊件摩擦界面上的平均摩擦速度是距圆心为2/3半径处的摩擦线速度。一般将达到焊接温度时的转速称为临界摩擦速度。为了使界面的变形层加热到金属材料的焊接温度，转速必须高于临界摩擦速度。一般来讲，低碳钢的临界摩擦速度为0.3m/s左右，平均摩擦速度的范围为0.6~3m/s。

在稳定摩擦阶段，转速对焊接表面的摩擦变形层厚度、深塑区的位置及飞边的影响如图4-14所示。当转速为1000r/min时，由于外圆的摩擦速度大，外侧金属的温度升高，摩擦表面的温度比高速摩擦时低，摩擦转矩和摩擦变形速度增大，并移向外圆，因此外圆的变形层较中心厚。这时变形层金属非常容易流出摩擦表面之外，形成不对称的肥大飞边（图4-14a）。这种接头的温度分布梯度大，变形层金属容易被大量挤出，焊缝金属迅速更新，能够有效地防止氧化。

当转速升高时，摩擦表面温度升高，摩擦转矩和摩擦变形速度小，深塑区移向圆心，当变形层中的高温黏滞金属在摩擦压力和摩擦转矩的作用下向外流动时，受到较大的阻碍，形成了对称的小薄翅状飞边（图4-14c）。这种接头由于转矩小，挤出的金属少，所以接头的温度分布较宽，变形层金属也容易氧化。

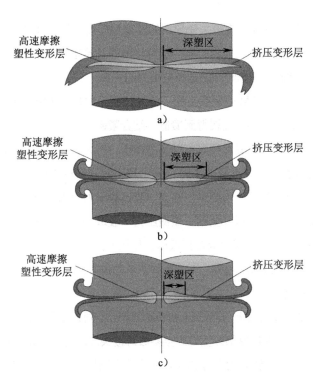

图4-14 转速对焊接表面的摩擦变形层厚度、深塑区的位置及飞边的影响
（ϕ19mm低碳钢棒，摩擦压力86MPa）

a）1000r/min b）2000r/min c）4000r/min

摩擦压力对焊接接头的质量有很大影响，为了产生足够的摩擦加热功率，保证摩擦表面的全面接触，摩擦压力不能太小。在稳定摩擦阶段，当摩擦压力增大时，摩擦转矩增大，摩擦加热功

率升高，摩擦变形速度增大，变形层加厚，深塑区增宽并向外圆移动，在压力的作用下形成粗大而不对称的飞边。摩擦压力大时，接头的温度分布梯度大，变形层金属不容易氧化。在摩擦加热过程中，摩擦压力一般为定值，但是为了满足焊接工艺的特殊要求，摩擦压力也可以不断上升，或采用两级或三级加压。

转速和摩擦压力的选择范围很宽，而最常用的组合方式有两种：一是强规范，即转速较低，摩擦压力较大，摩擦时间短；二是弱规范，即转速较高，摩擦压力小，摩擦时间长。

（2）摩擦时间　摩擦时间决定了摩擦加热过程的阶段和加热的程度，直接影响接头的加热温度、温度分布和焊接质量。如果时间短，则摩擦表面加热不充分，不能形成完整的塑性变形层，接头温度和温度场不能满足焊接要求；如果时间长，接头温度分布宽，高温区金属容易过热，摩擦变形量大，飞边也大，消耗的材料、能量多。碳钢件的摩擦时间一般在1~40s范围内。

（3）摩擦变形量　摩擦变形量与转速、摩擦压力、摩擦时间、材质的状态和变形抗力有关。要得到牢固的接头，必须有一定的摩擦变形量。在焊接碳钢时，摩擦变形量通常选取的范围为1~10mm。

（4）停车时间　停车时间影响接头变形层的厚度和焊接质量，通常根据变形层厚度选择该参数。当变形层较厚时，停车时间要短；当变形层较薄而且希望在停车阶段增加变形层厚度时，则可加长停车时间。通常制动停车时间的选择范围为0.1~1s。

（5）顶锻压力、顶锻变形量和顶锻速度　施加顶锻压力是为了能挤出摩擦塑性变形层中的氧化物和其他有害杂质，并使接头金属得到锻造，结合紧密，晶粒细化，以提高接头性能。顶锻压力的选择与材质、接头温度、变形层厚度以及摩擦压力有关。高温强度较高的材料，顶锻压力应取大一些。接头的温度高、变形层较厚时，采用较小的顶锻压力就可得到所需的顶锻变形量；摩擦压力大时，相应的顶锻压力要小一些。一般顶锻压力应为摩擦压力的2~3倍。摩擦压力越小，倍数越大。对非合金钢和低合金钢，顶锻压力一般取100~420MPa；对于耐热合金、不锈钢则需要较高的顶锻压力。顶锻变形量是顶锻压力作用的结果，一般选取1~6mm。顶锻速度对焊接质量影响很大，如果顶锻速度过慢，则达不到要求的顶锻变形量，一般为10~40mm/s。

2.惯性摩擦焊的焊接参数

惯性摩擦焊在焊接参数选取上与连续驱动摩擦焊有所不同，主要焊接参数有飞轮转动惯量、飞轮初始速度和轴向压力。惯性摩擦焊主要焊接参数对接头形态的影响如图4-15所示。

（1）飞轮转动惯量　飞轮转动惯量和初始速度均影响焊接能量。在初始速度和轴向压力一定时，增大飞轮转动惯量，焊接总能量增加，焊接时间延长，顶锻作用增大，因此界面处塑性金属量增加，顶锻和挤出的金属量增多，焊接飞边相应增大。相反，若飞轮转动惯量太小，则顶锻作用不足，难以压实焊缝和从界面排除杂质。图4-15a所示为飞轮转动惯量对接头形态的影响。

飞轮转动惯量取决于飞轮的形状、直径和质量（包括飞轮、卡爪、轴承和传动部件的质量），当飞轮的质量或形状变化时，特定速度下的飞轮能量也将发生变化。

（2）飞轮初始速度　每种金属都有一个能使接头获得最佳性能的外圆周速度范围。对于实心钢棒，推荐的飞轮初始速度范围为2.5～7.6m/s。如果速度太低，即使达到所需能量水平，也会因中心热量不足而难以使整个界面形成牢固接合，并且毛刺粗糙不均。随着速度的升高，界面加热区由细腰形逐渐变得平坦。当初始速度高于6m/s时，焊缝呈鼓形，中心处比外围厚。飞轮初始速度对接头形状的影响如图4-15b所示。

（3）轴向压力　轴向压力的影响一般与初始速度相反。轴向压力增大，界面热塑性金属挤出量增多，飞边量增多，焊接热影响区变窄。但压力过大会导致接头中心接合不良，且顶锻量很大。对中碳钢圆棒来说，轴向压力的有效范围为150～210MPa。轴向压力对接头形态的影响如图4-15c所示。

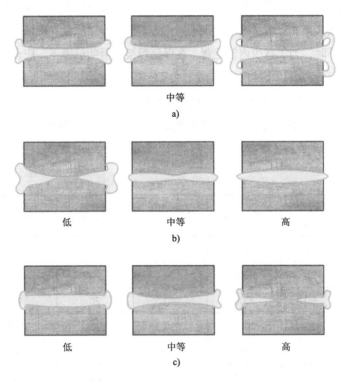

中等

a)

低　　　中等　　　高

b)

低　　　中等　　　高

c)

图4-15　惯性摩擦焊主要焊接参数对接头形态的影响

a）飞轮转动惯量的影响　b）飞轮初始速度的影响　c）轴向压力的影响

3.焊接参数的选择原则

选择焊接参数时，除了要考虑焊接的材质、形状、尺寸、焊接表面准备情况和对接头质量的要求等因素外，还要了解焊机的技术数据与性能。

一般来讲，碳钢的连续驱动摩擦焊焊接参数选择范围为：摩擦速度为0.6～3m/s，摩擦压力为20～100 MPa，摩擦时间为1～40s，摩擦变形量为1～10mm，停车时间为0.1～1s，顶锻压力为100～200 MPa，顶锻变形量为1～6mm，顶锻速度为10～40 mm/s。中碳钢、高碳钢、低合金钢及其组合的异种钢焊接时，焊接参数选择可以参考低碳钢的焊接参数。为了防止中碳钢、高碳钢和低合金钢焊缝中产生淬火组织，减少焊后回火处理工序，应选用较弱的焊接规范。

　　焊接高温强度低的高合金钢时，需要增大摩擦压力和顶锻压力，适当延长摩擦时间。焊接高温强度差别比较大的异种钢或某些不产生脆性化合物的异种金属时，除了在高温强度低的材料一方加模具以外，还要适当延长摩擦时间，提高摩擦压力和顶锻压力。焊接容易产生脆性化合物的异种金属时，需要采用一定的模具封闭接头金属，还要控制焊接温度，降低摩擦速度，增大摩擦压力和顶锻压力。

　　焊接小直径焊件时，主要采用强规范；焊接大直径焊件时，则应采用弱规范。在摩擦速度不变的情况下，应相应地降低转速。焊件直径越大，摩擦压力在摩擦表面上的分布越不均匀，摩擦变形阻力越大，变形层的扩展也需要较长的时间，为了降低焊机的功率和轴向压力，摩擦压力往往由小到大，分级加压，或采用惯性摩擦焊；焊接不等端面的碳钢和低合金钢时，由于导热条件不同，接头上的温度分布和变形层的厚度也不同，为了保证焊接质量，应该采用强规范焊接或惯性摩擦焊。焊接管子时，为了减少内部毛刺，在保证焊接质量的前提下，应设法减小摩擦变形量和顶锻变形量。

　　在大批量生产中，焊接表面在焊前都应进行平整和清理，这样才利于保证和稳定焊接质量。

　　目前，还不能用计算的方法来确定摩擦焊的焊接参数，主要还是通过试验方法确定。表4-6和表4-7分别列出了典型材料连续驱动摩擦焊和惯性摩擦焊的焊接参数。

表 4-6　典型材料连续驱动摩擦焊的焊接参数

材料	接头直径/mm	转速/(r/min)	摩擦压力/MPa	摩擦时间/s	顶锻压力/MPa	备注
45+45	16	2000	60	1.5	120	
45+45	25	2000	60	4	120	
45+45	60	1000	60	20	120	
不锈钢+不锈钢	25	2000	80	10	200	
高速工具钢+45	25	2000	120	13	240	采用模具
铜+不锈钢	25	1750	34	40	240	采用模具
铝+不锈钢	25	1000	50	3	100	采用模具
铝+铜	25	208	280	6	400	采用模具
铝+铜，端面锥角60°~120°	8~50	1360~3000	20~100	3~10	150~200	两端采用模具
GH4169	20	2370	90	10	125	
GH3536	20	2370	65	16	95	
30CrMnSiNi2A	20	2370	30	6	55	
40CrMnSiMoVA	20	2370	35	3	78	

表 4-7　典型材料惯性摩擦焊的焊接参数

材料	转速/(r/min)	转动惯量/kg·m²	轴向压力/kN
20	5730	0.23	69
45	5530	0.29	83
合金钢20CrA	5530	0.27	76
超高强度钢40CrNi2Si2MoVA	3820	0.73	138
纯钛	9550	0.06	18.6

五、选用传统摩擦焊设备

（一）传统摩擦焊设备组成

摩擦焊的机械化程度较高，焊接质量对设备的依赖性很大，要求设备要有适当的主轴转速、足够大的主轴电动机功率、轴向压力和夹紧力，还要求设备同轴度好、刚度大。根据生产需要，还需配备自动送料、卸料、切除飞边等装置。

摩擦焊设备通常由主机系统、液压系统、控制系统及辅助装置等部分组成。

1. 主机系统

主机系统由主轴箱、旋转与移动夹具、滑台、施力液压缸与床身等组成，是摩擦焊机的主体，其作用是通过旋转夹具与移动夹具向焊件提供工艺规定的转速、转矩、摩擦压力及顶锻压力，保证焊件的尺寸精度，实现滑台快进、快退等辅助运动。它是焊机系统的执行机构。

2. 液压系统

液压系统主要包括液压马达、液压泵、油箱以及各种方向、压力和流量控制阀所组成的液压控制回路。它的作用是提供焊机各动作机构（主轴离合器、制动器、旋转夹具、移动夹具）和施力系统（施力液压缸）的液压动力源，以保证主轴旋转及滑台运动部件的充分润滑。

3. 控制系统

控制系统根据其控制对象的不同，可分为强电控制系统与弱电控制系统。强电控制系统主要是通过低压断路器、离合器、Y-△转换器等对驱动电动机、液压马达等强电部分进行控制。弱电控制系统则是根据设定的焊接程序以及焊接过程中的触发信号，通过控制液压系统的电磁阀与强电控制系统的离合器，实现对焊接信号的顺序控制与对模拟量控制。根据控制目标要求及控制功能的强弱，弱电控制系统可以有继电器控制系统、可编程序控制系统、单片机测控系统、工业计算机测控系统和PLC＋工业计算机（或单片机）双级测控系统等形式。

4. 辅助装置

摩擦焊机可以根据焊接过程中所需的自动化程度，配备一些自动送料、卸料和自动切除飞边、机上淬火的装置。图4-16所示为传统摩擦焊机结构示意图。

图4-16　传统摩擦焊机结构示意图

（二）摩擦焊机的选用

摩擦焊机可根据焊件的材质、断面形状和尺寸、设备特点、生产批量等因素进行选择。

目前国内外主要应用连续驱动和惯性这两种类型的摩擦焊机。国内连续驱动摩擦焊机应用最广，约占全部传统摩擦焊机的90%以上；惯性摩擦焊机主要用于大断面焊件、异种金属和特殊部件的焊接。

普通连续驱动摩擦焊机适用于焊接圆形断面的焊件。焊件断面较大时，可选用中大型焊机；断面较小时，可选用小型或微型焊机。专用焊机自动化程度和生产率高，可用于大批量生产。

除通用摩擦焊机外，国内还生产各种专用摩擦焊机，如石油钻杆摩擦焊机、潜水泵转轴摩擦焊机、止推轴瓦全自动摩擦焊机、内燃机排气阀全自动摩擦焊机、内燃机增压器涡轮轴摩擦焊机、麻花钻头摩擦焊机等。

表4-8、表4-9和表4-10列出了连续驱动摩擦焊机、混合式摩擦焊机和惯性摩擦焊机的型号和技术参数。

表 4-8　连续驱动摩擦焊机型号及技术参数

产品型号	主要技术参数					
	顶锻力/kN	焊接直径/mm	旋转夹具夹持焊件长度/mm	移动夹具夹持焊件长度/mm	转速/(r/min)	功率/kW
MCH-2型	320	15~50	60~450	120	1300	37
MCH-4型	20~40	4~16	20~300	100~500	2500	11
MCH-20B	200	10~35	50~300	80~450	1800	18.5
MCH-63型	630	35~65	100~380	250~1400	1200	55
C-0.5A[①]	5	4~6.5	—	—	6000	—
C-1A	10	4.5~8	—	—	5000	—
C-2.5D	25	6.5~10	—	—	3000	—
C-4D	40	8~14	—	—	2500	—
C-4C	40	8~14	—	—	2500	—
C-12A-3	120	10~30	—	—	1000	—
C-20	200	12~34	—	—	2000	—
C-20A-3	250	18~40	—	—	1350	—
CG-6.3	63	8~20	—	—	5000	—
CT-25	250	18~40	—	—	5000	—
RS45	450	20~70	—	—	1500	—

① A、B、C、D为机型序号。

表4-9 混合式摩擦焊机型号及技术参数

型号焊件规格		HAMM-（轴向推力/kN）						
		50	100	150	280	400	800	1200
低碳钢焊接最大直径/mm	空心管	20×4	38×4	43×5	75×6	90×10	110×10	140×16
	实心棒	18	25	30	45	55	80	95
焊件长度/mm	旋转夹具	50~140	55~200	50~200	50~300	50~300	80~300	100~500
	移动夹具	100~500	>100	>100	>100	>120	>300	>200

表4-10 惯性摩擦焊机型号和技术参数

型号	最大转速/(r/min)	最大转动惯量/kg·m²	最大顶锻力/kN	最大管形焊缝面积/mm²
40	45000/60000	0.00063	222	45.2
60	12000/24000	0.094	40.03	426
90	12000	0.21	57.82	645
120	8000	0.21	124.54	1097
150	8000	2.11	222.4	1677
180	8000	42	355.8	2968
220	6000	25.3	578.2	4194
250	4000	105.4	889.6	6452
300	3000	210	1112.0	7742
320	2000	421	1556.8	11613
400	2000	1054	2668.8	19355
480	1000	10535	3780.8	27097
750	1000	21070	6672.0	48387
800	500	42140	20000	145160

六、传统摩擦焊质量控制与安全技术

（一）焊接质量及其控制

1.焊接缺陷及其产生原因

当金属或异种金属的材质确定后，摩擦焊接头的质量主要取决于焊接参数的合理选择以及焊接工艺过程的参数控制。表4-11列出了非合金钢、低合金钢、异种钢（如高速工具钢-中碳钢、耐热钢-低合金钢、不锈钢-碳钢）摩擦焊时常见的接头缺陷及其产生原因。根据焊接缺陷的产生原因，应采取相应的措施予以消除。

表 4-11 摩擦焊时常见的接头缺陷及其产生原因

缺陷名称	产生原因
接头偏心	焊机刚度低,夹具偏心,焊件端面倾斜或在夹头外伸出量太长
飞边不封闭	转速高,摩擦压力太大或太小;摩擦时间太长或太短,以致顶锻焊接前接头中变形层和高温区太窄;停车慢
未焊透	焊前摩擦表面清理不良;转速低,摩擦压力太大或太小;摩擦时间短,顶锻压力小
接头组织扭曲	速度过低,压力过大,停车慢
接头过热	速度过高,压力过小,摩擦时间长
焊接裂纹 接头淬硬	焊接淬火钢时,摩擦时间短,冷却速度快
氧化灰斑	焊前焊件清理不良,焊机振动;压力小,摩擦时间短;顶锻焊接前,接头中的变形层和高温区窄
脆性合金层	加热温度过高,摩擦时间过长,压力较小

2.质量控制

当被焊材料、接头形式和焊接参数确定以后,摩擦焊的质量主要取决于焊件毛坯的准备、装夹与对中、焊机的调整以及焊接参数的控制。摩擦焊的焊接参数控制方法有以下几种。

(1)时间控制 控制摩擦加热时间,使其保持恒定。通常是使用时间继电器进行控制。这种控制要求焊件毛坯规格一致,焊接参数稳定。采用强规范(转速低、摩擦压力大、时间短)大批量生产时效果较差。

(2)功率峰值控制 实质上是一种焊接能量和温度的控制,适用于非合金钢和低合金钢强规范摩擦焊。采用强规范焊接非合金钢和低合金钢时,当摩擦加热功率超过峰值,下降到稳定值附近时立即停车、顶锻焊接,这样可以得到较好的焊接质量。

(3)温度控制 通过光电继电器的光电头对接头的加热温度进行测量,当温度升高到要求的数值以后,继电器起动,控制焊机停车和顶锻。控制的关键是选择最佳焊接温度,提高测量精度及其再现性。

(4)变形量控制 主要控制焊件的摩擦缩短量,使其等于选定数值后,立即停车顶锻焊接。该变形量在一定程度上反映了接头的加热温度和塑性变形情况。在摩擦加热过程中,当接头金属力学性能变化或焊接参数波动时,焊接参数有自动调整作用,即当焊件材料的高温强度增大时,转速相应增高,摩擦压力减小。焊件直径增大或焊件焊接端面有油污和氧化膜时,由于接头金属的变形抗力增大,摩擦变形速度即减小。如果摩擦变形量即焊件缩短量一定,则摩擦时间会自动延长,否则相反。这种方法比时间控制方法好,适用于钢材的弱规范焊接,可同时对摩擦时间进行监控。

(5)综合参数控制 同时对功率、变形量和焊接过程各个阶段的时间进行综合控制。目前已采用计算机进行控制。当这些参数超过规定值时,立即反馈报警,并进行自动控制和调整。同时也可显示转速、压力和变形量等主要参数,并记录它们随时间变化的曲线。综合参数控制方法能够全面可靠地保证摩擦焊的接头质量。

（二）安全技术

摩擦焊机的端部像车床床头，用以夹持焊件并使之高速旋转。焊机的尾部像一台压力机，用以夹持焊件和施加压力。因此，车床和压力机的安全措施和操作规则也适用于摩擦焊机。

对于连续生产的摩擦焊机，还要注意各个动作之间的联锁及保护。例如：只有当旋转夹头夹紧焊件以后，才可驱动主轴旋转，否则焊件容易飞出；只有当主轴停止旋转，且旋转夹头松开以后，才可移动夹头，退回原位，然后退出焊件；主轴旋转与停车时，要注意离合器和制动器的联锁保护；要防止两夹头相撞和主轴电动机的过载与过热等现象。

焊机主轴停车和停止加压的急停按钮要装在醒目和便于操作的部位。

摩擦焊机的操作者要穿工作服，戴护目镜。

任务二　编制搅拌摩擦焊工艺

任务解析

"编制搅拌摩擦焊工艺"是摩擦焊技术的典型任务。这一任务涉及的知识点包括搅拌摩擦焊的基本原理、工艺特点等。通过任务实施，使学生能够根据焊接结构和材料设计搅拌摩擦焊接头形式，选择搅拌摩擦焊的焊接参数，选用搅拌摩擦焊设备，实施搅拌摩擦焊焊接工艺，掌握搅拌摩擦焊技术在工业领域的应用。

必备知识

搅拌摩擦焊（Friction Stir Welding，FSW）是基于摩擦焊技术的基本原理，由英国焊接研究所（TWI）于1991年发明的一种新型固相连接技术。与常规摩擦焊相比，其不受轴类零件的限制，可进行板材的对接、搭接、角接及全位置焊接。与传统的熔焊方法相比，搅拌摩擦焊接头不会产生与熔化有关的裂纹、气孔及合金元素的烧损等焊接缺陷；焊接过程中不需要填充材料和保护气体，焊接前无须进行复杂的预处理，焊接后残余应力和变形小；焊接时无弧光辐射、烟尘和飞溅，噪声小。因而，搅拌摩擦焊是一种经济、高效、高质量的"绿色"焊接技术，被誉为"继激光焊后又一次革命性的焊接技术"。搅拌摩擦焊的问世，使得以往采用传统熔焊方法无法连接的材料通过搅拌摩擦焊技术实现焊接。

目前，搅拌摩擦焊技术已在飞机制造、机车车辆和船舶制造等领域得到广泛的应用，主要用于铝及铝合金、铜合金、镁合金、钛合金、铅、锌等非铁金属材料的焊接，也可用于焊接钢铁材料。

一、搅拌摩擦焊的原理及特点

（一）搅拌摩擦焊的原理

搅拌摩擦焊是利用摩擦热作为焊接热源的一种固相焊接方法，但与常规摩擦焊有所不同。在进行搅拌摩擦焊接时，首先将焊件牢牢地固定在工作平台上，然后，搅拌头高速旋转并将搅拌针插入焊件的接缝处，直至搅拌头的肩部与焊件表面紧密接触，搅拌针高速旋转与其周围母材摩擦产生的热量和搅拌头的肩部与焊件表面摩擦产生的热量共同作用，使接缝处材料温度升高且软化，同时，搅拌头边旋转边沿着接缝与焊件做相对运动，搅拌头前面的材料发生强烈的塑性变形。随着搅拌头向前移动，前沿高度塑性变形的材料被挤压到搅拌头的背后。在搅拌头与焊件表面摩擦生热和锻压的共同作用下，形成致密牢固的固相焊接接头。搅拌摩擦焊焊接过程如图4-17所示。

（二）搅拌摩擦焊的接头

搅拌摩擦焊时，焊接接头的组织、性能变化取决于塑性变形程度和热输入量大小。根据塑性变形程度和热作用的不同，将搅拌摩擦焊接头分为4个区域，如图4-18所示。d区为接头中无热作用也无塑性变形的母材区；c区为热影响区（HAZ），该区域的材料因受焊接热循环的影响，其微观组织和力学性能均发生了改变，但该区域材料没有产生塑性变形，其组织与母材组织无明显的区别，只是消除了方向性很强的柱状晶结构，热影响区的宽度比熔焊时窄很多。在焊缝和热影响区之间还存在一个热机影响区或称为热变形影响区（TMAZ），即b区。该区域是一个过渡区域，材料已产生了一定程度的塑性变形，同时又受到了焊接温度场的影响。a区为焊核区（WNZ），该区域位于焊缝中心靠近搅拌针插入的位置，经历了高温、应变后，焊核的中心发生了强烈的变形。应变导致焊核区在焊接过程中发生了动态再结晶，并导致该区出现高密度的沉淀相，从而有利于抑制焊接过程中晶粒的长大。焊核区一般由细小的等轴再结晶组织构成；在焊接过程中，材料与搅拌针之间的相互作用导致焊核区出现同心环（洋葱环组织）。

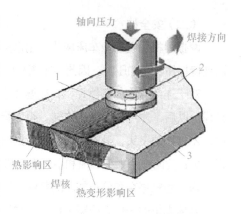

图4-17 搅拌摩擦焊焊接过程

1—搅拌头轴肩 2—焊件 3—搅拌针

微课：搅拌摩擦焊焊接过程

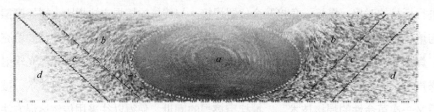

图4-18 搅拌摩擦焊接头横截面金相图

a—焊核区 b—热机影响区 c—热影响区 d—母材区

2A14、2B16铝合金和2195铝锂合金是航天储箱常用的结构材料。表4-12列出了典型航天储箱材料搅拌摩擦焊接头及母材的力学性能。由表4-12可知，2A14和2B16铝合金搅拌摩擦焊接头的强度系数达到0.8或以上，均高于常规熔焊时的0.65，2195铝锂合金的搅拌摩擦焊接头的强度系数也达到0.75，远高于常规熔焊时的0.55，而断后伸长率均比熔焊接头提高近一倍。

表 4-12　典型航天储箱材料搅拌摩擦焊接头及母材的力学性能

焊件材料	抗拉强度/MPa	断后伸长率（%）	R_{mw}/R_{mm}
2A14-T6母材	422	8	—

（续）

焊件材料	抗拉强度/MPa	断后伸长率 (%)	R_{mw}/R_{mm}
2A14-T6接头	350	5	0.83
2B16-T7母材	425	6	—
2B16-T7接头	340	7.5	0.8
2195-T8母材	550	13	—
2195-T8接头	410	8~11	0.75

注：表中R_{mw}为搅拌摩擦焊接头的抗拉强度；R_{mm}为母材的抗拉强度。

表4-13列出了5×××、6×××、7×××系列铝合金搅拌摩擦焊接头及母材的力学性能。表4-13中数据表明，对于固溶处理加人工时效的6082铝合金，焊后经热处理，其搅拌摩擦焊接头的强度可达到与母材等强度，而断后伸长率有所降低。T4状态的6082铝合金试样焊后经常规时效可以显著提高接头性能。7108铝合金焊后在室温下自然时效，其抗拉强度可达母材的95%以上。采用6mm厚的5083-O铝合金焊件使用应力比$R=0.1$进行疲劳试验时，5083-O铝合金搅拌摩擦焊对接试样的疲劳性能与母材相当。试验结果表明，搅拌摩擦焊对接接头的疲劳性能大都超过相应熔焊接头的设计推荐值。总之，对于铝合金材料，其搅拌摩擦焊接头的抗拉强度均能达到母材的70%以上。接头性能的具体数值，除了与母材本身的性能有关外，在很大程度上还取决于搅拌摩擦焊的焊接参数。

目前，国内外关于搅拌摩擦焊的研究及应用主要集中在铝合金、镁合金以及纯铜等软质、易于成形的材料上，对于钛合金、不锈钢、铝基复合材料等的研究和应用也取得了较大的进展。

表4-13　5×××、6×××、7×××系列铝合金搅拌摩擦焊接头及母材的力学性能

焊件材料	屈服强度/MPa	抗拉强度/MPa	断后伸长率(%)	R_{mw}/R_{mm}
5083-O母材	148	298	23.5	
5083-O接头	141	298	23.0	1.00
5083-H321母材	249	336	16.5	
5083-H321接头	153	305	22.5	0.91
6082-T6母材	286	301	10.4	
6082-T6接头	160	254	4.85	0.84
6082-T6接头+时效	274	300	6.4	1.00
6082-T4母材	149	260	22.9	
6082-T4接头	138	244	18.8	0.93

（续）

焊件材料	屈服强度/MPa	抗拉强度/MPa	断后伸长率(%)	R_{mw}/R_{mm}
6082-T4接头+时效	285	310	9.9	1.19
7108-T79母材	295	370	14	0.86
7108-T79接头	210	320	12	
7108-T79接头+时效	245	350	11	0.95

（三）搅拌摩擦焊的特点

与传统摩擦焊及其他焊接方法相比，搅拌摩擦焊有以下优点。

1）焊缝是在塑性状态下受挤压完成的，属于固相焊接，因而其接头不会产生与冶金凝固有关的裂纹、夹杂、气孔以及合金元素的烧损等熔焊缺陷和脆化现象，焊缝性能接近母材，力学性能优异。它适用于焊接铝、铜、铅、钛、锌、镁等有色金属及其合金以及钢铁材料、复合材料等，也可用于异种材料的连接。

2）不受轴类零件的限制，可进行平板的对接和搭接，可焊接直焊缝、角焊缝及环焊缝，可进行大型框架结构及大型筒体制造、大型平板对接等，扩大了摩擦焊的应用范围。

3）搅拌摩擦焊利用自动化的机械设备进行焊接，避免了对操作工人技术熟练程度的依赖，质量稳定，重复性高。

4）焊接时无须填充材料、保护气体，焊前无须对焊件表面进行预处理，焊接过程中无须施加保护措施，厚大焊件边缘不用加工坡口，简化了焊接工序。焊接铝合金材料时不用去除氧化膜，只需去除油污即可。

微课：搅拌摩擦焊原理及特点

5）由于搅拌摩擦焊为固相焊接，其加热过程具有能量密度高、热输入速度快等特点，因而焊接变形小，焊后残余应力小。在保证焊接设备具有足够大的刚度、焊件装配定位精确以及严格控制焊接参数的条件下，焊件的尺寸精度高。

6）搅拌摩擦焊焊接过程不产生弧光辐射、烟尘和飞溅，噪声小，焊接过程环保，因而搅拌摩擦焊被称为"绿色焊接方法"。

搅拌摩擦焊在某些方面也存在局限性。例如：焊接时的机械力较大，焊接设备须具有很好的刚性；与电弧焊相比，缺少焊接操作的柔性；搅拌头的磨损和消耗相对较高等。

任务实施

一、焊前准备

（一）搅拌摩擦焊接头形式设计

搅拌摩擦焊可以焊接圆形、板状等结构件，接头形式可以设计为对接、搭接、角接及T形接头，可进行环形、圆形、非线性和立体焊缝的焊接。由于重力对这种固相焊接方法没有影响，搅拌摩擦焊可以用于全位置焊接，如横焊、立焊、仰焊、环形轨道自动焊等。搅拌摩擦焊接头形式如图4-19所示。

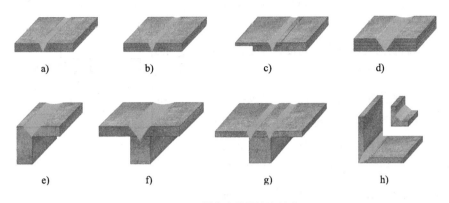

图4-19 搅拌摩擦焊接头形式

a）I形对接 b）对接和搭接复合接头 c）双片搭接 d）多片对接

e）边缘对接 f）双片T形对接 g）三片T形对接 h）两片内角对接

（二）接头装配精度

搅拌摩擦焊对焊件的装配精度要求较高，比常规电弧焊接头更加严格。搅拌摩擦焊时，接头装配精度要考虑几种情况，即接头间隙、错边量和搅拌头中心与焊缝中心线的偏差（中心偏差），如图4-20所示。

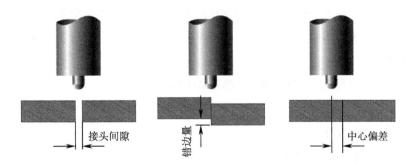

图4-20 搅拌摩擦焊接头间隙、错边量和中心偏差

1.接头间隙和错边量

焊件的装配精度影响焊接接头的力学性能。接头间隙超过0.5mm时，接头的抗拉强度显著降低，同样错边量0.5mm以上时，接头的抗拉强度也显著降低。焊接参数相同的情况下，保持接头间隙和错边量小于0.5mm，即使焊接速度达到900mm/min，也不会产生缺陷。

2.搅拌头中心偏差

搅拌头中心与焊缝中心线的相对位置，对搅拌摩擦焊接头质量，特别是接头抗拉强度有很大影响。图4-21所示为搅拌头的中心位置对接头抗拉强度的影响。对于搅拌头旋转的反向一侧，搅拌头中心与接头中心线偏差2mm时，对接头的抗拉强度几乎没有影响。但在搅拌头旋转的正向一侧，搅拌头中心与接头中心线偏差2mm时，搅拌摩擦焊接头的抗拉强度显著降低。

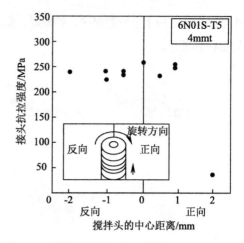

搅拌头轴肩表面与母材表面的接触程度，也是影响接头质量的一个重要因素。可通过焊接结束后搅拌头轴肩外观判别搅拌头的旋转方向以及搅拌头轴肩表面与母材表面的接触情况。搅拌头轴肩表面完全被侵蚀，表明搅拌头轴肩表面与母材表面接触是正常的；当轴肩周围75%表面被侵蚀，表明搅拌头轴肩表面与母材表面接触程度在允许范围内；轴肩

图4-21　搅拌头的中心位置对接头抗拉强度的影响

表面被侵蚀部分小于70%，表明搅拌头轴肩表面与母材表面接触不良，这种情况在工艺上是不允许的。

此外，还应考虑接头中心线的扭曲、接头间隙不均匀、接合面的垂直度或平行度等。确定焊接参数时，还要考虑搅拌针的形状、焊接工装夹具等因素。

二、选择焊接参数

（一）搅拌摩擦焊的热输入与焊接参数

在搅拌摩擦焊焊接过程中，搅拌针高速旋转并插入焊件，随即在焊接压力的作用下，轴肩与焊件表面接触，在轴肩与焊件材料上表面及搅拌针与接合面间产生大量的摩擦热，即为焊接热源的主体；同时，搅拌针附近材料发生塑性变形和流体流动，从而导致形变生热，这部分热量相对较小。因此，搅拌摩擦焊本质上是以摩擦热作为焊接热源的焊接方法，所以摩擦生热是影响焊接质量的关键因素。

根据生热分析推导可知，搅拌摩擦焊的热功率可表示为

$$Q=k\mu nF \tag{4-3}$$

式中　Q——热功率（kW）；

　　　k——形状因子，取决于搅拌头的形状与尺寸；

　　　μ——摩擦因数；

　　　n——搅拌头转速（r/min）；

　　　F——焊接压力（N）。

所以，搅拌摩擦焊的热输入q_E为

$$q_E=\frac{Q}{v}=\frac{k\mu nF}{v}=\frac{k_m n}{v} \tag{4-4}$$

式中　k_m——常量系数；

　　　v——焊接速度（mm/min）；

由于搅拌摩擦焊稳态焊接时，摩擦因数和焊接压力均为定值，因此可将其与形状因子结合为新的常量系数k_m，则搅拌摩擦焊热输入的大小可以用n/v表征。

由此可见，对于给定的搅拌头和焊接压力，其热输入主要取决于n/v。当转速过低或焊速过高时，将导致n/v降低，即焊接热输入较小，热量不足以使焊接区金属达到热塑性状态，因而焊缝中会出现孔洞、未焊透等缺陷，导致焊缝成形不良。随着转速的提高或焊速的降低，n/v逐渐增加，焊接热输入趋于合理，焊缝成形较好。当转速过高或焊速过小，即n/v过大时，单位长度焊缝上的热输入量过高，焊接区金属过热而导致出现焊缝表面下凹、焊穿等缺陷，成形及质量均较差。因而，只有当n/v在一定范围内，即焊接速度与搅拌头的转速匹配合理时，才能获得合适的焊接热输入，得到成形美观、性能优良的焊缝。

图4-22所示为Al-5Mg合金采用搅拌摩擦焊，旋转速度$n = 1000\mathrm{r/min}$时，不同n/v比值对接头性能的影响。从图4-22中可知，随着n/v比值的增加，强度和塑性都增加，最大抗拉强度达到310MPa，与母材的实测值相同，断后伸长率为17%，是母材实测值的63%。在达到最大强度值后，继续增加n/v的数值，强度和塑性反而下降。

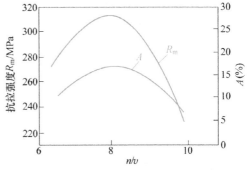

图4-22　不同n/v比值对接头性能的影响

（二）搅拌摩擦焊焊接参数的选择

搅拌摩擦焊焊接参数主要包括焊接速度（搅拌头沿焊缝方向的行进速度）、搅拌头转速、焊接压力、搅拌头结构参数（倾角θ）、搅拌头插入速度和保持时间等。

1.焊接速度

图4-23所示为焊接速度对铝锂合金搅拌摩擦焊接头抗拉强度的影响。由图4-23可见，接头抗拉强度与焊接速度的关系并非简单的线性比例关系，而是呈曲线变化。当焊接速度小于160mm/min时，接头抗拉强度随焊接速度的提高而增大。从焊接热输入计算公式可知，当转速为定值，焊接速度较低时，搅拌头／焊件界面的整体摩擦热输入较高。如果焊接速度过高，热输入不足，热塑性材料填充搅拌针后方所形成的空腔的能力变弱，热塑性材料填充空腔能力不足，则焊缝内易形成疏松、孔洞缺陷，严重时焊缝表面形成一条狭长且平行于焊接方向的隧道沟，导致接头抗拉强度大幅度降低。

2.搅拌头转速

当焊接速度为定值时，若搅拌头转速较低，则焊接热输入较低，搅拌头前方不能形成足够的热塑性材料填充搅拌针后方所形成的空腔，焊缝内易形成孔洞、沟槽等缺陷，从而弱化接头强度。随着转速的增加，沟槽的宽度减小，当转速提高到一定数值时，焊缝外观良好，内部的孔洞也逐渐消失。在适宜的转速下，接头才可获得最佳强度值。

搅拌头转速通过改变热输入和热塑性材料流动来影响接头微观组织，进而影响接头力学性能。对于高强度铝锂合金，在焊接速度$v = 160\mathrm{mm/min}$、搅拌头倾角$\theta = 2°$的条件下，搅拌头转速对铝锂合金接头抗拉强度的影响如图4-24所示。由图4-24可见，当$n \leqslant 800\mathrm{r/min}$时，接头抗拉强度随着转速的提高而增加，并于$n = 800\mathrm{r/min}$时达到最大值；当$n > 800\mathrm{r/min}$时，接头抗拉强度随着转速的提高而迅速降低。

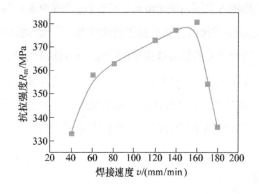

图4-23 焊接速度对铝锂合金搅拌摩擦焊接
头抗拉强度的影响（$n = 800r/min$，$\theta = 2°$）

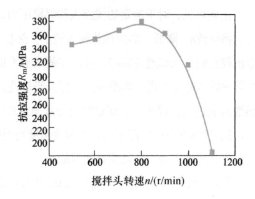

图4-24 搅拌头转速对铝锂合金接头抗拉强
度的影响（$v = 160mm/min$，$\theta = 2°$）

3.焊接压力

焊接压力除了影响搅拌摩擦生热以外，还对搅拌后的塑性金属起到压紧作用。试验表明，当焊接压力不足时，表面热塑性金属"上浮"，溢出焊缝表面，焊缝内部由于缺少金属填充而形成孔洞。当焊接压力过大时，轴肩与焊件表面摩擦力增大，摩擦热将使轴肩平台发生黏附现象，使焊缝两侧出现飞边和毛刺，焊缝中心下凹量较大，不能形成良好的焊接接头，表面成形较差。

此外，搅拌头的倾角影响塑性流体的运动状态，从而对焊核的形成过程产生影响；搅拌头插入速度决定搅拌摩擦焊起始阶段预热温度的高低及能否产生足够的塑性变形和流体的流动；搅拌头的形状决定了搅拌摩擦焊过程的生热及焊缝金属的塑性流动，最终影响焊缝的成形及焊缝性能。关于搅拌摩擦焊焊接参数对焊接质量影响的定量分析，还有待于进一步研究。

微课：搅拌摩擦焊
参数的选择

三、选用搅拌摩擦焊设备

搅拌摩擦焊设备主要由主体部分和辅助部分组成。主体部分分为机械部分、电气控制部分，其中机械部分主要包括床身、立柱、横梁、工作台、主轴头、传动系统等。辅助部分主要是指搅拌头、工装夹具以及加热系统。

（一）搅拌头

搅拌头是搅拌摩擦焊的关键和核心部件，其主要由轴肩和搅拌针两部分构成，如图4-25所示。搅拌头一般需要具有如下特性：热强性、耐磨性、抗蠕变性、耐冲击性、材料惰性、易加工性、良好的摩擦效果和合理的热传导性能。

在焊接过程中，搅拌头与被焊材料摩擦生热，使被焊材料热塑化，粉碎和弥散接头表面的氧化层，使热塑化的材料产生良好的塑性流动和转移，对焊接区金属施加顶锻压力，使被焊材料在压力作用下形成固相接头。搅拌头的结构设计是搅拌摩擦焊的核心技术之一，其形状决定加热、塑性流体的形成形态；其尺寸决定焊缝尺寸、焊接速度及工具强度；其材料决定摩擦加热速率、工具强度、工作温度及被焊材料的种类。因此，只有当合适的搅拌头和优化的焊接参数相配合，才能获得高质量的焊缝。

图4-25　搅拌头及搅拌针类型

a）柱状光面　b）柱状螺纹面　c）锥形光面　d）锥形螺纹面

1.轴肩

轴肩的主要作用是摩擦生热，尽可能包拢塑性区金属，形成一个封闭的焊接环境，并带动周围材料的塑性流动以形成接头。如图4-26所示，搅拌头轴肩的形式有多种即平面、凹面、同心圆环槽、涡状线等。轴肩表面呈圆环槽或涡状线等凹陷状的设计，可保证热塑性材料受到向内的作用力，从而有利于将轴肩端部下方的热塑性材料收集到轴肩端面的中心，以填充搅拌针后方所形成的空腔，同时可减少焊接过程中搅拌头内部的应力集中。

图4-26　搅拌头轴肩轮廓示意图

2.搅拌针

搅拌针的作用是通过旋转摩擦生热，提供焊接所需的热量，同时改善热塑性材料的流动路径，增强其行为。目前，搅拌针主要有柱形光面搅拌针、柱形螺纹搅拌针、锥形螺纹搅拌针、三槽锥形螺纹搅拌针、偏心圆搅拌针、偏心圆螺纹搅拌针、非对称搅拌针和可伸缩搅拌针等多种形式。图4-27所示为英国焊接研究所研制的两种搅拌针，即三槽锥形螺纹搅拌针和锥形螺纹搅拌针。这两种搅拌针设计的特点在于：减小搅拌针的体积，使塑性流动更加容易，同时破坏并分散附着于焊件表面上的氧化物；螺纹产生向下的压力，增大搅拌针和塑化材料的接触面积，扩大了被焊材料的厚度范围。图4-28所示为锥形螺纹搅拌针截面示意图。

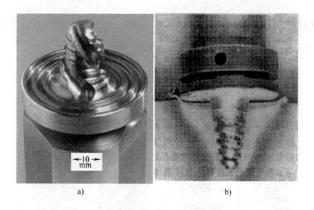

图4-27　两种典型的搅拌针

a）三槽锥形螺纹搅拌针　b）锥形螺纹搅拌针

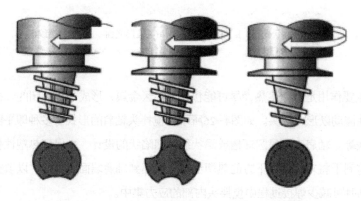

图4-28　锥形螺纹搅拌针截面示意图

　　由于搅拌针和轴肩发挥的作用不同，两者可以使用不同的材料，尽可能使轴肩和搅拌针发挥各自的作用。搅拌针和轴肩分别制造，搅拌针使用高耐磨材料，可以降低成本。此外，在焊接相对较硬的材料时，搅拌针磨损严重后，可以单独更换搅拌针而不是换掉整个搅拌头。

　　搅拌摩擦焊完成后，在焊缝的尾端会留有一个匙孔，为解决这个问题，发明了可伸缩式搅拌头。它又可分为自动伸缩和手动伸缩式两种形式。伸缩式搅拌头可以通过调节搅拌针长度来焊接不同厚度的材料和实现变厚度板材间的连接，还可在焊接即将结束时将搅拌针逐渐缩回到轴肩内，使匙孔愈合，从而避免形成匙孔缺陷。

　　（二）搅拌摩擦焊机

　　迄今为止，搅拌摩擦焊机的制造已由试验研究阶段进入工业应用时期。世界著名的焊接设备生产企业ESAB公司已制造了多种类型的搅拌摩擦焊机。2001年，ESAB公司为英国焊接研究所（TWI）制造了一台大尺寸的龙门式搅拌摩擦焊设备。这台设备装备有真空夹紧工作台，可以焊接非线性接头。它能够焊接厚度为1～25 mm的铝板，工作空间为8m（长）×5m（宽）×1m（高），最大压紧力为60kN，最大转速为5000 r/min。ESAB公司还设计制造

微课：搅拌头—FSW
焊接工具

了一台商业用搅拌摩擦焊设备，可以焊接16m长的焊缝，此设备已经通过挪威船级社的验收并投入使用。在此基础上，ESAB公司又研制开发了基于数控技术的具有五个自由度的更小巧轻便的设备。这台设备在焊接厚度为5mm的6000系铝板时，焊接速度可达750mm/min。

我国已经开发出了用于焊接不同规格产品的台式和龙门式两个系列的搅拌摩擦焊设备。图4-29所示为我国搅拌摩擦焊中心（北京赛福斯特技术有限公司）生产用于焊接铝合金翅片散热器、铝合金轮毂等各类型铝合金结构件的搅拌摩擦焊设备。表4-14列出了我国搅拌摩擦焊中心设计制造的系列搅拌摩擦焊设备型号及规格。

图4-29 搅拌摩擦焊设备

表 4-14 搅拌摩擦焊设备型号及规格

设备型号		FSW-TS-S08	FSW-TS-M16	FSW-LM-AL25	FSW-LM-BM16	FSW-LM-CL25
工作台尺寸/mm		900×340	1300×500	1550×950	2500×1500	18500×4500
行程及速度	X轴	800mm,最大3000mm/min	1200mm,最大3000mm/min	1350mm,最大3000mm/min	2300mm,最大6000mm/min	52000mm,最大10000mm/min
	Y轴	200mm,最大3000mm/min	300mm,最大3000mm/min	850mm,最大3000mm/min	1400mm,最大3000mm/min	3500mm,最大6000mm/min
	Z轴	300mm,最大1500mm/min	300mm,最大1500mm/min	300mm,最大1500mm/min	300mm,最大1500mm/min	500mm,最大3000mm/min
	B轴	焊接倾角轴,±5°,手动连续可调	焊接倾角轴,±5°,手动连续可调	焊接倾角轴,±5°,手动连续可调	焊接倾角轴,±5°,手动连续可调	焊接倾角轴,±5°,手动连续可调
	S轴	焊接主轴行程:$N×360°$,转速最大2500r/min	焊接主轴行程:$N×360°$,转速最大2000r/min	焊接主轴行程:$N×360°$,转速最大2000r/min	焊接主轴行程:$N×360°$,转速最大2000r/min	焊接主轴行程:$N×360°$,转速最大1500r/min
焊接厚度/mm		铝合金1~8,铜合金1~4	铝合金2~16,铜合金1~8	铝合金3~25,铜合金1~6	铝合金2~16,铜合金1~8	铝合金3~25,铜合金2~18

（续）

设备型号	FSW-TS-S08	FSW-TS-M16	FSW-LM-AL25	FSW-LM-BM16	FSW-LM-CL25
焊接形式	直线	直线	直线,二维曲线	直线,二维曲线	直线
焊接材料	1000~7000系列铝合金,镁合金,铜合金				
主要特点	台式结构,体积小、操作方便舒适,广泛用于科研及小型零件焊接		龙门式结构,具有足够的刚性和强度,可以自动、稳定、精确地实现搅拌摩擦焊接功能		

项目拓展

拓展　摩擦焊技术应用

一、传统摩擦焊技术应用

（一）铝-铜过渡接头的低温摩擦焊

对于直径在8~50mm铝-铜过渡接头,为了消除铝-铜接头中的脆性合金层和氧化膜,常采用低温摩擦焊,以降低转速,增大摩擦压力和顶锻压力,使焊接温度低于铝-铜共晶点548℃,其焊接参数见表4-15。为了防止铝在焊接过程中的流失,以及铝-铜试样由于受压失去稳定而产生弯曲变形,采用如图4-30所示的模具对铝-铜进行加热。低温摩擦焊工艺可以控制摩擦表面的温度在460~480℃范围内,以保证摩擦表面金属能充分发生塑性变形和促进铝-铜原子之间的充分扩散,不产生脆性金属间化合物,使接头的力学性能高,热稳定性能也好。

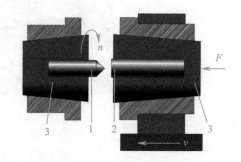

图4-30　铝-铜过渡接头的低温摩擦焊示意图

1—铜焊件　2—铝焊件　3—模具　n—铜焊件转速
F—轴向力　v—移动夹头进给速度

由于接头的强度高,塑性和韧性好,因此可以将圆断面接头锻压成所需要的各种形状和尺寸,扩大了应用范围。过渡接头的主要生产工序为下料、退火、焊接、车毛刺、钻孔、锻压、整形和表面清理等。

表 4-15　铝-铜低温摩擦焊的焊接参数

接头直径/mm	转速/(r/min)	摩擦压力/MPa	摩擦时间/s	顶锻压力/MPa	模外留量/mm[①]	
					铝	铜
6	1030	140	6	600	1	10
10	540	170	6	450	2	13
16	320	200	6	400	2	18
20	270	240	6	400	2	20
26	208	280	6	400	2	22

（续）

接头直径/mm	转速/(r/min)	摩擦压力/MPa	摩擦时间/s	顶锻压力/MPa	模外留量/mm[①]	
					铝	铜
30	180	300	6	400	2	24
36	170	330	6	400	2	26
40	160	350	6	400	2	28

① 铝-铜件在模具口外的伸出量。

（二）高速工具钢-45钢刀具的封闭摩擦焊

焊接高速工具钢-45钢时，由于在焊接质量、能量消耗和环境卫生方面有明显的优点，摩擦焊已在全国刀具行业中取代闪光焊而得到广泛应用。

由于高速工具钢的高温强度高而热导率低，而45钢的高温强度低，摩擦焊时为了防止45钢变形流失，防止高速工具钢产生裂纹，对45钢焊件须采用模具封闭加压，如图4-31所示。同时，应提高摩擦压力和顶锻压力，延长摩擦时间，焊后立即对接头进行保温和退火处理。高速工具钢-45钢刀具封闭摩擦焊的焊接参数见表4-16。

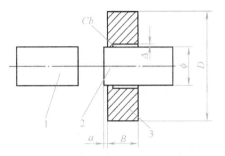

图4-31　高速工具钢-45钢刀具的封闭摩擦焊示意图

1—高速工具钢　2—45钢　3—模具

表4-16　高速工具钢-45钢刀具封闭摩擦焊的焊接参数

接头直径/mm	转速/(r/min)	摩擦压力/MPa	顶锻时间/s	顶锻压力/MPa	备注
14	2000	120	10	240	采用模具
20	2000	120	12	240	采用模具
30	2000	120	14	240	采用模具
40	1500	120	16	240	采用模具
50	1500	120	18	240	采用模具
60	1000	120	20	240	采用模具

（三）锅炉蛇形管的摩擦焊

在锅炉制造中，为了节省能量，常采用摩擦焊技术制造材料为20钢、直径为32mm、管壁厚为4mm的蛇形管。焊接时，由于管子长达12m左右，需要解决长管的平稳旋转、焊接质量稳定和减少内毛刺等问题。为了提高和稳定蛇形管的焊接质量、减少内毛刺，选择采用强规范摩擦焊。表4-17列出了蛇形管摩擦焊的焊接参数。焊接过程采用功率极值控制，最后快速停车、快速顶锻。采用上述焊接参数的焊接接头内外毛刺形状短小，平整圆滑，接头抗拉强度达510~550MPa，经力学性能测试，断裂全部发生在母材上。接头的金相组织表明，焊缝区为细晶粒索氏体和铁素体组织，没有发现任何缺陷，提高了接头寿命。在数十万个焊接接头中抽检3%，全部合格。

表4-17 蛇形管摩擦焊的焊接参数（直径为32mm，壁厚为4mm）

转速/(r/min)	摩擦压力/MPa	摩擦时间/s	顶锻压力/MPa	接头变形量/mm	备注
1430	100	0.82	200	2.3~2.4	采用功率极值控制

（四）石油钻杆的摩擦焊

石油钻杆是石油钻探中的重要工具，由带螺纹的工具接头与管体焊接而成。工具接头材料为35CrMo钢，管体材料为40Mn2钢。常用钻杆的焊接截面尺寸为$\phi140mm\times20mm$和$\phi127mm\times10mm$。对于这类低合金异种钢的大截面、长管体管接头的摩擦焊，需要采用大型焊机。为了降低摩擦加热功率，特别是峰值功率，需采用弱规范焊接，其摩擦焊的焊接参数见表4-18。为了消除焊后内应力，改善焊缝的金相组织和提高接头性能，必须进行焊后热处理。

表4-18 石油钻杆摩擦焊的焊接参数

接头尺寸/mm	转速/(r/min)	摩擦压力/MPa	摩擦时间/s	顶锻压力/MPa	接头变形量/mm	备注
$\phi140\times20$ $\phi127\times10$	530	5~6	30~50	12~14	摩擦变形量12， 顶锻变形量8~10	钻杆工具接头焊接端面倒角

二、搅拌摩擦焊技术应用

（一）典型材料的搅拌摩擦焊

1.铝合金的焊接

搅拌摩擦焊发明初期主要解决铝合金薄板的焊接问题。随着搅拌摩擦焊焊接工具的开发和工艺技术的发展，目前，搅拌摩擦焊已可以焊接所有系列的铝合金材料，包括那些难于用熔焊方法连接的高强铝合金材料，如2×××(Al-Cu)系列、7×××(Al-Zn)系列铝合金，也可用于不同种类铝合金材料的连接，如5×××（Al-Mg）与6×××(Al-Mg-Si)系列铝合金的焊接。在焊件的厚度上，搅拌摩擦焊单道焊可以实现厚度为0.4~100mm铝合金材料的焊接；双道焊可以焊接180mm厚的对接板材。图4-32所示为70mm厚铝合金搅拌摩擦焊接头。

图4-32 70mm厚铝合金搅拌摩擦焊接头

采用搅拌摩擦焊焊接铝合金，其接头力学性能高于采用熔焊时的接头力学性能。表4-19列出了铝合金搅拌摩擦焊的焊接参数。通过研究焊接速度、搅拌头转速等参数对接头性能的影响规律，并进行参数优化，可以找到最佳的焊接参数匹配区间。以最佳区间内的参数进行焊接，并配以合适的轴向压力、搅拌头结构参数，则易于获得最佳性能的搅拌摩擦焊接头。

表 4-19　铝合金搅拌摩擦焊的焊接参数

材料	板厚/mm	转速/(r/min)	焊接速度/(mm/min)
1050	5	560~1840	155
2024-T6	6.5	400~1200	60
2024-T3	6.4	215~360	77~267
5052-O	2	2000	40
5083	8	500	70~200
6061-T6	6.3	800	120
	6.5	400~1200	60
AA6081-T4(美国)	5.8	1000	350
6061铝基复合材料	4	1500	500
6082	4	2200~2500	700~1400
7075-T6	4	1000	300
2024	4	2000	37.5

2.镁合金的焊接

目前采用搅拌摩擦焊方法焊接的镁合金主要有AZ31、AM60、AZ91和MB3等。由试验结果可知，搅拌摩擦焊焊接MB3镁合金时，当搅拌头转速过低时，焊件不能形成完好的焊缝，在搅拌头后方形成一条沟槽，两试样之间只实现了局部结合，焊缝外观成形不好，内部存在小的空洞和组织疏松，焊接接头的抗拉强度相应也较低。当转速提高到1500r/min以上时，焊缝组织致密，接头强度可以达到母材强度的90%~98%。当焊接速度变化时，接头强度呈山形变化。对于厚度3mm的MB3镁合金板（抗拉强度为245MPa、断后伸长率为6%），焊接速度为25mm/min时，接头强度最低，焊接速度提高为48mm/min时，强度上升到最高值，进一步增加焊接速度到60mm/min，强度反而下降。通过金相组织观察可知，焊接速度为25mm/min时的焊缝存在明显的过热组织，热影响区晶粒长大严重。这是由于焊接速度较慢，内部金属晶粒经历了长时间高温的缘故。焊接速度为60mm/min时的焊缝存在微小的空洞和组织疏松，此现象是因为焊接速度过高时，焊接热输入降低，热塑性软化层厚度小，不足以使焊缝完全闭合的结果。

3.铜合金的焊接

由于铜的熔点高，导热性能优异，熔焊时母材金属很难熔化，填充金属与母材难以很好地熔合，易产生未焊透缺陷；焊后晶粒严重长大，使接头的强度和塑性大大降低；由于铜的线胀系数和收缩率比较大，因此焊后变形严重、外观成形很差，残余应力较大；接头的热裂倾向较大；铜的导热性能优异，焊缝的冷却速度较快，所以气孔也是铜及铜合金熔焊时的缺陷之一。

总之，采用熔焊方法焊接铜合金不仅能耗大，且工艺要求非常苛刻，不易得到综合性能优异的焊缝。

采用搅拌摩擦焊焊接铜合金，避免了熔焊方法的诸多缺陷和不足。焊缝外观均匀光滑，无缺陷，相对于熔焊焊接变形极小，如图4-33所示。它的焊接操作简单，焊前只需用丙酮等有机溶剂去除结合面油脂，无须开坡口去除氧化膜；焊后无须去除余高，提高了生产率。焊接过程能耗小，无须填充材料，焊接成本低。

图4-33　搅拌摩擦焊焊接铜合金

4.钛合金的焊接

传统条件下，钛合金材料主要采用氩弧焊、等离子弧焊、电子束焊等方法进行焊接，但由于熔焊条件苛刻、过程复杂，并且容易产生缺陷，接头强度较低，因此，搅拌摩擦焊在钛合金焊接中的研究和应用日趋广泛。采用搅拌摩擦焊技术焊接钛合金Ti-6Al-4V，可以得到高质量的焊缝，且焊接速度快、成本低、效益好、操作简单。钛合金的搅拌摩擦焊焊接性与铜合金相近，焊接难度大于铝合金，低于钢材。

5.钢的焊接

近年来，对钢的搅拌摩擦焊焊接性的研究越来越多。与铝合金相类似，钢的搅拌摩擦焊接头同样存在焊核区、热机影响区和热影响区。焊核区为等轴晶粒组织，晶粒比母材区细小；焊核区以外的热机影响区为亚晶组织结构，晶粒尺寸与焊核区相近，约为母材区的一半；焊核区和热机影响区的组织发生了回复和再结晶，这与铝合金的搅拌摩擦焊相类似。

（二）搅拌摩擦焊的工业应用

搅拌摩擦焊技术发明至今，已成功应用于多个行业，其技术优越性得到了充分的证明。搅拌摩擦焊技术已由试验研究、工程开发转入大规模的工业化应用阶段，到目前为止，已经在航空航天、交通运输、国防装备等制造领域得到了非常成功的应用。搅拌摩擦焊在工业领域的应用见表4-20。

表 4-20　搅拌摩擦焊在工业领域的应用

应用领域	应用实例
航空航天	燃料储箱、发动机承力框架、载人返回舱、框架之间的连接、飞机预成形件的安装、飞机壁板和地板的焊接、飞机结构件和蒙皮等

（续）

应用领域	应用实例
陆路交通	高速列车、轨道货车、地铁车厢和有轨电车、集装箱体等;汽车发动机、底盘和车身支架、汽车轮毂、液压成形管附件、车门预成形件、车体空间框架、货车车体、载货车的尾部升降平台、汽车起重器等
兵器工业	坦克、装甲车的主体结构和防护装甲板的制造
家电行业	冰箱冷却板、厨房电器和设备、轻合金容器、家庭装饰、镁合金制品等
民用及建筑工业	铝合金反应器、热交换器、中央空调、天然气和液化气储箱、铝合金桥梁、装饰板、门窗框架、管线等

1.搅拌摩擦焊在航天领域的应用

搅拌摩擦焊以其独特的技术优势，在航天领域倍受关注，应用日益广泛。在宇航飞行器的制造过程中，燃料储箱、发动机承力框架、载人返回舱等结构件的选材多为熔焊焊接性较差的2000及7000系列铝合金材料，采用搅拌摩擦焊技术，可以显著提高焊缝质量、减小焊接应力和变形、增强结构的可靠性。

波音公司在搅拌摩擦焊诞生初期就与英国焊接研究所合作，采用搅拌摩擦焊技术实现了Delta II型、Delta IV型火箭助推舱段的连接；采用搅拌摩擦焊技术，助推舱段焊接接头强度提高了30%~50%，制造成本降低了60%，制造周期由23天缩短至6天。到2002年4月为止，应用于Delta II型火箭的搅拌摩擦焊焊缝已达2100m，应用于Delta IV型火箭搅拌摩擦焊焊缝已达1200m，无任何缺陷。图4-34所示为采用搅拌摩擦焊焊接的Delta II型火箭航天燃料储箱。图4-35所示为采用搅拌摩擦焊焊接的Delta IV型火箭航天燃料储箱。

图4-34　采用搅拌摩擦焊焊接的Delta II型　　　　图4-35　采用搅拌摩擦焊焊接的Delta IV型
　　　　　火箭航天燃料储箱　　　　　　　　　　　　　　　火箭航天燃料储箱

欧洲Fokker宇航公司采用搅拌摩擦焊技术制造了Ariane 5助推器的发动机主承力框架，如图4-36所示。该框架由12块整体加工的带翼状加强的平板装配而成，如图4-37所示，材料为7075-T7351。由于该材料熔焊性能较差，原产品制造采用铆接工艺，该公司现采用搅拌摩擦焊搭接接头的结构代替了原铆接结构。实践表明，搅拌摩擦焊搭接接头完全满足使用要求，并减轻了结构重量，提高生产率。

图4-36　采用搅拌摩擦焊技术制造的Ariane 5
助推器的发动机主承力框架

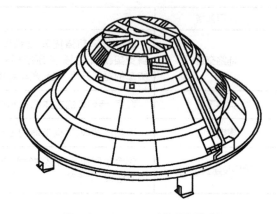

图4-37　Ariane 5助推器的发动机
主承力框架结构示意图

2.搅拌摩擦焊在飞机制造领域的应用

目前，搅拌摩擦焊技术已应用于军用和民用飞机的制造。美国Eclipse航空公司于1997年投巨资用于开发搅拌摩擦焊在飞机制造上的应用，并力求通过搅拌摩擦焊技术的应用能够造出高性价比的商务客机，增强自身核心竞争力。

图4-38所示为Eclipse航空公司制造的Eclipse N500型商用喷气客机。图4-39所示为采用搅拌摩擦焊技术焊接的Eclipse N500型喷气客机的机身。该客机机身蒙皮、翼肋、弦状支承、飞机地板以及结构件的装配等铆接工序均由搅拌摩擦焊替代，利用了263条搅拌摩擦焊焊缝取代了7000多个螺栓紧固件，大幅提高飞机的制造效率，节约了制造成本，减轻了机身重量。搅拌摩擦焊商用喷气客机已开始批量生产。美国NASA把这种全搅拌摩擦焊飞机看作"空中出租车"，计划在美国3000个小型机场推广使用。

图4-38　Eclipse航空公司制造的Eclipse
N500型商用喷气客机

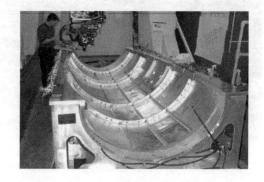

图4-39　采用搅拌摩擦焊技术焊接的
Eclipse N500型喷气客机的机身

3.搅拌摩擦焊在船舶制造工业中的应用

铝合金的应用日益扩大成为造船业的新趋势。早在1996年，挪威Marine公司就将搅拌摩擦焊技术应用于船舶结构件的制造。该公司向各大造船厂提供标准尺寸的采用搅拌摩擦焊连接的铝合金预制型材，缩短了制造周期，使船体装配过程更精确、更简单，使整船的生产成本至少降低5%。图4-40所示为采用搅拌摩擦焊制造的船用型材。图4-41所示为采用搅拌摩擦焊预制板材制造船体的双体船。

图4-40 采用搅拌摩擦焊制造的船用型材

图4-41 采用搅拌摩擦焊预制板材制造船体的双体船

船舶制造和海洋工业是搅拌摩擦焊首先得到商业应用的两个工业领域，具体应用如下。

1）甲板、侧板、船头、壳体、船舱防水壁板和地板的焊接。

2）铝合金型材、船体外壳和主体结构件的焊接。

3）直升机降落平台的焊接。

4）离岸水上观测站的焊接。

5）海洋运输结构件的焊接。

6）船用冷冻器中空平板等的焊接。

4.搅拌摩擦焊在轨道交通领域中的应用

在轨道交通行业，随着列车速度的不断提高，对列车减轻自重，提高接头强度及结构安全性要求越来越高。铝合金因其比强度高、耐蚀性好等优点，在各种列车制造中得到越来越广泛的应用。例如：列车车厢、壁板以及底板等均可采用铝合金材料制造。但采用熔焊方法焊接铝合金容易产生气孔、裂纹，尤其是表面氧化膜的存在使得铝合金的熔焊连接比较困难。因此，搅拌摩擦焊技术成为铝合金列车制造中首选的替代熔焊的方法，现已成为列车制造的主流趋势。中国北车集团长春轨道客车公司于2011年首次在国内应用搅拌摩擦焊技术成功完成铝合金车体的焊接，现已将搅拌摩擦焊技术应用于动车组部分结构的焊接，如图4-42所示。

采用搅拌摩擦焊技术焊接铝合金列车车体具有如下优势。

1）基本无变形、无收缩，焊后金属无变色，可实现精确车体制造。

2）搅拌摩擦焊接头强度优于MIG焊接头，变形量是MIG焊的1/12。

3）中空铝合金挤压型材减少了车体制造零件，可以实现大尺寸内壁模板安装。

4）低成本、低维修费用、低操作要求、低能源消耗。

目前，与轨道车辆相关方面的搅拌摩擦焊应用包括高速列车的车体、轨道货车、地铁车厢和有轨电车、轨道油轮和货仓以及集装箱体等。

图4-42　采用搅拌摩擦焊技术焊接的动车组部分结构

5.搅拌摩擦焊在汽车制造中的应用

车身材料采用铝合金是汽车减重的有效途径，可以提高燃油效率以及汽车安全系数。汽车设计专家希望可以用铝合金替代目前车身的钢结构，但过去铝合金如何连接一直是令人困扰的问题，搅拌摩擦焊技术的出现成功地解决了铝合金焊接问题。

过去，车身板材的连接采用电阻点焊技术，焊接过程需要大型专用设备来提供持续的大电流。而采用搅拌摩擦焊唯一的能量消耗是驱动搅拌头旋转以及施加顶锻压力所消耗的电能，整个焊接过程不需要传统电阻点焊所必需的大电流以及压缩空气。与电阻点焊相比，采用搅拌摩擦焊技术焊接铝合金节约了99%的能量消耗，并且由于不需要大型的供电设备以及专用点焊设备，设备成本降低了40%。焊接过程中无飞溅、烟尘，使焊接过程更绿色环保、焊接环境更安全。

马自达汽车公司是第一个将搅拌摩擦焊应用于汽车车身制造的汽车制造商。图4-43所示为采用搅拌摩擦焊技术制造的2004款马自达RX-8铝合金材质的后门及发动机舱罩。

图4-43　采用搅拌摩擦焊技术制造的2004款马自达RX-8铝合金材质的后门及发动机舱罩

目前，搅拌摩擦焊在汽车制造工业中的应用主要为：汽车轮毂，液压成形管附件，汽车车门预成形件，轿车、旅行车、货车、摩托车等的车体空间框架，载货车的尾部升降平台，汽车起重器，汽车燃油箱，铝合金汽车修理等。

6.搅拌摩擦焊在其他工业中的应用

搅拌摩擦焊成功地解决了轻合金金属的连接难题，在兵器、建筑、电力、能源、家电等工业领域的应用也越来越广泛。

微课：搅拌摩擦焊技术应用

项目总结

摩擦焊技术已由传统的几种方式发展到二十多种。被焊零件的形状由典型的圆截面扩展到非圆截面，所焊材料由传统的金属材料拓宽到粉末合金、复合材料、功能材料、难熔材料以及陶瓷-金属等新型材料及异种材料领域，极大地扩展了摩擦焊的应用领域。

通过本项目学习，使学生掌握摩擦焊原理、工艺特点及应用发展等必备知识，能够根据焊件结构和材料合理编制并实施摩擦焊工艺，提升摩擦焊技术应用能力，增强质量意识和安全文明生产的意识，同时了解专业前沿技术，拓展专业视野。

复习思考题

一、思考与练习

（一）填空

1.摩擦焊是利用焊件接触端面_____所产生的热，使端面达到_____状态，然后迅速_____，完成焊接的一种固相焊接方法。

2.传统摩擦焊主要是指_____摩擦焊、_____摩擦焊、相位摩擦焊和轨道摩擦焊，它们的共同特点是靠两个焊件之间的_____运动产生热能。而_____摩擦焊、_____摩擦焊、第三体摩擦焊和摩擦堆焊，是靠_____与_____之间的相对摩擦运动产生热量而实现焊接。

3.连续驱动摩擦焊的焊接参数包括_____、_____、摩擦时间、_____、顶锻时间、变形量等。

4.摩擦焊焊件表面温度与被焊材料有关，其最高温度不应超过被焊材料的_____。焊接异种金属时，热源温度不应超过_____。

5.搅拌摩擦焊可以焊接圆形、_____等结构件，接头形式可以设计为对接、_____、角接及_____接头，可进行环形、_____、非线性和_____焊缝的焊接。

（二）选择

1.摩擦焊的分类方式很多，根据（ ）形式，可将摩擦焊方法分为连续驱动摩擦焊、惯性摩擦焊、混合型旋转摩擦焊、相位摩擦焊等。

    A.焊件的相对运动   B.焊件不运动   C.界面温度   D.复合工艺

2.传统摩擦焊技术的局限性主要体现在（ ）。

    A.所需设备复杂   B.非圆形截面焊接困难

    C.盘状薄零件、薄壁管件焊接困难   D. 适合小批量生产

3.采用传统摩擦焊接小直径焊件，主要采用（ ）规范；焊接大直径焊件时，则应采用（ ）规范。

    A.强、弱   B. 弱、强   C. 强、强   D.弱、弱

4.搅拌摩擦焊接头可分为4个区域，其中靠近焊核的区域被称为（ ）。

    A.热影响区   B.热机影响区   C.过热区   D.软化区

5.在搅拌头结构形状和焊接压力确定的情况下，搅拌摩擦焊的热输入主要取决于（　　）。

A.n/v　　　　　　B.v/n　　　　　　C.nv　　　　　　D.n

（三）判断

1.将搅拌摩擦焊接头分为4个区域，即母材区、热影响区、热机影响区、焊核区。（　　）

2.搅拌摩擦焊接头不会产生与冶金凝固有关的一些如裂纹、夹杂、气孔以及合金元素的烧损等熔焊缺陷和脆化现象，焊缝性能接近母材，力学性能优异。（　　）

3.搅拌摩擦焊可以用于全位置焊接，如横焊、立焊、仰焊、环形轨道自动焊等。（　　）

4.摩擦焊设备通常由主机系统、液压系统、控制系统及辅助装置等部分组成。（　　）

5.搅拌摩擦焊成功地解决了轻合金的连接难题，在兵器、建筑、电力、能源、家电等工业中的应用也越来越广泛。（　　）

（四）简答

1.传统摩擦焊的分类方式有哪几种？

2.分析传统摩擦焊的焊接过程。

3.简述搅拌摩擦焊原理及工艺特点。

4.简述传统摩擦焊接头的质量控制方式。

5.搅拌摩擦焊的主要焊接参数有哪些？这些参数对接头质量有哪些影响？

二、观察与讨论

1.参观企业焊接生产车间，了解采用摩擦焊方法焊接的产品、所用设备及工艺要点，写出参观记录。

2.利用互联网或相关书籍资料，分别写出铝合金、钛合金搅拌摩擦焊技术的应用实例，并与同学交流讨论。

项目五

高频焊技术

项目导入

高频焊（High-Frequency Resistance Welding，HFRW）发明于20世纪50年代初，并很快应用于工业生产。它是利用10~500kHz高频电流经焊件连接面产生电阻热，并在施加或不施加压力的情况下，达到原子间结合的一种焊接方法。目前，高频焊主要应用于机械化或自动化程度颇高的管材、型材生产线。焊件材质可为钢、有色金属，管径范围为6~1420mm、壁厚为0.15~20mm。小径管多采用直焊缝；大径管多采用螺旋焊缝。

根据"特种焊接技术"课程教学目标要求，立足拓展和提升学生高频焊技术应用能力，以"高频焊技术"为项目载体，提炼了"编制高频焊工艺"和"选用高频焊设备"两个典型任务，选取了直缝钢管高频焊等典型案例，配置了丰富的动画、视频资源，使教学内容更加生动、直观。建议采用项目化教学，模拟企业情境，以小组形式来完成任务。教学过程中注重培养学生的职业素养以及自主学习、协作交流的能力。

学习目标

1. 掌握高频焊原理及工艺特点。

2. 能够分析金属材料对高频焊工艺的适应性。

3. 熟悉高频焊设备。

4. 能够合理选用高频焊设备。

5. 掌握典型材料高频焊焊接工艺的编制方法。

6. 能够编制并实施高频焊焊接工艺。

7. 掌握高频焊安全防护知识。

8. 能够按照安全操作规程文明生产。

9. 掌握高频焊技术在工业领域的应用。

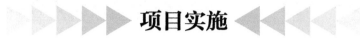

项目实施

任务一　编制高频焊工艺

任务解析

"编制高频焊工艺"是高频焊技术的典型任务，涉及的知识点包括高频焊原理、工艺特点及应用等。通过任务实施，使学生能够根据焊接结构和材料进行高频焊焊接性分析，编制并实施高频焊焊接工艺，掌握高频焊技术的质量控制方法，能够按照安全操作规程文明生产。

必备知识

一、高频焊的过程及特点

（一）高频焊过程及其实质

高频焊是借助高频电流的趋肤效应把高频电流集中于焊件的表层，再利用邻近效应控制高频电流的流动路线、位置和范围，使电流只流过焊件中需要加热的区域，并使其加热到焊接所需温度，然后施加压力，从而实现连接。

微课：高频焊过程及其实质

趋肤效应是指高频电流倾向于在金属导体表面流动的一种现象。电流透入深度与金属材料种类、温度及电流频率有关。随着电流频率的增加，电流透入深度减少，趋肤效应越显著。

邻近效应是指当高频电流在两导体中彼此反向流动或在一个往复导体中流动时，电流集中流动于导体邻近侧的现象，如图5-1所示。邻近效应随频率增加而增强，随邻近导体与焊件的靠近而越加强烈，从而使电流的集中与加热程度更加显著。若在邻近导体周围加一磁心，则高频电流将会更窄地集中于焊件表层。

图5-2所示为长度较小的两个焊件高频焊原理示意图。无论是对接接头还是T形接头，焊件截面彼此平行且留有一定间隙，高频电流通过接触法导入焊件，沿箭头方向流动。相邻两端面就构成了往复导体，高频电流的趋肤效应和邻近效应使电流集中从焊件表层流过并使其被迅速加热到焊接温度，经加压后形成焊接接头。

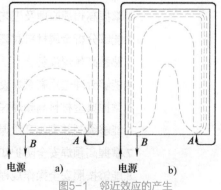

图5-1　邻近效应的产生

a)直流式低频电流　b)高频电流

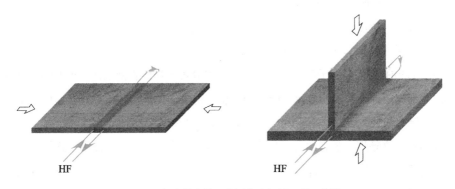

图5-2 长度较小的两个焊件高频焊原理示意图

a）对接接头 b）T形接头

HF—高频电源

如果焊件很长，则要采用连续高频焊。为有效地利用高频电流的趋肤效应和邻近效应，焊件的待焊端面要制成V形开口结构，两待焊面之间构成V形会合角，如图5-3所示。图5-4所示为用V形开口结构制造的三种类型的产品。高频焊时，通过置于焊件边缘的电极触头向焊件导入高频电流。由于趋肤效应，电流由一电极触头沿会合面流经会合点再到另一电极触头，形成了高频电流的往复回路。由于邻近效应，且越接近会合点，两会合面之间的距离越小，产生的邻近效应越强，会合面温度也越高，甚至达到金属的熔点而形成液体金属熔池。随着焊件连续不断地向前运动，待焊端面受到挤压，把液体金属和氧化物挤出去，纯净金属便在固态下相互紧密接触，产生

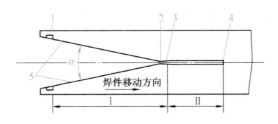

图5-3 V形开口加热熔化过程示意图

Ⅰ—加热段 Ⅱ—熔化段 α—会合角 1—电极触头 2—会合点 3—液体过梁 4—焊合点 5—会合面

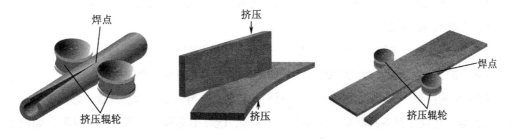

图5-4 用V形开口结构制造的三种类型产品

塑性变形和再结晶，从而形成了牢固的焊缝。

（二）高频焊的特点

通常高频焊采用的频率范围为300~450kHz，有时也使用低至10kHz的频率，但都远高于普通电阻焊所使用的50Hz频率。由于高频焊时，电流集中分布于焊件表面很浅、很窄的区域内，所以就能使用比普通电阻焊小得多的电流（能量损耗也小得多）使焊接区达到焊接温度，从而可使用比较小的电极触头和触头压力，并能极大地提高焊接速度和焊接效率。

要成功地进行高频焊，还必须考虑其他一些因素，如金属种类和厚度等。连接表面处过高的热传导会削弱焊缝的质量，所以焊接高热传导材料的速度就要比焊接低热传导材料的高。焊接碳钢时，在通常焊接过程中甚至还可以用水或者可溶性油作为冷却剂喷浇焊接区。

高频焊与其他焊接方法相比具有一系列优点。

1）焊接速度高。由于电流能高度集中于焊接区，加热速度极快，一般焊接速度可高达150~200m/min。

2）热影响区小。因焊接速度高，焊件自冷作用强，故热影响区窄小且不易发生氧化，从而可获得具有良好组织与性能的焊缝。

3）焊前无须清理。高频电流的电压很高，对焊件表面的氧化膜是能够导通的，且焊接时能把氧化膜和污物从接缝中挤出去。

高频焊的缺点如下。

1）焊接时对装配质量要求高，尤其是连续高频焊焊接型材时，装配和焊接都已实现自动化，任何因素造成V形开口形状的变化都会影响焊接质量。

2）电源回路的高压部分对人身与设备的安全有威胁，要有特殊的保护措施。

3）回路中振荡管等元件的工作寿命较短，而且维修费用较高。

二、高频焊的分类及应用

（一）高频焊的分类

根据高频电能导入方式，高频焊可分为高频电阻焊和高频感应焊两种。高频电阻焊时，通过电极触头与焊件直接接触，将电流导入焊件实施焊接。高频感应焊时，通过外部感应线圈的耦合而在焊件内部产生感应电流进行焊接，电源与焊件不发生有形的电接触。

尽管这两种方法高频电流导入焊件的方式不同，但电流流经焊接区进行电阻加热和形成焊缝的原理相同，都是利用高频电流的趋肤效应和邻近效应这两大特性来实现焊接的。

（二）高频焊应用范围

（1）适焊材料 高频焊可焊接低碳钢、低合金高强度钢、不锈钢、铝合金、钛合金（需用惰性气体保护）、铜合金（黄铜件要使用焊剂）、镍合金、锆合金等金属材料。

（2）结构类型 高频焊除能制造各种材料的有缝管、异形管、散热片管、螺旋散热片管、电缆套管等，还能生产各种断面的结构型材（T形、I形、H形等）、板（带）材等，如汽车轮圈、汽车车厢板、工具钢与碳钢组成的锯条、刀具等。图5-5所示为高频焊的基本应用。

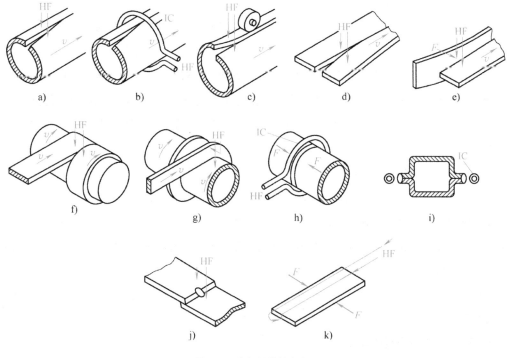

图5-5　高频焊的基本应用

a）、b）、h）管子焊接　c）管子滚压焊　d）板条对接　e）T形接头　f）螺旋管

g）螺旋管子散热片　i）端接焊　j）熔化点焊　k）板条对接

HF—高频电源　IC—感应圈

任务实施

一、分析不同材料高频焊工艺特点

1.非合金钢管和低合金高强钢管的焊接

碳当量<0.2%的非合金钢管，其高频焊接性良好，焊后无须进行热处理。碳当量>0.65%～0.7%的非合金钢管焊接性差，焊缝极易脆裂，因而禁止焊接。低合金高强钢管的碳当量通常在0.2%~0.65%之间，焊后过热区晶粒粗大，还会产生淬硬组织，形成焊接应力，所以必须焊后进行热处理。焊后热处理主要有两种方法：对于外径200mm以上的较大管径的钢管，通常采用在线正火热处理，即切除钢管外毛刺后，在通水冷却和定径之前用中频感应加热装置将焊缝热影响区加热至约927℃，然后空冷至538℃以下，此法效率高且不会使管材发生明显氧化，应用较广；对于直径较小的钢管，可以采用整体常规处理，即利用中频感应或火焰加热方法将管坯加热到900℃以上，然后空冷或在带有可控气氛的冷却室中冷却下来。当焊接含有易生成难熔氧化物元素如铬的管坯时，很容易产生焊接缺陷。为减少焊缝中的氧化夹杂，可在高频焊接装置处和管坯内部喷送中性气体流（N_2）进行气体保护。

2. 不锈钢管纵缝的焊接

不锈钢的导热性差，电阻率高，与用高频焊制造相同直径和壁厚的其他钢材的管子比较，所消耗的热功率小；在相同输入电功率情况下，焊接速度较高。但由于不锈钢高温强度高，必须施以较大的挤压力，通常比焊低碳钢管时挤压力增大40～50MPa。不锈钢管纵缝高频焊的主要问题是焊接热影响区由于碳化物析出使耐蚀性降低，该问题可通过采用焊前固溶处理、提高焊接速度，焊后使管材通过冷却器进行急冷等措施来避免和限制在热影响区碳化物析出，以获得耐蚀性良好的接头。

3. 铝及铝合金管纵缝的焊接

铝及铝合金熔点低，易氧化，焊接时接合面很快被加热到熔化温度，且发生剧烈的氧化，生成高熔点的氧化膜(Al_2O_3)，为把氧化膜从焊合点处挤出去，这就要求提高焊接速度和挤压速度，缩短在液态温度下停留时间，减少散热所引起的温度降低，从而促进氧化物的挤出。高频焊铝合金管纵缝时焊接速度较大，约为焊制钢管的两倍。

同时，铝合金是非导磁体，高频电流穿透深度较大，应选取较高的电源频率，要求高频电源的电压和功率应具有较高的稳定度及较小的波动系数。

4. 铜及铜合金管纵缝的焊接

铜及铜合金是非导磁材料，具有良好的导电性和导热性，因此，焊接时也须采用较高的频率和焊接速度，以使电能更强地集中于会合面的表层，减少热能的损失。

用高频焊焊接黄铜管纵缝时，会合面表层加热到熔化温度时，锌易被氧化和蒸发，故也需快速加热和挤压，将已熔化的金属与氧化物彻底挤掉。

二、选择焊接参数

影响高频焊管质量的主要因素有电源频率、会合角、管坯坡口形状、电极触头和感应圈及阻抗器的安放位置、输入功率、焊接速度、焊接压力（挤压力）等。

1. 电源频率

高频焊可在很广的频率范围内实现。提高频率有利于趋肤效应和邻近效应的发挥，有利于电能高度集中于连接面的表层，并快速地加热到焊接温度，从而可显著地提高焊接效率。但为了获得优质焊缝，频率的选择主要取决于管坯材质及其壁厚。不同材质所要求的最佳频率是不同的。一般制造有色金属管材的频率要比制造非合金钢管的频率高，其原因是有色金属的热导率比钢材大，必须在比焊接钢材更大的焊接速度下进行，从而使能量更加集中，才能实现焊接。管壁厚度不同，所要求的最佳频率也不同。为了既能保证焊缝两边加热宽度适中，又能保证厚度方向加热均匀，通常是薄壁管选择较高频率，厚壁管选择较低频率。焊制非合金钢管多采用350～450kHz的频率，而在焊制特别厚壁管时，可采用50kHz的频率。

2. 会合角

会合角的大小对高频焊闪光过程的稳定性、焊缝质量和焊接效率均有很大影响，通常取2°～6°比较适宜。会合角过小，闪光过程不稳定，易形成难以压合的深坑或针孔等缺陷；会合角过大时，邻近效应减弱，将使焊接效率下降，功率消耗增加。

3. 管坯坡口形状

为使坡口面加热均匀，坡口容易制备，通常采用Ⅰ形坡口；但当管坯厚度很大时，Ⅰ形坡口将使坡口横截面的中心部分加热不足，其上、下边缘加热过度，此时应选用X形坡口，以使横截面加热均匀，焊后接头硬度也趋向一致。

4. 电极触头和感应圈及阻抗器的安放位置

（1）电极触头位置　为保持高效率焊接，电极触头安放位置应尽可能靠近挤压辊轮。它与两挤压辊轮中心连线的距离范围为20～150mm，焊铝管时取下限，焊壁厚10mm以上的低碳钢管时选上限。典型的电极触头安装位置要求（低碳钢）见表5-1。

表 5-1　典型的电极触头安放位置要求（低碳钢）

管外径D/mm	16	19	25	50	100
与两挤压辊轮中心连线的距离L/mm	25	25	30	30	32

（2）感应圈位置　在高频感应焊中，感应圈应与管子同心放置，其前端距两挤压辊轮中心连线也应尽可能靠近，其值随管径及管壁厚度而变，可参照表5-2选取。同时，感应圈宽度a与管外径D关系为$a = （1.0～1.2）D$；感应圈内径与管坯表面间隙 $h = 3～5mm$。

表 5-2　感应圈位置（低碳钢）

管外径D/mm	25	50	75	100	125	150	175
与两挤压辊轮中心连线距离L/mm	40	55	65	80	90	100	110

（3）阻抗器位置　阻抗器应与管坯同轴安放，其头部与两挤压辊轮中心连线重合或离开中心连线10～20mm，以保持较高的焊接效率和避免损坏。阻抗器的截面积应为管坯内圆截面积的75%，且与管内壁之间的间隙为6～15mm，间隙小可提高效率，但不能过小。

5. 输入功率

焊接所需功率取决于管材的材质和壁厚，铝管焊接所需功率比钢管大，厚壁管子要比薄壁管子所需焊接功率大。焊接给定的管子时，若输入功率过小，将使管坯坡口面加热不足，达不到焊接温度而产生未焊透缺陷；若输入功率过大，将使坡口面加热温度过高而引起过热或过烧，甚至使焊缝烧穿，造成熔化金属严重喷溅而形成针孔或夹杂缺陷。

6. 焊接速度

焊接速度是主要焊接参数。提高焊接速度，管坯坡口面挤压速度会随之提高，有利于将被加热到熔化状态的两边液态金属层和氧化物挤出去，从而易于得到优质的固相焊缝。同时，还能缩减坡口面加热时间，从而可使形成氧化物的时间变短和热影响区变窄；反之，不但热影响区增宽，而且坡口面形成的液态金属层与氧化物也会变厚，并会产生较大毛刺，使焊缝质量下降。

在输入功率一定情况下，不能无限制提高焊接速度，否则将达不到理想的焊接温度而未能焊合。不同壁厚管子高频电阻焊的焊接速度见表5-3。

表 5-3　不同壁厚管子高频电阻焊的焊接速度

壁厚/mm	焊接速度/(mm/s)	
	钢	铝
0.75	4500	5000
1.5	2500	3000
2.5	1500	1800
4	875	1120
6.4	500	620

7. 焊接压力

焊接压力也是高频焊的主要参数之一，一般以100~300MPa为宜。在生产上，可用管坯被挤压的量来表示焊接压力。它是通过改变挤压辊轮间距来调节控制的。通常挤压量随壁厚不同而异，可参考表5-4中的经验值进行选取。

表 5-4　管子高频焊挤压量的经验值

壁厚δ/mm	≤1.0	1.0~4.0	4.0~6.0
挤压量/mm	δ	$\frac{2}{3}\delta$	$\frac{1}{2}\delta$

任务二　选用高频焊设备

任务解析

"选用高频焊设备"是高频焊技术的典型任务。这一任务涉及的知识点包括高频焊设备的组成、高频焊设备的选用和高频焊安全技术等。通过任务实施，使学生能够根据焊接工艺需求和实际生产条件正确选用高频焊设备，掌握高频焊的安全与防护知识，能够按照安全操作规程文明生产。

必备知识

高频焊设备主要用于制管。图5-6所示为高频焊制管机组。它是由水平导向辊、高频发生器及输出变压器、挤压辊轮、外毛刺清除器、磨光辊轮、机身以及一些辅助装置、工具等部分组成，其中高频发生器与焊接辅助装置对焊管质量和生产率起关键作用。

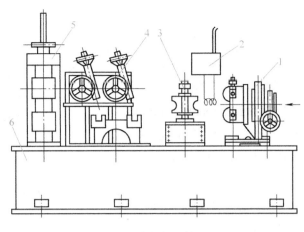

图 5-6　高频焊制管机组

1—水平导向辊　2—高频发生器及输出变压器　3—挤压辊轮　4—外毛刺清除器　5—磨光辊轮　6—底座

一、　高频发生器

制管用的高频发生器有三种，即频率为10kHz的电动机-发电机组、固体变频器和频率高达100～500kHz的电子管高频振荡器，后者应用最广泛。最常用的高频振荡器功率范围为60～400kW。

频率为200～400kHz的电子管高频振荡器的基本线路如图5-7所示。电网经电路开关、接触器、晶闸管调压器向升压变压器和整流器供电，升压变压器和整流器的作用是将电网工频交流电转变为高压直流电供给振荡器，为保证电压脉动系数小于1%，必须在高压整流器的输出端加设滤波器装置。振荡器将高压直流电转变为高压高频电供给输出变压器，最后输出变压器再将高电压小电流的高频电转变为低电压大电流的高频电，并直接输送给电极（滑动触头）或感应圈。

调整高频振荡器输出功率的方法有自耦变压器法、闸流管法、晶闸管法、饱和电抗器法四种。

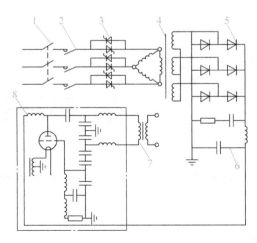

图5-7　频率为200~400kHz的电子管高频振荡器的基本线路

1—电路开关　2—接触器　3—晶闸管调压器　4—升压变压器

5—整流器　6—滤波器　7—输出变压器　8—振荡器

二、电极触头

电极触头是用以向焊件传导高频电流的重要部件，经常处在高温及与焊件发生滑动摩擦（连续高频焊时）的条件下工作，因此要求具有高的电导率、热导率和耐磨性，具有足够的高温强度和硬度。通常选用铜钨、银钨或锆钨等合金材料，并可制成复合结构，如图5-8所示。触头块尺寸：宽为4～7mm、高为6.5～7mm、长为15～20 mm，用银钎焊方法将触头块焊到由铜或钢制的触头座上。该电极可传导500～5000A焊接电流，对管壁的压力为22～220N。

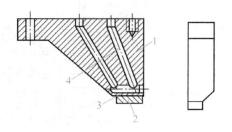

图5-8　电极触头结构示意图

1—触头座　2—触头块　3—钎焊缝　4—冷却水孔

三、感应圈

感应圈是高频感应焊制管机的重要组件，其结构形状及尺寸大小对能量转换和效率影响很大。图5-9所示为感应圈常用结构，通常由纯铜方管、圆管或纯铜板制成的单匝或2～4匝金属环组成，外缠绝缘玻璃丝带并浇灌环氧树脂以确保匝间绝缘，内部通水冷却。

四、阻抗器

阻抗器是高频焊时的一个重要辅助装置，其关键元件磁心的作用是增加管壁背面的阻抗，以减小无效电流，增大焊接有效电流，提高焊接速度。磁心采用高居里点、高磁导率的铁氧体材料（如MXO或NXO型）。阻抗器结构如图5-10所示。磁心由直径为10mm的磁棒组成，外壳为夹布胶木或玻璃钢，在易于发生损坏的场合也可采用不锈钢和铝等。阻抗器内部应能通水冷却，以免焊时发热而影响导磁性能。阻抗器长度要与管材直径相适应：焊接直径为38mm以下管子时，阻抗器长度为150～200 mm；焊接直径为50～75 mm管子时，阻抗器长度为250～300mm；而焊接直径为100～150 mm管子时，阻抗器长度为300～400mm。

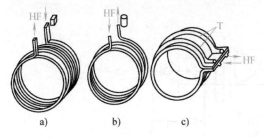

图5-9　感应圈常用结构

HF—高频电源　T—冷却水管

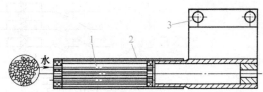

图5-10　阻抗器的结构

1—磁棒　2—外壳　3—固定板

任务实施

一、高频焊设备的选用

根据生产要求选用设备，高频焊管生产线除高频焊制管机组外，还有其他相关设备，如开卷机、直头机、矫平机、活套、矫直机、铣头倒棱机、飞锯机、剪切对焊机等，在设备选用时需同时考虑。

目前，国内生产的金属管焊接用高频感应加热设备主要技术参数如下：功率档次为60kW、100kW、200kW、300kW、400kW、600kW、700kW、800kW；频率档次为200～300kHz、400kHz、600kHz、1～2MHz；焊管直径为8～48mm、20～45mm、20～76mm、60～114mm、90～219mm、114～273mm；焊管壁厚为0.5～1.0mm、1.25～2.75mm、2.75～4mm、3.5～12mm；焊接方式为直缝焊、螺旋焊、感应焊、电阻焊。

二、高频焊的安全技术

高频焊时，影响人身安全的最主要因素在于高频焊电源。高频发生器回路中的电压非常高，如果操作不当，一旦发生触电，必将导致严重人身事故。因此，为确保人员与设备的安全，除电源设备中已设置的保护装置外，通常还应采取以下一些措施。

1）高频发生器机壳与输出变压器必须良好接地，接地线应尽可能地短而直，接地电阻应不大于4Ω；而且设备周围特别是工人操作位置还应铺设耐压35kV的绝缘橡胶板。

2）禁止开门操作设备，在经常开闭的门上设置联锁门开关，保证只有门处在紧闭时，才能起动和操作设备。

3）停电检修时，必须关闭总配电开关，并挂上"有人操作"和"不准合闸"的标牌；在打开机门后，还需用放电棒使各电容器组放电。放电后，才开始具体检修操作。

4）一般不允许带电检修；如实在必要时，操作者必须穿绝缘鞋、戴绝缘手套，并必须另有专人监护。

5）起动操作设备时，还应仔细检查冷却水系统，只在冷却水系统工作正常情况下，才准通电预热振荡管。

此外，因为高频电磁场对人体和周围物体有作用，如可使周围金属发热，可使人体细胞组织产生振动，引起疲劳、头晕等症状，所以对高频设备裸露在机壳外面的各高频导体还需用薄铝板或铜板加以屏蔽，使工作场地的电场强度不大于40V/m。

项目拓展

拓展 高频焊典型应用

一、直缝钢管高频焊

1.典型高频电阻焊制管工艺

如图5-11所示，高频电阻焊制管时，带材由成形机组制成管形后，在挤压辊轮挤压下，使接头两边会合成V形的会合角，高频电流经位于会合角两侧的一对滑动电极触头导入焊件，由一个触头经会合点传回到另一触头，在会合角两边的表层形成往复回路，产生邻近效应，使两边的电流密度增大，产生电阻热。随着加热速度加快，管坯快速向前移动，调整电源功率，使会合角两边特别是会合点附近的表层加热到焊接温度或熔化温度，有时会合点到焊合点中的一段区域产生连续的金属火花喷溅。在挤压辊轮作用下，管坯两边挤到一起，两边的氧化物和杂质被挤出，在接头两接触面间产生强烈地顶锻，促使金属原子之间牢固地结合在一起，然后用设置在焊接机组后边的刨刀，将挤出的氧化物及镦粗部分的金属切削掉，再用定径和校直装置将管子定径并校直。随管坯不断地快速送进，电极触头连续导入高频电流，挤压辊轮与刨刀等不停地工作，就实现了高频电阻焊连续制管的全过程。

为提高焊接效率，焊接管状焊件时，需在成形的管坯内设置阻抗器，以增加绕管坯内部流动电流的阻抗，从而减小无效的分流。

高频电阻焊可焊制直径小于1220mm、壁厚小于15mm的各种规格的金属管。

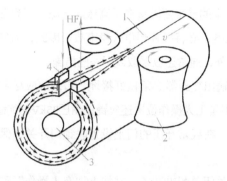

动画：高频电阻焊制管

图5-11　高频电阻焊制管示意图

1—管坯　2—挤压辊轮　3—阻抗器　4—电极触头

HF—高频电源　v—管坯运动方向

2.直缝焊管的高频感应焊

高频感应焊制管与高频电阻焊制管相比较，主要区别是电能导入的方式不同。高频感应焊制管时采用套于管坯上的感应圈导入电能。如图5-12所示。当感应圈中通有高频电流时，在交变磁场的作用下，管坯中产生的感应电流，大部分由管坯一边的外周表面经会合点后又回到另一边的外周表面，形成往复回路，构成了邻近效应的条件，于是电流便高度集中于会合面上，使管坯边缘快速加热到焊接温度甚至高到熔点，然后经过挤压来实现管子纵缝的连续焊接。

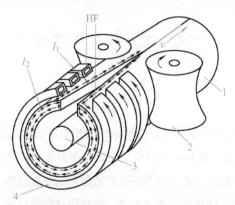

动画：管材纵缝高频感应焊

图5-12　管材纵缝高频感应焊原理图

1—管坯　2—挤压辊轮　3—阻抗器　4—感应圈　I_1—焊接电流　I_2—无效电流　HF—高频电源　v—管坯运动方向

小部分感应电流从管坯的外周表面流向管坯的内周表面，并构成循环流动。由于此部分电流只使管坯背面加热而与形成焊缝无关，故称为无效电流。为减小无效电流，需在管坯内安放阻抗器，用以增加管内壁的阻抗，减小无效电流，提高焊接效率。

高频感应焊管可焊制直径小于220mm、壁厚小于11mm的各种规格的金属管。

与高频电阻焊相比，高频感应焊具有以下优点。

1）焊管表面光滑，特别是焊道内表面较平整，适用于焊接电缆套或流通液体等要求内壁平滑的管材。

2）感应圈不与管壁接触，故对管坯接头及表面质量要求比较低，也不会像高频电阻焊那样可能引起管子表面烧伤。

3）因不存在电极（滑动触头）压力，故不会引起管坯局部失稳变形，也不会引起管坯表面镀层擦伤，因此适宜于制造薄壁管和涂层管。

4）不用电极，因而省料省时。

5）不存在电极触头开路即脱离接触的问题，功率传输及焊接电流稳定，而且焊接过程中容易调整。

但是，高频感应焊能量损失较大，在使用相同功率焊制同种规格管子时，其焊接速度仅为高频电阻焊的1/2～1/3，因而对于中、大直径管的制造，则以采用高频电阻焊为宜。

二、螺旋缝焊管的高频焊

高频纵缝焊管法在生产大直径的管材时，因受管坯宽度的限制，难以实现。采用如图5-13所示的高频螺旋焊管法，不仅能使用较窄的管坯焊出直径很大的管子，且能用同一宽度的管坯焊出不同直径的管材。

焊接时，将管坯连续送入成形轧机，使之螺旋地绕心轴弯曲成圆筒状，并使其边缘间相互形成如图5-13a所示的对接焊缝或如图5-13b所示的搭接焊缝，同时又构成相应的V形会合角，然后再用高频电阻法进行连续焊接。对接焊缝设计一般用于制造厚壁管；搭接焊缝设计用于生产薄壁管。为避免对接端面出现不均匀加热，接头两边应加工成60°～70°角的坡口。搭接缝的搭接量可

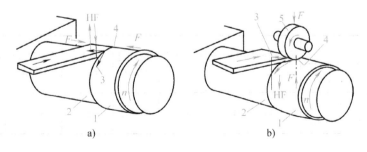

a)　　　　　　　　　　　　b)

图5-13　高频螺旋焊管示意图

a）对接螺旋缝　b）搭接螺旋缝

1—成品管　2—心轴　3—电极触头位置　4—焊合点　5—挤压辊轮

HF—高频电源　F—挤压力　n—管子旋转方向

随管坯厚度的不同在2~5mm范围选取。用功率为200kW高频电源可制造壁厚为6~14mm，直径达1024mm的大直径螺旋接缝管，焊接速度可达30~90m/min。由于螺旋管比直缝管承载能力大，故多用于输送石油、天然气等重要场合。

三、螺旋翅片管高频焊

为了增加各种散热器用管的散热表面积，常用焊接方法特别是高频焊法向其表面焊上纵向散热片或螺旋散热片，俗称翅(鳍)片管。由于翅片管传热面积大、效率高，使以其为核心元件的各种换热设备在电力、化工和炼油装置中得到广泛应用。用高频焊制造翅片管具有焊接效率高、热影响区窄、焊接质量好、可使用异种金属材料等优点。

如图5-14所示，翅片管是在无缝钢管外圆上按一定螺距缠绕0.3~0.5mm厚的薄翅片，翅片垂直于钢管外圆的表面。焊接时，管子做前进及回转运动，翅片以一定角度送向管壁，并由挤压辊轮将其压紧于管壁上，当翅片与管壁上的电极触头通有高频电流时，会合角边缘金属便被加热，并经挤压而焊接起来。焊接螺旋翅片管时，因连接面的非对称而产生的加热不均匀问题，可采用非对称地放置电极触头的办法来解决。

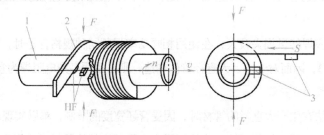

图5-14　螺旋翅片管焊接示意图

1—管子　2—翅片　3—电极触头

HF—高频电源　n—管子转动方向　S—翅片送料方向　F—挤压力　v—管子移动方向

高频焊制螺旋翅片管时焊接速度非常快，通常在50~150m/min的范围内，可焊管子的直径为16~254mm，适焊材料种类多。表5-5列出了P91耐热钢管与06Cr13钢带高频焊的焊接参数。

表 5-5　P91 耐热钢管与 06Cr13 钢带高频焊的焊接参数

钢管	钢带	阳极电压 U/kV	阳极电流 I/A	栅极电流 I/A	栅极电压 U/kV	转速 $r/(m/min)$	顶锻轮直径 D/mm	焊头高度 h/mm	螺距 d/mm
材质规格	材质规格								
P91 $\phi73mm\times9.56mm$	06Cr13 $17.5mm\times1.5mm$	9.5~10.5	14~17	3~4	85~100	7.5~9	60~63	18~23	6

四、型钢的高频电阻焊

结构型钢以安装方便、精度高、工业化制作程度高等优点，成为桥梁、建筑等结构制造的重要材料。高频焊生产的型钢，腹板高度可达600mm，翼板宽度可达300mm，厚度可达12mm。对于用普通热轧法无法轧制的厚度相差大、形状不对称或由异种材料组成的型材，高频焊尤其适用。高频电阻焊可用于T形、I形、H形等多种结构型钢的生产制作。

图5-15所示为某公司用高频电阻焊生产的不同断面的轻型H形型钢，材质为普通非合金钢和高强钢。

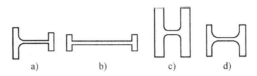

图5-15　不同断面的轻型H形型钢

a）不等宽翼板　b）超高腹板　c）特厚翼板　d）不等厚翼板

高频电阻焊H形型钢机组组成如图5-16所示，从进料到出成品整个加工过程都是机械化生产，生产率很高，其生产过程如下：上翼板、腹板和下翼板的卷钢坯料分别在1所指三处开卷，对于腹板需在腹板边缘镦粗机3处将两边缘预镦粗（未进行镦粗处理时，则只能焊合腹板厚度的80％～85％），然后与经过翼板矫平机4矫平后的上、下翼板一起送入高频电阻焊机5处进行焊接；此时，翼板与腹板间形成V形会合角（40°～70°），然后用电极触头将电压为50～200V、频率为450kHz的高频电流传递给一个翼板，该电流沿着翼板和腹板端面V形区流过，然后通过在腹板上的导流滑动触头流经腹板另一端面V形区后由电极触头流出，形成焊接回路，最后再连续通过挤压辊轮进行挤压和焊接。值得注意的是，由于翼板较厚，调整触头位置以使热量分布合适是很重要的。焊后立即在去毛刺整形装置6处去毛刺整形，经冷却装置7处冷却后进入矫正机组8进行纵向校直及翼缘校直，经探伤装置9处对焊缝进行无损检验，最后按所需长度在飞锯10处切断即得成品。

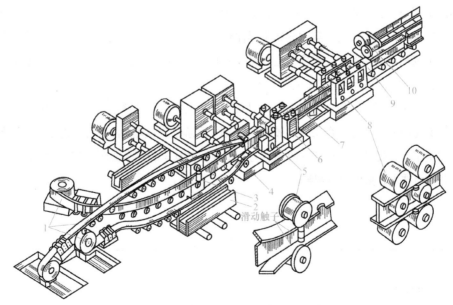

图5-16　高频电阻焊H形型钢机组组成

1—卷钢开卷机　2—翼板毛坯输送装置　3—腹板边缘镦粗机　4—翼板矫平机

5—高频电阻焊机　6—去毛刺整形装置　7—冷却装置　8—矫正机组　9—探伤装置　10—飞锯

五、板（带）材的高频电阻焊

长度较短的板材或带材可采用高频电阻焊实现连接，如图5-17所示。将两待焊的带材或板坯端头置于铜制的条形平台上，施加一定压力使之相互接触。同时，置邻近导体于接缝的上方，将其一端与条形平台相连接，另一端及条形平台的另一端分别接于高频电源的输出端。当高频电流通过时，接缝区便在邻近效应作用下异常迅速地被加热到焊接温度，随即在较大顶锻压力作用下完成焊接。

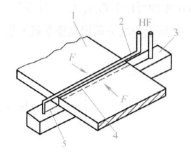

图5-17　板(带)材的高频电阻焊示意图

1—焊件　2—邻近导体　3—条形座　4—接缝　5—电流路线
HF—高频电源　F—压力

通过正确地选择频率，可调节电流的穿透深度，使焊缝沿厚度方向能够均匀地加热。此法适于厚度为0.6~5mm、宽度为76~900mm的钢板对接。对于厚度为3mm、对接焊缝长为191mm的低碳钢，仅需1.1s就能完成。该法适用于连接带卷终端和制造冲压件所需的带材与板坯，也可用于直接生产零件，如汽车轮圈坯的焊接。

项目总结

高频焊是利用流经焊件连接面的高频电流所产生的电阻热加热，并在施加或不施加压力的情况下，使焊件金属间实现连接，通常采用的频率范围为300~450kHz，有时也使用低至10 kHz的频率，电流集中分布于焊件表面很浅、很窄的区域内，能使用小得多的电流（能量损耗也小得多）使焊接区达到焊接温度，从而可使用比较小的电极触头和触头压力，并能极大地提高焊接速度和焊接效率。

通过本项目学习，使学生掌握高频焊原理及工艺特点，能够根据焊件结构和材料合理编制并实施高频焊工艺；查阅国家最新标准及国际标准，为具体任务合理选用焊接设备、编制焊接工艺，提升高频焊技术应用能力，增强质量意识和安全文明生产的意识；同时了解专业前沿技术，拓展专业视野。

复习思考题

一、思考与练习

（一）填空

1.高频焊是利用10~500kHz的＿＿＿＿＿经焊件连接面产生＿＿＿＿＿，并在施加或不施加压力的情况下，达到原子间结合的一种焊接方法。

2.根据高频电能导入方式，高频焊可分为高频＿＿＿＿焊和高频＿＿＿＿焊两种。

3.高频电阻焊是利用高频电流的＿＿＿＿和＿＿＿＿这两大特性来实现焊接的。

4.影响高频焊管质量的主要因素有＿＿＿＿、＿＿＿＿、＿＿＿＿、电极触头和感应圈及阻抗器的安放位置、＿＿＿＿、＿＿＿＿、＿＿＿＿等。

5.采用＿＿＿＿焊管法，不仅能使用较窄的管坯焊出直径很大的管子，且能用同一宽度的管坯焊出不同直径的管材。而采用＿＿＿＿焊管法在生产大直径的管材时，因受管坯宽度的限制，难以实现。

（二）选择

1.高频焊是利用10~500kHz的（　）经焊件连接面产生电阻热，并在施加或不施加压力的情况下，达到原子间结合的一种焊接方法。

　　A.高频电流　　　　B.感应电流　　　　C.低频电流　　　　D.脉冲电流

2.根据高频电能导入方式，高频焊可分为高频（　）和高频（　）两种。

　　A.脉冲焊　　　　B.电阻焊　　　　　C.感应焊　　　　D.氩弧焊

3.高频焊利用高频电流的（　）和（　）这两大特性来实现焊接的。

　　A.集中效应　　　B.感应效应　　　C.趋肤效应　　　D.邻近效应

4.采用（　）焊管法，不仅能使用较窄的管坯焊出直径很大的管子，且能用同一宽度的管坯焊出不同直径的管材。而采用（　）焊管法在生产大直径的管材时，因受管坯宽度的限制，难以实现。

　　A.高频环缝　　　B.高频纵缝　　　C.高频螺旋　　　D.螺旋翅片

5.对高频设备裸露在机壳外面的高频导体还需用薄铝板或铜板加以屏蔽，使工作场地的电场强度不大于（　）。

　　A.40 V/m　　　　B.50 V/m　　　　C.60 V/m　　　　D.70V/m

（三）判断

1.高频电磁场对人体和周围物体有作用，如可使周围金属发热，可使人体细胞组织产生振动，引起疲劳、头晕等症状。（　）

2.会合角的大小对高频焊闪光过程的稳定性、焊缝质量和焊接效率均有很大影响，通常取2°~6°比较适宜。（　）

3.高频感应焊能量损失较大，在使用相同功率焊制同种规格管子时，其焊接速度仅为高频电阻焊的1/2，因而对于中、大直径管的制造，则以采用高频感应焊为宜。（　）

4.高频焊主要应用于机械化或自动化程度颇高的管材、型材生产线。小径管多采用螺旋焊缝；大径管多采用直焊缝。（　）

5.因为铜具有良好的导电和导热性，高频焊接铜及铜合金时须采用较高的频率和焊接速度，以使电能更强地集中于会合面的表层，减少热能的损失。（　）

（四）简答

1.简要说明高频焊的过程及原理。

2.高频焊设备由哪几部分组成？各部分的作用如何？

3.比较高频感应焊制管法与高频电阻焊制管法的特点及应用范围。

4.简述高频电阻焊H形型钢生产过程。

5.分析非合金钢和低合金高强钢管的焊接工艺要点。

二、观察与讨论

1.参观企业焊接生产车间，了解采用高频焊方法焊接的产品、所用设备及工艺要点，写出参观记录。

2.利用互联网或相关书籍资料，分别写出高频焊制管的应用实例，并与同学交流讨论。

项目六
超声波焊技术

项目导入

超声波焊是利用超声波的高频振荡能量使焊件接触表面产生强烈的摩擦作用，以清除表面氧化物并加热焊件而实现焊接的一种压焊方法。它具有不受冶金焊接性的约束、没有气相和液相污染等特点，是一种快捷、干净、有效的焊接工艺。因此，它既可以焊接同种或异种金属，又可以焊接半导体、塑料及陶瓷等。近年来超声波焊以其独特的技术特点广泛应用于电子电器工业、石油化工、包装工业、航天航空及核能工业等领域。

根据"特种焊接技术"课程教学目标要求，从学生的角度出发，精心设计项目载体，以"编制超声波焊工艺"和"选用超声波焊设备"作为典型任务，并选取了离心叶轮的低温超声波焊、聚乙烯医疗器具的超声波焊、太阳能集热器吸热板的超声波焊等典型案例进行知识拓展。通过教学实施，使学生掌握超声波焊的原理及特点、能够编制典型材料的超声波焊工艺、熟悉并合理选用超声波焊设备。

学习目标

1.掌握超声波焊原理、特点及分类。

2.掌握超声波焊工艺及焊接参数。

3.熟悉典型超声波焊设备，能够根据工艺正确选用设备。

4.能够正确编制超声波焊工艺，并组织实施。

5.了解超声波焊的典型应用。

微课：超声波焊的起源

项目实施

任务一 编制超声波焊工艺

任务解析

超声波焊接头的质量主要取决于焊接工艺是否合理。一个高质量的焊点，不仅要求有较好的表面质量，还要求有较高的强度。"编制超声波焊工艺"是超声波焊技术的典型任务，涉及的知识点包括超声波焊的原理、特点及分类等。通过任务实施，使学生能够掌握超声波焊的焊接参数及其对焊接质量的影响，并根据要求，编制超声波焊工艺。

必备知识

一、超声波焊的原理及特点

超声波焊（Ultrasonic Welding，USW，焊接代号41）是两焊件在压力作用下，利用超声波的高频振荡，使焊件接触表面产生强烈的摩擦作用，以清除表面氧化物并加热焊件而实现焊接的一种固态焊接方法。这种方法不需要外加热源，焊件不熔化，没有气相和液相污染等，因此，它既可以焊接同种或异种金属，又可以焊接半导体、塑料及陶瓷等。

（一）焊接原理

图6-1所示为超声波焊原理示意图。焊接时，将焊件6夹持在上声极5与下声极7之间，上声极用来向焊件输入超声波频率的弹性振动能，并施加压力。下声极是固定的，用于支承焊件和承受所加压力。

超声波焊所需的热能是通过一系列能量转换及传递环节而获得的。超声波发生器1是一个变频装置，它将工频电流转变为超声频率的振荡电流。换能器2则利用逆压电效应将电磁能转换成弹性机械振动能。聚能器3用来放大振幅并耦合载荷。换能器、聚能器、耦合杆及上声极构成一个整体，称为声学系统。该系统中各个组元的自振频率，将按同一个频率设计。当超声波发生器的振荡电流频率与声学系统的自振频率一致时，系

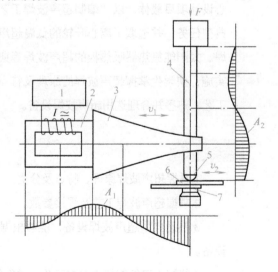

图6-1 超声波焊原理示意图

1—超声波发生器 2—换能器 3—聚能器 4—耦合杆
5—上声极 6—焊件 7—下声极 A—振幅分布
I—超声波振荡电流 F—静压力 v_1—纵向振动方向
v_2—弯曲振动方向

统即产生了谐振（共振），并向焊件输出弹性振动能。图6-2所示为超声波焊过程中能量转换与传递过程示意图。

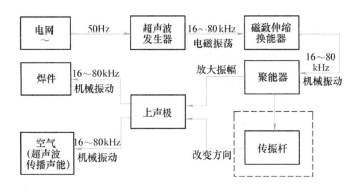

图6-2　超声波焊过程中能量转换与传递过程示意图

超声波焊时，超声波发生器1产生每秒几万次的高频振动，通过换能器2、聚能器3和耦合杆4向焊件输入超声波频率的弹性振动能。两焊件的接触界面在静压力和弹性振动能量的共同作用下，将弹性机械振动能转变成焊件间的摩擦功、形变能和随之而产生的温升，使氧化膜或其他表面附着物被破坏，并使纯净界面之间的金属原子无限接近，实现可靠连接。焊接金属材料时，伴随界面的物理冶金过程，原子间产生结合与扩散，整个焊接过程没有电流流经焊件，也没有火焰或电弧等热源的作用，被焊材料不发生熔化，无须填充金属和保护，是一种特殊的固态压焊方法。当焊接塑料时，由于焊件界面处的声阻较大，产生局部高温，致使接触面迅速达到熔化状态，在压力的作用下使其融合为一体；当超声波停止作用后，压力持续几秒钟，使其凝固定型，形成坚固的焊接接头，接头强度与母材相近。

（二）接头形成过程

超声波焊过程与电阻焊类似，由"预压""焊接"和"维持"三个步骤形成一个焊接循环。从接头形成的微观机理上分析，超声波焊经历了以下三个阶段。

1.振动摩擦阶段

超声波焊初期，由于上声极的超声振动，使其与上焊件之间产生摩擦而造成暂时的连接，然后通过它们直接将超声振动能传递到焊件间的接触表面上，在此产生剧烈的相对摩擦，由初期个别凸点之间的摩擦逐渐扩大到面摩擦，同时破坏、排挤和分散表面的氧化膜及其他附着物。

2.温度升高阶段

在随后的超声波往复摩擦过程中，接触表面温度升高，当焊合区的温度约为金属熔点的35％～50%时，变形抗力下降，在静压力和由弹性机械振动引起的交变切应力的共同作用下，焊件间接触表面的塑性流动不断进行，使已被破碎的氧化膜继续分散，甚至深入到被焊材料内部，促使纯金属表面的原子无限接近原子能发生引力作用的范围内，出现原子扩散及相互结合，形成共同的晶粒或出现再结晶现象。

3.固相结合阶段

随着摩擦过程的进行，微观接触面积越来越大，接触部分的塑性变形也不断增加，焊接区内甚至形成涡流状的塑性流动层，如图6-3所示，导致焊件表面之间的机械咬合，并引起了物理冶金反应，在结合面上产生联生晶粒，出现再结晶、扩散、相变及金属间的键合等冶金现象，形成牢固的接头。

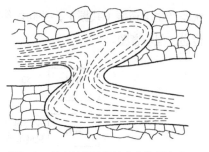

图6-3　超声波焊的涡流状的塑性流动层

超声波焊时，接头的形成取决于振动剪切力、静压力和焊合区的温升这三个因素，它们与焊件的厚度、表面状态及其常温性能有关。

（三）超声波焊的特点

1）超声波焊可焊材料范围广，可用于同种金属，导热、硬度、熔点等物理性能差异较大、厚度相差较大的金属与金属、金属与非金属以及塑料等异种材料的焊接。

2）特别适用于金属箔片、细丝以及微型器件的焊接。它可以焊接厚度只有0.002mm的金箔及铝箔，也可以焊接多层叠合的铝箔和银箔等。由于是固态焊接，不会有高温氧化、污染和损伤微电子器件，最适用于半导体硅片与金属丝（Au、Ag、Al、Pt、Ta等）的精密焊接。

3）焊件不熔化，焊接温度相对较低，焊件变形小，焊缝金属的物理性能和力学性能不发生宏观变化，焊接接头的静载强度和疲劳强度都比电阻焊接头强度高，且稳定性好。

4）被焊金属表面氧化膜或涂层对焊接质量影响较小，因此超声波焊对焊件表面的清洁要求不高，甚至可以焊接涂有油漆或塑料薄膜的金属。

5）与电阻点焊比较，耗电功率小，如焊接厚度为1.0~1.5mm铝板，超声波点焊时电功率为1.5~4kVA，而电阻点焊则至少需75kVA。

6）操作简便，焊接速度快，生产率高。

超声波焊的主要缺点是：由于焊接所需的功率随焊件厚度及硬度的提高而呈指数增加，目前仅限于焊接丝、箔、片等细薄件，且只限于搭接接头形式；焊点表面容易因高频机械振动引起边缘的疲劳破坏，对焊接硬而脆的材料不利；由于缺乏精确的无损检测方法和设备，超声波焊质量目前难以进行在线准确检验，因此在实际生产中还难以实现大批量机械化生产。

二、超声波焊的分类及应用

（一）超声波焊的分类

根据超声波弹性振动能量传入焊件的方向，超声波焊可分为两类：一类是振动能由切向传递到焊件表面而使焊接界面之间产生相对摩擦，如图6-4a所示，适用于金属材料的焊接；另一类是振动能由垂直于焊件表面的方向传入焊件，如图6-4b所示，适用于塑料的焊接。

超声波焊的接头必须是搭接接头。根据接头焊缝的形式，金属超声波焊可分为点焊、环焊、缝焊和线焊等几种类型。近年来，双振动系统的焊接和超声波对焊也有所应用。

1.点焊

点焊是应用最广的一种超声波焊形式。焊接时焊件在圆柱状的上、下声极压紧下实施焊接，

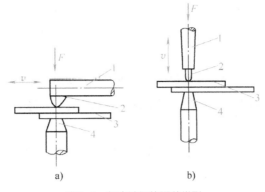

图6-4　超声波焊的两种类型

a）切向传递　b）垂直传递

1—聚能器　2—上声极　3—焊件　4—下声极

v—振动方向　F—静压力

每次完成一个焊点。

按能量传递方式分，点焊可分为单侧式和双侧式，如图6-5所示。当超声振动能量只通过上声极导入时，为单侧式点焊；当超声振动能量分别从上、下声极导入时为双侧式点焊。目前应用最广泛的是单侧导入式超声波点焊。

按振动系统分，点焊可采用纵向振动系统、弯曲振动系统以及介于两者之间的轻型弯曲振动系统。500W以下的小功率点焊机多采用轻型结构的纵向振动系统；千瓦级以上的大功率焊机多采用重型结构的弯曲振动系统；而轻型弯曲振动系统适用于中小功率焊机，它兼有上述两种振动系统的优点。

动画：超声波点焊

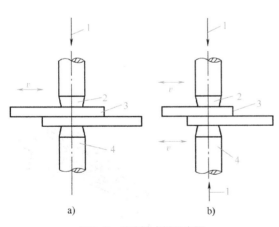

图6-5　超声波点焊示意图

a）单侧式　b）双侧式

1—静压力　2—上声极　3—焊件　4—下声极

v—振动方向

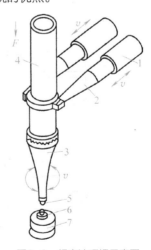

图6-6　超声波环焊示意图

1—换能器　2、3—聚能器　4—耦合杆　5—上声极

6—焊件　7—下声极

F—静压力　v—振动方向

2.环焊

超声波环焊示意图如图6-6所示，主要用于一次成形的封闭焊缝，能量传递采用的是扭转振

动系统。这种焊缝一般是圆环形的，也可以是正方形、矩形或椭圆形的。上声极的表面按所需要的焊缝形状制成。

焊接时，耦合杆4带动上声极5做扭转振动，振幅相对于声极轴线呈对称分布，轴心区振幅为零，边缘位置振幅最大。该类焊接方法最适用于微电子器件的封装工艺，有时环焊也用于对气密性要求特别高的直线焊缝的场合，用来代替缝焊。

动画：超声波环焊

由于环焊的一次焊缝面积较大，需要有较大的功率输入，因此常采用多个换能器反向同步驱动方式。

3.缝焊

焊件夹持在圆盘状上、下声极之间，连续焊接获得局部相互重叠的焊点，从而形成一条连续焊缝，如图6-7所示。根据圆盘状声极的振动状态，超声波缝焊可分为纵向振动、弯曲振动和扭转振动三种形式。其中较为常用的是纵向振动和弯曲振动形式，其声极的振动方向与焊接方向垂直。在实际生产中，由于弯曲振动系统具有较好的工艺性能，因此应用最为广泛。

动画：超声波缝焊

4.线焊

图6-8所示为超声波线焊示意图。线焊是利用线状上声极或将多个点焊声极叠合在一起，在一个焊接循环内形成一条直线焊缝，也可以看成是点焊的一种延伸。现在采用超声波线焊方法，已经可以通过线状上声极一次获得长约150mm的直线焊缝，这种方法适用于金属箔的线状封口。

动画：超声波线焊

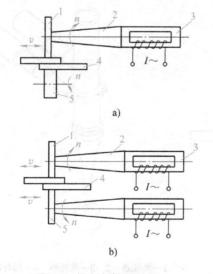

图6-7　超声波缝焊示意图

1—圆盘状上声极　2—聚能器　3—换能器　4—焊件　5—圆盘状下声极

v—振动方向　*n*—旋转方向　*I*—超声波振荡电流

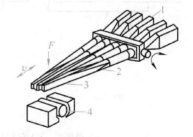

图6-8　超声波线焊示意图

1—换能器　2—聚能器

3—焊接声极头（长为125mm）　4—心轴

v—振动方向　*F*—静压力

除上述四种常见的金属超声波焊接方法以外，近年来还发展了塑料超声波焊接方法，其工作原理与金属超声波焊接方法不同。塑料超声波焊接时声极的振动方向垂直于焊件表面，与静压力方向一致。这时热量并不是通过焊件表面传导的，而是在焊件接触表面将机械振动直接转化为热能使界面结合，属于一种熔焊方法，因此这种方法仅适用于热塑性塑料的焊接，而不能用于热固性塑料的焊接。

（二）超声波焊的应用

由于超声波焊具有独特的技术优势，现已广泛应用于下列领域。

1.电子工业

它主要应用于微电子器件、集成电路元件、晶体管芯的焊接。例如：在1mm^{2}的硅片上，将有数百条直径为25~50μm的铝丝或金丝通过超声波焊将焊点部位互连起来，互连质量是集成电路制造工艺中的关键。微型电路及其他电子元件可用超声波环焊有效地密封，如晶体管与二极管之类的管壳牢固焊封，且内部高清洁度的零件不会被污染。

锂电池的制造中金属锂片与不锈钢底座之间的连接，以前一直是依靠丝网与锂片之间的嵌合，接头质量既不可靠，电阻也较大。采用超声波焊可以将锂片直接焊接在不锈钢底座上，不仅能够改善接头质量，而且大大提高了生产率。

2.电器工业

超声波能有效地焊接低电阻接头，而且对零件没有污染，也不产生热变形。单股和多股电线都可以用超声波焊相互连接或焊到端子上。微电机中的换向器及线圈、超高压变压器屏蔽构件中的地屏焊接以及各种电容器引出片的焊接都采用超声波焊。很多异种金属的热电偶接头也常采用超声波焊连接。

超声波胶点焊方法在我国制造的50万伏超高压变压器的屏蔽构件中获得了成功应用。这项技术兼容了超声波固相连接的诸多优点和金属胶结高强度的特点。这种以"先胶后焊"为特征的方法具备了高导电性、高可靠性及耐蚀性的优点，可有效地预防尖端放电的隐患，已在50万伏超高压变压器的制造中取代了国际上通用的钎焊及铆焊工艺。

汽车电器中各种热电偶的焊接是近年来出现的重要应用成果。在钽或铝电解电容器生产中，采用超声波点焊方法焊接引出片，焊接成品率由原来的75％提高到接近100%。

3.包装工业

超声波焊广泛用于封装业务中，从软箔小包装到密封管壳。用超声波环焊、缝焊和线焊能实现气密性结构的封装，如铝制罐及挤压罐的密封包装，食品、药品和医疗器械等的无菌包装以及精密仪器部件和雷管的包装等。

4.航空航天及核能工业

宇宙飞船的核电转换装置中铝与不锈钢的组件、导弹的地接线以及卫星上的玻窗都是采用超声波焊焊接的。直升机的检修孔道、卫星用太阳电池的制造也使用了超声波焊技术。

5.塑料工业

大量的工程塑料被广泛应用于机械电子工业中的仪表框架、面板、接插件、继电器、开关、塑料外壳等制造中，这些构件均需要采用超声波塑料焊接工艺。此外，超声波焊还可应用于金属与塑料的连接及聚酯织物的"缝纫"等。

6.其他应用

利用超声波焊可以焊接两种物理性能悬殊的材料，并制成许多双金属接头，如在玻璃、陶瓷或硅片的热喷涂表面上连接金属箔及丝；超导材料之间以及超导材料与导电材料之间的连接也可以采用超声波焊。20世纪90年代，随着管材工业的新突破，超声波焊已在水管、煤气管及电业等的铝塑复合管中得到广泛应用。超声波焊作为铝塑复合管的主要焊接手段在生产中被大量地应用。

超声波焊适用的双金属（A+B）接头见表6-1。

表 6-1　超声波焊适用的双金属（A+B）接头

材料A	材料B
铝及某些铝合金	铜、锗、金、镍钴合金、钼、镍、铂、钢、锆、铍、铁、不锈钢、镍铬合金
铜	金、镍合金、镍钴合金、镍、铂、钢、锆
金	锗、镍合金、镍钴合金、镍、铂、硅
钢	铝、锆
镍	镍合金、镍钴合金、钼
锆	钼

任务实施

一、焊前准备

（一）焊接接头设计

超声波焊时，要求焊点强度必须达到一定的要求，因此需要设计出一种合理的焊点结构，同时还要保持外形尽可能美观。由于焊接过程中母材不发生熔化，焊点不受过大压力，也没有电流分流问题，因此可以较为自由地设计焊点的点距s、边距e和行距r等参数。对焊点与板材边缘的距离没有限制，可以沿边缘布置焊点。焊点分布如图6-9所示。

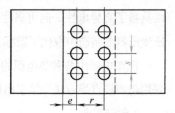

1.边距e

电阻点焊时，为了防止熔核逸出而要求边距$e>6\delta$（δ为板厚）。超声波点焊不受此限制，边距可以小于上值。只要保证声极不压碎或不穿破薄板的边缘，就可采用最小的边距，以节省母材，减轻重量。

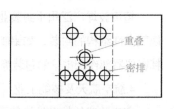

图6-9　焊点分布

2.点距s

因不受电流分流的影响，焊点可以根据接头强度要求设计，可疏可密，点距s越小，接头承载能力越高，其至可以重叠点焊。

3.行距*r*

和点距一样，超声波点焊时行距不受限制，可任意选择。

在超声波焊的接头设计中，应注意控制焊件的谐振问题。当上声极向焊件引入超声振动时，如果焊件沿振动方向的自振频率与引入的超声振动频率相等或相近，就有可能引起焊件的谐振，其结果往往是造成已焊焊点的脱落，严重时可导致焊件的疲劳断裂。解决上述问题的简单方法是改变焊件与声学系统振动方向的相对位置，或者在焊件上夹持质量块来改变焊件的自振频率，如图6-10所示。

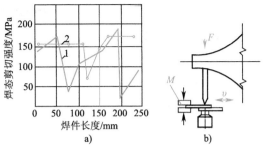

图6-10　焊件与声学系统相对位置试验
1—自由状态　2—夹固状态　*F*—静压力
v—振动方向　*M*—质量块

（二）焊件表面准备

超声波焊时，对焊件表面不需进行严格清理，因为超声振动本身对焊件表面层有破碎清理作用。例如：对于易焊金属，如铝、铜等，若表面未经严重氧化，在轧制状态下就能进行焊接，即使表面带有较薄的氧化膜也不影响焊接。但如果焊件表面被严重氧化或已有锈蚀层，则焊前仍需清理，通常采用机械磨削或化学腐蚀方法清除。

（三）上声极的选用

上声极所用的材料、端面形状和表面状况等会影响到焊点的强度和稳定性。在实际生产中，要求上声极的材料具有尽可能大的摩擦因数及足够的硬度和耐磨性，而良好的高温强度和疲劳强度能够提高声极的使用寿命。目前，焊接铝、铜、银等较软金属的声极材料较多采用高速工具钢、滚动轴承钢；焊接钛、锆、高强度钢及耐磨合金等时则常采用沉淀硬化型镍基超级合金等作为上声极。上声极与焊件的垂直度对焊点质量会造成较大影响，随着上声极垂直偏离，接头强度将急剧下降。上声极的横向弯曲和下声极或砧座的松动会引起焊接变形。

二、焊接参数的选择

超声波焊应用最为普遍的是点焊。超声波点焊的主要焊接参数是焊接功率*P*、振动频率*f*、振幅*A*、静压力*F*和焊接时间*t*等。

（一）焊接功率

焊接功率取决于焊件的厚度和材料的硬度。一般说来，所需的超声波焊焊接功率随焊件厚度和材料硬度的增加而增加。焊接功率可用下式表示，即

$$P=KH^{3/2}\delta^{3/2}\qquad\qquad（6-1）$$

式中　　*P*——焊接功率（W）；

　　　　K——系数；

　　　　H——材料硬度（HV）；

　　　　δ——焊件厚度（mm）。

图6-11所示为常用金属材料板厚、硬度与焊接功率的关系。

由于在实际应用中超声波功率的测量尚有困难，因此常常用振幅表示功率的大小，超声波功率与振幅的关系可由下式确定，即

$$P=\mu SFv=\mu SF2A\omega/\pi=4\mu SFAf \tag{6-2}$$

式中　μ——摩擦因数；

　　　S——焊点面积；

　　　F——静压力；

　　　v——相对速度；

　　　A——振幅；

　　　f——振动频率；

　　　ω——角频率（$\omega=2\pi f$）。

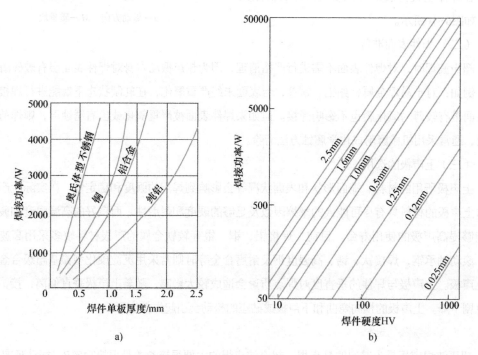

图6-11　常用金属材料板厚、硬度与焊接功率的关系

a）不同厚度　b）不同硬度

（二）振动频率

振动频率在工艺上有两重意义，即谐振频率的数值和谐振频率的精度。谐振频率的选择以焊件的厚度及物理性能为依据，一般控制在15~75kHz之间。焊接薄件时，宜选用较高的谐振频率，因为在维持机械能不变的前提下，提高振动频率就可以相应地降低振幅，从而减轻薄件因交变应力而可能引起的疲劳破坏。通常100W以下的小功率超声波焊机多选用25~75kHz的谐振频率。焊接厚件或硬度及屈服强度都比较低的材料时，宜选用较低的振动频率。大功率超声波焊机一般选

用16~20kHz较低的谐振频率。

超声波焊焊接过程中载荷变化剧烈，随时可能出现失谐现象，从而导致接头强度的降低和不稳定。因此焊机的振动频率一旦被确定以后，从工艺角度讲，就需要维持声学系统的谐振，这是焊接质量及其稳定性的基本保证。图6-12所示为超声波焊点抗剪力与振动频率的关系，可见材料的硬度越高，厚度越大，振动频率的影响越明显。

振动频率决定于焊接设备系统给定的名义频率，但其最佳操作频率可随声极极头、焊件和静压力的改变而变化。谐振频率的精度是保证焊点质量稳定的重要因素。由于超声波焊接过程中机械负荷的多变性，可能会出现随机的失谐现象，以致造成焊点质量的不稳定。

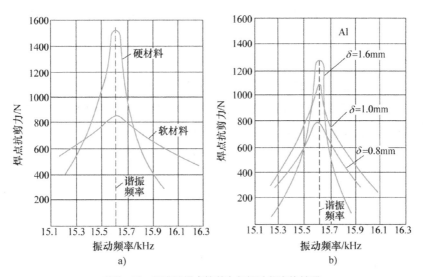

图6-12　超声波焊点抗剪力与振动频率的关系

a）不同硬度　b）不同厚度

（三）振幅

振幅是超声波焊工艺的主要焊接参数之一。它决定着摩擦功率的大小，关系到材料表面氧化膜的清除效果、塑性流动的状态以及结合面的加热温度等。因此，根据被焊材料的性质及厚度正确选择振幅值是获得良好接头质量的保证。

超声波焊所选用的振幅由焊件厚度和材质决定，常用范围为5~25μm。较低的振幅适用于硬度较低或较薄的焊件，所以小功率超声波焊机一般具有高的振动频率，但振幅范围较低。随着材料硬度及厚度的提高，所选用的振幅也应相应提高。因为振幅的大小对应着焊件接触表面相对移动速度的大小，而焊接区的温度、塑性流动以及摩擦功的大小又由该相对移动速度所决定，因此振幅的大小与焊点强度有着密切的联系。

对于某种材料的焊件，存在着一个合适的振幅范围。图6-13所示为铝镁合金（厚度为0.5mm）不同振幅下超声波焊

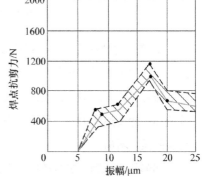

图6-13　铝镁合金（厚度为0.5mm）
不同振幅下超声波焊点的抗剪力

点的抗剪力。当振幅为17μm时，焊点抗剪力最大；振幅减小，抗剪力随之降低；当振幅小于6μm时，已经不能形成接头，即使增加振动作用的时间也无效果。这是因为振幅值过小，焊件间相对移动速度过小所致。当振幅值超过17μm时，焊点抗剪力也下降，这主要与金属材料内部及表面的疲劳破坏有关。因为振幅过大，由上声极传递到焊件的振动剪力超过了它们之间的摩擦力，声极与焊件之间发生相对的滑动摩擦，并产生大量的热和塑性变形，导致上声极嵌入焊件，使有效结合面减少。

超声波焊机的换能器材料和聚能器结构决定了焊机振幅的大小，当它们确定以后，要改变振幅，一般是通过调节超声波发生器的电参数来实现。此外，振幅值的选择与其他参数也有关，应综合考虑。必须指出，在合适的振幅范围内，选择相对较高的振幅值，可大大缩短焊接时间，提高焊接生产率。

（四）静压力

静压力的作用是通过声极使超声振动有效地传递给焊件。静压力是直接影响功率输出及焊件变形条件的重要因素。静压力的选用取决于材料的厚度、硬度、接头形式和使用的超声波功率。超声波焊点抗剪力与静压力之间的关系如图6-14所示。

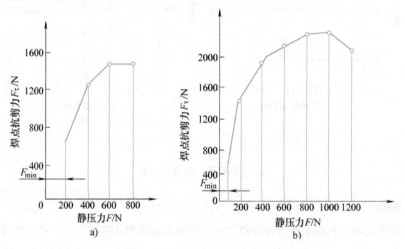

图6-14　超声波焊点抗剪力与静压力的之间的关系

a）纯铝，厚度为0.5mm　b）硬铝（退火），厚度为1.2mm

当静压力过低时，由于超声波几乎没有被传递到焊件，不足以在两焊件界面产生一定的摩擦功，超声波能量几乎全部损耗在上声极与焊件之间的表面滑动方面，因此不可能形成有效的连接。随着静压力的增大，改善了振动的传递条件，使焊接区温度升高，材料的变形抗力下降，塑性流动的程度逐渐加剧；另外，由于压应力的增加，接触处塑性变形的面积及连接面积增加，故接头的强度增加。

当静压力达到一定数值后，继续增加压力，接头强度反而下降。这是因为当静压力过大时，振动能量不能合理地被利用，使摩擦力过大，造成焊件间的相对摩擦运动减弱，甚至会使振幅值有所降低，导致了焊件间的连接面积不再增加或有所减小，加之材料压溃造成接头的实际结合面减小，使焊点强度降低。

在其他焊接条件不变的情况下，选用偏高的静压力，可以在较短的焊接时间内得到同样强度的焊点，这是因为偏高的静压力能在振动早期较低的温度下使材料产生塑性变形。同时，选用偏高的静压力，能在较短的时间内达到最高的温度，缩短了焊接时间。表6-2列出了各种功率的超声波焊机的静压力范围。

表 6-2　各种功率的超声波焊机的静压力范围

焊机功率/W	静压力范围/N	焊机功率/W	静压力范围/N
20	0.04~1.7	1200	270~2670
50~100	2.3~6.7	4000	1100~14200
300	22~800	8000	3560~17800
600	310~1780		

（五）焊接时间

焊接时间是指超声波能量输入焊件的时间。每个焊点的形成有一个最小焊接时间，小于该时间则不足以破坏金属表面的氧化膜而无法实现焊接。通常随焊接时间的延长，接头强度也增加，然后逐渐趋于稳定值。若焊接时间过长，反而会使焊点强度下降。这是因为焊件受热加剧，塑性区扩大，上声极陷入焊件，使焊点截面减弱，同时，还容易引起焊点表面和内部产生裂纹，从而降低接头强度。

焊接时间的选择随材质、厚度及其他焊接参数而定，高功率和短时间的焊接效果通常优于低功率和较长时间的焊接效果。当静压力、振幅增加及材料厚度减小时，超声波焊时间可取较低数值。对于金属细丝或箔片，焊接时间约0.01～0.1s；对于金属厚板，焊接时间一般不超过1.5s。

上述几个焊接参数之间并不是孤立的，而是相互影响、相互关联的，应统筹考虑。例如：塑料进行超声波焊时，接头质量的好坏取决于换能器的振幅、静压力及焊接时间等因素的相互配合。焊接时间t和静压力F是可以调节的，振幅由换能器和聚能器决定，这三个量相互之间有最佳匹配值。焊接能量超过合适值时，材料的熔化量大，产生较大的变形。若焊接能量太小，则不易焊牢。表6-3列出了常用材料超声波焊的焊接参数。

表 6-3　常用材料超声波焊的焊接参数

材料		厚度/mm	焊接参数			上声极材料
			压力/N	时间/s	振幅/μm	
铝及铝合金	1050A	0.3~0.7	200~300	0.5~1.0	14~16	45钢
		0.8~1.2	350~500	1.0~1.5	14~16	
	5A06	0.3~0.5	300~500	1.0~1.5	17~19	
	2A11	0.3~0.7	300~600	0.15~1.0	14~16	
	2A12	0.8~1.0	700~800	1.0~1.5	18~20	轴承钢GCr15

（续）

材料		厚度/mm	焊接参数			上声极材料
			压力/N	时间/s	振幅/μm	
纯铜	T2	0.3~0.6	300~700	1.5~2	16~20	45钢
		0.7~1.0	800~1000	2.0~3.0	16~20	
非金属	树脂68	3.2	100	3.0	35	钢
	聚氯乙烯	5.0	500	2.0	35	橡皮

超声波焊除了上述的主要焊接参数外，还有一些影响焊接过程的其他工艺因素，如焊机的精度及焊接气氛等。一般情况下，超声波焊无须对焊件进行气体保护，只有在特殊应用场合下，如钛的焊接、锂与钢的焊接等才需用氩气保护。在包装应用领域，需在干燥箱或无菌室内进行焊接。

微课：超声波焊的
焊接参数选择

任务二　选用超声波焊设备

任务解析

超声波焊设备的选用直接影响焊接质量。"选用超声波焊设备"是超声波焊技术的典型任务，涉及的知识点包括超声波焊设备中的超声波发生器、声学系统、加压机构、程序控制器各部分的组成、特点等。通过任务实施，使学生能够熟悉典型的超声波焊设备，掌握超声波焊设备选用原则，了解部分超声波焊设备的型号及技术参数，能够根据要求，正确选用超声波焊设备。

必备知识

根据焊件的接头形式，超声波焊机分为点焊机、缝焊机、环焊机和线焊机四种类型。超声波焊机通常由超声波发生器、声学系统（电-声换能耦合装置）、加压机构和程序控制器等组成。此外，还有专门用于焊接塑料的超声波焊机。典型超声波点焊机的组成如图6-15所示。

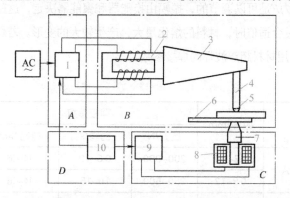

图6-15　典型超声波点焊机的组成

1—超声波发生器　2—换能器　3—聚能器　4—耦合杆　5—上声极　6—焊件

7—下声极　8—电磁加压装置　9—控制加压电源　10—程序控制器

（一）超声波发生器

超声波发生器用来将工频（50Hz）电流变换成16～80kHz的振荡电流，并通过输出变压器与换能器相匹配。

根据功率输出元件的不同，超声波发生器有电子管放大式、晶体管放大式、晶闸管逆变式及晶体管逆变式等多种电路形式。其中电子管放大式超声波发生器设计使用较早，性能可靠稳定，功率也较大，但效率低，仅为30%~45%，已经逐步被晶体管放大式超声波发生器所代替。近几年出现的晶体管逆变式超声波发生器采用了大功率的CMOS器件和微型计算机控制，体积小、可靠性高和控制灵活，效率提高到95%以上。

超声波发生器必须与声学系统相匹配才能使系统处于最佳状态，获得高效率的输出功率。由于超声波焊接时机械载荷往往有很大变化，换能元件的发热也容易引起材料物理性能的变化，而换能器的温度波动会引起谐振频率的变化，从而影响焊接质量。因此，为了确保焊接质量的稳定，一般都在超声波发生器的内部设置输出自动跟踪装置，使发生器与声学系统之间维持谐振状态以及恒定的输出功率。

（二）声学系统

声学系统由换能器、聚能器、耦合杆和声极组成，其主要作用是传输弹性振动能量给焊件，以实现焊接。

1.换能器

它的作用是将超声波发生器的电磁振荡（电磁能）转变成相同频率的机械振动能，是焊机的机械振动源。常用的换能器有两种，即磁致伸缩式换能器和压电式换能器。

磁致伸缩式换能器依靠磁致伸缩效应而工作。磁致伸缩效应是当铁磁材料置于交变磁场中时，将会在材料的长度方向上发生宏观的同步伸缩变形现象。常用的铁磁材料有镍片和铁铝合金。材料的磁致伸缩效应与合金含量和温度有关。磁致伸缩式换能器是一种半永久性器件，其工作稳定可靠，但换能效率只有20%～40%。除了一些特殊用途外，磁致伸缩式换能器已经被压电式换能器所替代。

压电式换能器是利用某些非金属压电晶体（如石英、锆酸铅、锆钛酸铅等）的逆压电效应来工作的。当压电晶体材料在一定的结晶面上受到压力或拉力时，就会出现电荷，称为压电效应。相反，当压电晶体在压电轴方向馈入交变电场时，晶体会沿一定方向发生同步的伸缩现象，即逆压电效应。压电式换能器的主要优点是效率高和使用方便，一般效率可达80%～90%；缺点是比较脆弱，使用寿命较短。

2.聚能器

聚能器的作用是将换能器所转换成的高频弹性振动能量传递给焊件，用它来协调换能器和载荷的参数。此外，它还具有放大换能器的输出振幅和集中能量的作用。根据超声波焊工艺的要求，它的振幅值一般在5～40μm之间。而一般换能器的振幅都小于这个数值，所以必须放大振幅，使之达到工艺所需值。

聚能器的设计要点是其谐振频率等于换能器的振动频率。各种锥形杆都可以用作聚能器。常见的聚能器形式如图6-16所示。其中阶梯形聚能器的放大系数较大，加工方便，但其共振范围小，截面突变处的应力集中最大，所以只适用于小功率超声波焊机；指数形聚能器工作稳定，结构强度高，是超声波焊机中应用最多的一种。圆锥形聚能器有较宽的共振频率范围，但放大系数最小。

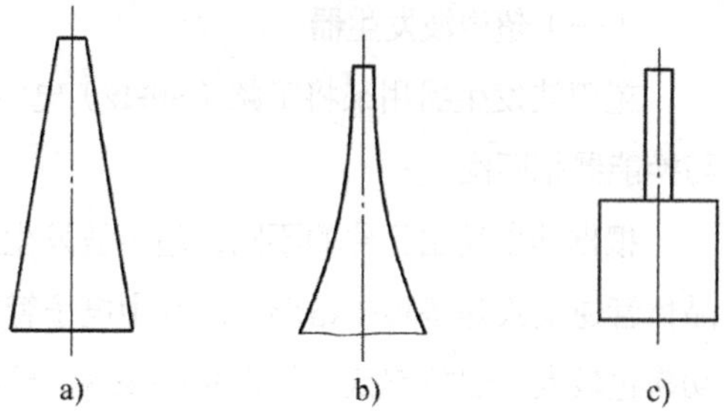

图6-16　常见的聚能器形式

a）圆锥形　b）指数形　c）阶梯形

聚能器工作在疲劳条件下，设计时应重点考虑结构的强度，特别应注意声学系统各个组元的连接部位。用来制造聚能器的材料应有高的抗疲劳强度及小的振动损耗。目前常用的材料有45钢、30CrMnSi低合金钢、高速工具钢、超硬铝合金及钛合金等。

3.耦合杆

耦合杆用于振动能量的传输及耦合。它将聚能器输出的纵向振动改变为弯曲振动。耦合杆在结构上非常简单，通常都是一个圆柱杆，选用与聚能器相同的材料制作，两者用钎焊的方法连接起来。

4.声极

声极是直接与焊件接触的部件，分为上声极和下声极。声极的结构与焊机类型有关。对于超声波点焊机来说，上声极可以用各种方法与聚能器或耦合杆相连接，其端面制成球面，曲率半径为焊件厚度的50~100倍。例如：对于可焊1mm焊件的点焊机，其上声极端面的曲率半径可选75~80mm。下声极用以支承焊件和承受所加压力的反作用力，在设计时应选择反谐振状态，从而使振动能可以在下声极表面反射以减少能量损失。超声波缝焊机的上、下声极大多数是一对滚盘。用于焊接塑料的焊机上声极，其形状随焊件形状而改变。但是无论哪一种声极，设计时都必须要考虑整个声学系统的谐振问题。

（三）加压机构

向焊接部位施加静压力的加压机构主要有液压、气压、电磁加压和自重加压等。其中大功率超声波焊机多采用液压方式，其优点是冲击力小；小功率超声波焊机多采用电磁加压或自重加压方式，这种方式可以匹配较快的控制程序。在实际使用中，加压机构还包括焊件的夹持机构，如图6-17所示。

（四）程序控制器

超声波焊机的程序控制器的主要作用是实现超声波焊过程的控制，如加压及压力大小控制、焊接时间控制、维持压力时间的控制等。目前的焊接程序控制器多采用计算机进行程序控制。

典型的超声波点焊控制程序如图6-18所示。向焊件输入超声波之前需有一个预压时间t_1，这样既可防止因振动而引起焊件的切向错位，以保证焊点尺寸精度，又可以避免因加压过程中动压力与振动复合而引起的焊件疲劳破坏。在时间段t_3内静压力F已被解除，但超声波振幅A继续存在，上声极与焊件之间将发生相对运动，可以有效地清除上声极和焊件之间可能发生的粘连现象。这种粘连现象在用超声波焊接铝、镁及其合金时容易发生。

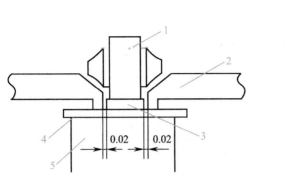

图6-17　焊件的夹持机构

1—上声极　2—夹紧头　3、4—焊件

5—下声极

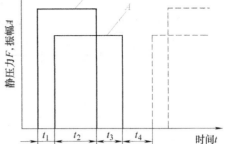

图6-18　典型的超声波点焊控制程序

t_1—预压时间　t_2—焊接时间　t_3—消除粘连时间　t_4—休止时间

任务实施

超声波焊机可根据被焊材料的性质与厚度、焊接接头的形式以及焊接设备的特点等进行选择。当焊接厚度和硬度较大的焊件时，应选用功率较大的焊机。反之，可选用功率较小的焊机。对于厚度为1.0~1.5mm的铝板，可选用1.5~4kW的超声波焊机。

超声波焊机选用的谐振频率视功率大小而定。大功率焊机宜选用较低的谐振频率，一般在16~20kHz，100W以下的小功率焊机多选用25~75kHz的谐振频率。功率越小，频率选用越高。

（一）部分国产典型超声波焊机的型号及技术参数

我国大功率超声波金属焊接设备的设计与制造和国际先进水平还存在一定的差距，但通过不断的努力，国内一些优秀的设备制造商已经在超声波发生器、换能器等的设计制造上有了很多突破性的进展。图6-19所示为典型超声波焊机外观照片。部分国产超声波焊机的型号及其技术参数见表6-4。

a)　　　　　　　　　　b)　　　　　　　　　　c)

图6-19　典型超声波焊机外观照片

a）微型超声波焊机　b）计算机辅助超声波焊机　c）超声波焊接生产线

表 6-4　部分国产超声波焊机的型号及技术参数

型号	频率/kHz	输出功率/W	焊接时间/s	压力/MPa	焊接材料厚度（或面积）/mm	声极头形状	焊接形式
CJJD-1	20	2200	0.01~5	0.2~0.6	Al 0.2~0.6	带状	点焊、线焊
CSDH-A	20	2200	0.01~5	0.2~0.6	Cu 1~14 mm^2	点状、带状	点焊、线焊
CSDH-B	20	2200	0.01~5	0.2~0.6	Cu 1~14 mm^2	点状、带状	点焊、线焊（电脑控制）
CJGH-1	20	2200	0.01~5	0.2~0.6	Al 0.2~0.6	圆盘状	缝焊
NP1080	20	1000	可调	0.8	Al 0.5~1.3	点状	点焊
NP1680	20	1500	可调	0.8	Cu 0.3~0.7	点状	点焊
NP2080	20	2000	可调	0.8	Ni 0.2~0.5	点状	点焊
NP3080	15	3000	可调	0.8	Ag 0.5~1.2	点状	点焊
NP3680	15	3600	可调	0.8	Cu 0.1~0.3;Al 0.1~0.5	圆盘状	缝焊
Ubsj1020	20	1000	可调	0.8	Al 0.1~0.3	点状	点焊
Ubsj2020	20	2000	可调	0.8	Al 0.2~0.6;Cu 0.3~0.5	点状	点焊
Ubsj2520	20	2500	可调	0.8	Al 0.2~0.6	圆盘状	缝焊

（二）部分国外超声波焊机介绍

表 6-5 列出了国外常见金属超声波焊机的基本特点。

表 6-5　国外常见金属超声波焊机的基本特点

序号	品牌名称	产地	基本特点
1	Telsonic	瑞士	综合技术水平很高
2	Stapla(schunk)	德国	综合技术水平很高
3	Amtech(Branson)	美国	在钛合金声极的使用上很广泛
4	Sonics	美国	固定方式上采用了聚能器节点和声极节点的软固定方式
5	Dukane	美国	生产5kN单换能器和10kN双换能器系统
6	Sonobond	美国	特殊的声极设计，能改变工作方向，缺点是大功率应用下声极不能稳定驱动

项目拓展

拓展一　超声波焊在不同材料中的应用

超声波焊属于固相焊接，目前主要用于小型薄件的焊接，其焊接质量可靠，经济性较好。超声波焊不仅可以焊接铝、铜、金等较软的金属材料，也可用于钢铁材料、钨、钛、钼等金属的焊接，物理性质相差悬殊的异种金属，甚至金属与半导体、金属与陶瓷以及塑料等材料的焊接。表6-6列出了可采用超声波焊的金属材料及其组配。

表 6-6　可采用超声波焊的金属材料及其组配

	Ag	Al	Au	Be	Cu	Fe	Ge	Li	Mg	Mo	Ni	Pb	Pt	Si	Sn	Ta	Ti	W	Zr
Zr	●	●	●		●	●				●									●
W		●	●		●	●			●				●			●	●	●	
Ti		●	●	●	●	●			●				●			●	●		
Ta		△			●	●				●	●	●	●			●			
Sn		●													●				
Si	△	△	●		△									△					
Pt		●	△		●	△	●			●	●		△						
Pb	●	●	●		●	●					●	●							
Ni		△	●		△			○		●	△								
Mo		●			●	●				●									
Mg	●	●			●				●										
Li					○		○												
Ge		△	△																
Fe	●	●	●	●	△	△													
Cu	●	△	●	●	△														
Be		●		●															
Au	△	●	△																
Al	●	△																	
Ag	△																		

注：●—国外已试验成功的组合；○—我国已试验成功的组合；△—国内外均已试验成功的组合。

一、同种材料的超声波焊

（一）铝及铝合金的焊接

铝及铝合金是应用超声波焊最多，也是最能显示出这种焊接方法优越性的材料。不论是纯铝，Al-Mg、Al-Mn合金或是Al-Cu、Al-Zn-Mg及Al-Zn-Mg-Cu合金等高强度合金，它们在任何状态下，如铸造、轧制、挤压及热处理状态下均可采用超声波焊焊接，但其焊接性是随着合金的种类和热处理方法而变化的。

对于强度较低的铝合金，超声波点焊和电阻点焊或缝焊的接头强度大致相同。然而在强度较高的铝合金中，超声波焊的接头强度超过电阻点焊的强度。例如：Al-Cu合金超声波点焊的强度比电阻点焊平均高出30%～50%。接头强度提高的主要原因是超声波焊接材料不受熔化和高温对热影响区性能的影响，并且焊点的尺寸一般较大。

采用超声波焊的铝及铝合金的表面准备要求比采用其他焊接方法都低。在正常情况下，铝的表面一般进行脱脂处理。铝合金进行热处理后或铝合金中镁含量高时，会形成一层厚的氧化膜，为了获得性能良好的焊接接头，焊前应将这层氧化膜去除。

（二）铜及铜合金的焊接

铜及铜合金的焊接性好，焊前需要对表面进行清洗，去除油污，焊接参数和设备的选择与焊接铝及铝合金时相似。在电机制造尤其是微电机制造中，超声波点焊方法正在逐步替代原来的钎焊及电阻焊方法，几乎所有的连接工序都可用超声波焊来完成，包括通用电枢的铜导线连接、换向器与漆包导线的连接。

常用铝、铜及其合金超声波焊的焊接参数及接头性能见表6-7。

表 6-7　常用铝、铜及其合金超声波焊的焊接参数及接头性能

材料		厚度/mm	焊接参数			声极头			焊点直径/mm	焊点抗剪力/N
			静压力/N	焊接时间/s	振幅/μm	球面半径/mm	材料牌号	硬度HV		
纯铝	1017	0.3~0.7	200~300	0.5~1.0	14~16	10	45	160~180	4	530
		0.8~1.2	350~500	1.0~1.5	14~16				4	1030
铝合金	5A03	0.6~0.8	600~800	0.5~1.0	22~24	10	45 轴承钢 GCr15	160~180 330~350	4	1080
		0.3~0.7	300~600	0.5~1.0	18~20				4	720
		0.8~1.0	700~800	1.0~1.5	18~20				4	2200
	2A12	0.3~0.7	500~800	1.0~2.0	20~22	10	轴承钢 GCr15	330~350	4	2360
		0.8~1.0	900~1100	2.0~2.5	20~22				4	1460
纯铜	T2	0.3~0.6	300~700	1.5~2.0	16~20	10~15	45	160~180	4	1130
		0.7~1.0	800~1000	2.0~3.0	16~20	10~15	45	160~180	4	2240
		1.1~1.3	1100~1300	3.0~4.0	16~20	10~15	45	160~180	4	—

（三）钛及钛合金的焊接

钛及钛合金具有很好的焊接性，焊接参数选择范围比较宽。焊点经显微组织分析发现，有时产生 $\alpha \rightarrow \beta$ 的相变，也存在未经相变的焊点组织，但均能获得令人满意的接头强度。表6-8列出了钛及钛合金超声波焊的焊接参数。

表 6-8　钛及钛合金超声波焊的焊接参数

材料	厚度/mm	焊接参数			上声极材料	焊点抗剪力/N
		静压力/N	焊接时间/s	振幅/μm		
TA3	0.2	400	0.30	16~18	硬质合金（60HRC）	760
	0.25	400	0.25	16~18		780
	0.65	800	0.25	22~24		4100
TA4	0.25	400	0.25	16~18		810
	0.5	600	1.0	18~20		1840

（续）

材料	厚度/mm	焊接参数			上声极材料	焊点抗剪力/N
		静压力/N	焊接时间/s	振幅/μm		
TB1	0.5	800	0.5	20~22	BK-20	2000
	0.8	900	1.5	22~24		3300

（四）高熔点材料的焊接

对于金属钼、钨等高熔点的材料，由于超声波焊可避免接头区的加热脆化现象，从而可获得高强度的焊点质量。目前采用超声波焊可以焊接厚度达1mm的钼板。但由于钼、钽、钨等具有特殊的物理化学性能，在超声波焊操作时较为困难，必须采取相应的工艺措施，如声极头和工作台需用硬度较高和较耐磨的材料制造，所选择的焊接参数也应适当提高，特别是振幅值及施加的静压力应取较高值，焊接时间则应较短。

高硬度金属材料之间、焊接性较差的金属材料之间的焊接，可通过添加中间过渡层的方法实现超声波焊。过渡层材料一般选取软金属箔片。例如：使用厚度为0.062mm的镍箔片作为过渡层，焊接厚度为0.62mm的钼板，焊点抗剪力可达2400N；采用厚度为0.025mm的镍箔片作过渡层，焊接厚度为0.33mm的镍基高温合金，焊点抗剪力可达3500N。

对于多层金属结构，也可以采用超声波焊。例如：采用超声波焊可将数十层的铝箔或银箔一次焊上，也可利用中间过渡层焊接多层结构，并且随着电子工业的发展，半导体和集成电路的制造工艺中铝丝和铝箔以及锗、硅半导体材料的超声波焊质量正迅速提高，以适应高可靠性的要求。

（五）塑料的焊接

焊接塑料时，通常尽量将焊件的结合面置于谐振曲线的波节点上，以便在这里释放出最高的局部热量，以使材料受热熔化达到焊接的目的。由于这种能量的集聚效果，使得应用超声波焊焊接塑料具有效率高、热影响区小的特点。

塑料超声波焊机一般由超声波发生器、焊压台和焊具三大部分组成。其中，焊具包括超声波换能器、调幅器、超声波声极（又称为超声波振头）和底座。用于塑料焊接的超声波振动频率一般在20~40kHz。超声波焊机可以半机械化、机械化或自动化地进行操作。根据焊件位置不同，塑料超声波焊分为近程和远程两种，前者又称为直接式超声波焊或接触式超声波焊；而后者又称为间接式超声波焊。

近程超声波焊焊接塑料是指超声波振头和塑料焊接面之间的相互作用距离很小，通常小于6mm，与振头端面接触的整个塑料焊接面都发生熔化，从而实现焊接。远程超声波焊焊接塑料是指超声波振头和塑料焊接面之间的相互作用距离较大，通常大于6mm，超声波能量必须经过焊件传递至焊接面，并仅在焊接面上产生机械振动，从而发热熔化实现焊接，而位于超声波振头和焊接面之间起传能作用的焊件本身并不发热。

塑料的超声波焊方法从机理上讲虽然属于熔焊,但它不是表面热传导熔化接头,而是直接通过焊件与接触面将弹性振动能量转化为热量,因而具有以下优点。

1)焊接效率高,焊接时间不超过1s。

2)焊前焊件表面可不处理,由于残存在塑料件上的水、油、粉末、溶液等不会影响正常焊接,因而特别适用于各类物品的封装焊。

3)焊接过程仅在焊合面上发生局部熔化,因而可避免污染工作环境,而且焊点美观,不产生混浊物,可获得全透明的焊接成品。

塑料件的超声波焊焊接性与塑料材料本身的熔融温度、弹性模量、摩擦因数和导热性等物理性能有关,大部分热塑性塑料能够通过超声波进行焊接。一般而言,硬质热塑性塑料的焊接性能比软质的好,非结晶型塑料的焊接性能比结晶型的好。热塑性塑料的超声波焊焊接性见表6-9。焊接结晶型塑料和软质塑料时,需要在离振头较近的近场区焊接。超声波焊主要用于焊接模塑件、薄膜、板材和线材等,在焊接时不需加热或添加任何溶剂和黏合剂。

表6-9 热塑性塑料的超声波焊焊接性

材料名称		焊接性能	
		近程焊接	远程焊接
非结晶型塑料	丙烯腈-丁二烯-苯乙烯共聚物(ABS)	优良	良好
	ABS-聚碳酸酯合金	良好	良好
	聚甲基丙烯酸甲酯(PMMA)	良好	良好~一般
	丙烯酸系多元共聚物	良好	良好~一般
	丁二烯-苯乙烯	良好	一般
	聚苯乙烯	优良	优良
	橡胶改性聚苯乙烯	良好	良好~一般
	纤维素	一般	差
	硬质聚氯乙烯(PVC)	一般	差
	聚碳酸酯	良好	良好
	聚苯醚	良好	良好
结晶型塑料	聚甲醛	良好	一般
	聚酰胺	良好	一般
	热塑性聚酯	良好	一般
	聚丙烯	一般	一般~差
	聚乙烯	一般	差
	聚苯硫醚	良好	一般

塑料超声波焊中焊接面预加工有一些特殊要求，在焊接面上，常设计带有尖边的超声波导能筋，如图6-20所示。超声波导能筋具有减小超声波焊的起始接触面积以达到理想的起始加热状态、准确地控制材料熔化后的流动以及防止焊件自身过热的作用。

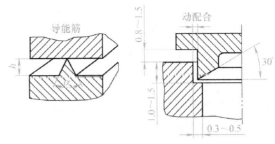

图6-20　塑料超声波焊焊接面上的导能筋

焊接模塑件时，超声波导能筋的形式及其设计原则取决于被焊塑料的种类和模塑件的几何形状。图6-21所示为无定形和部分结晶型塑料超声波焊时焊面设计实例。

塑料超声波焊的焊缝质量主要与母材的焊接性、焊件和焊缝的几何形状及公差范围、超声波振头、焊接参数、振头压入深度的调整和稳定控制等因素有关。塑料超声波焊时，应针对不同的材料选择合适的超声波振头，严格控制焊接参数。

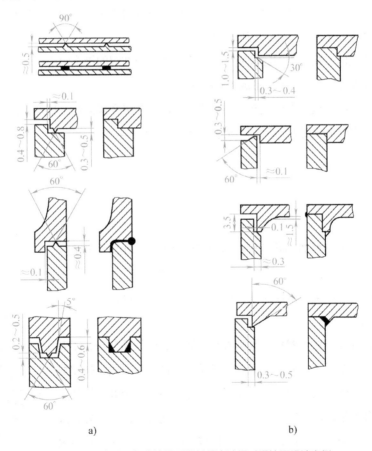

a)　　　　　　　　　　　　　　　　b)

图6-21　无定形和部分结晶型塑料超声波焊时焊接面设计实例

a）无定形塑料　b）结晶性塑料

二、异种材料的超声波焊

对于不同性质金属材料之间的超声波焊，其焊接质量取决于两种材料的硬度。材料的硬度越接近，硬度值越低，超声波焊焊接性就越好。焊接硬度相差悬殊的两种材料，当其中一种材料的硬度较低、塑性较好时，也可以形成高质量的接头。如果两种被焊材料的塑性都较低，可采用中间过渡层进行焊接。焊接不同硬度的金属材料时，将硬度低的材料置于上面，使其与上声极相接触，焊接所需参数及焊机功率按照低硬度焊件选取。例如：对铜、铝等不同材质的焊接接头，若使用常规的热能熔焊法进行焊接，则因铝材表面具有坚固的氧化膜、金属熔点不同、金属热导率高以及金属熔合而导致的脆性较大等原因，易生成不稳定的金属间化合物，影响接头质量的可靠性，而采用超声波能量进行焊接，不会产生脆性金属间化合物，可获得高质量的焊接区，且不需中间工序，提高了焊接生产率。

在焊接铝制点火模件衬底和铜制衬垫时，通过超声波自动焊接系统可达到完成3000个焊点/h的生产率。采用超声波焊方法焊接汽车起动电动机电场线圈内的铜-铝接头，解决了生成非导电性氧化层以及因热循环引起的损耗问题。

不同厚度的金属材料也有很好的超声波焊焊接性，甚至焊件的厚度比几乎可以是无限制的，如可将热电偶丝焊到待测温度的厚大物件上。厚度为25μm的铝箔与厚度为25mm的铝板之间的超声波焊也可以顺利实现，并可得到优质的接头。

焊接异种金属时，接头组织比较复杂，如镍与铜超声波焊的接头组织中，较软的铜以犬牙交错的形式嵌入到镍材中，并在界面形成了固相连接。

超声波焊可以在玻璃、陶瓷或硅片的热喷涂表面上连接金属箔及金属丝，把两种物理性能相差悬殊的材料制成双金属接头，以满足微电子器件等行业的需求。

拓展二　超声波焊典型案例

案例1：离心叶轮的低温超声波焊

某离心泵的关键零件离心叶轮材料为低密度聚乙烯，由圆盖和底座两部分组成，如图6-22所示。离心叶轮的叶片和圆盖之间的连接至关重要，一般粘接胶的耐氧化、耐蚀性差，粘接强度较低，所以离心叶轮不宜采用粘接形式。

低密度聚乙烯属于软性塑料，其衰减系数较高，弹性系数小，不利于超声波传导。一部分机械振动能量在传导过程中被焊件吸收，转化成热能使焊件受热变软，在压力作用下使焊件变形。由于超声波在焊件中传导损失一部分能量，从而在被焊区域上产生的热能减少。这将导致焊接时间的延长，引起焊件变形，也影响焊接接头的强度。同时低密度聚乙烯材料本身较软，伸缩性强，焊件和焊具接触面之间传导反射超声波

图6-22　离心叶轮

能力差，摩擦力也大，因而超声波在焊件和焊具之间传导时衰减，部分能量被焊件和焊具表面吸收转化成热能，致使焊件和焊具之间摩擦生热。这一方面使焊件表面受热变形，影响焊接表面质量；另一方面也使焊具变热，污染焊具。

离心叶轮的圆盖厚度为3.5mm，底座厚度为20mm，属于难焊塑料，所以采用改变材料本身的物理性质来适应超声波焊设备的焊接工艺方法。超声波焊设备对材料的要求是硬度高、弹性系数大。而塑料在固化温度以下会变成玻璃状态，因此把低密度聚乙烯试样放入低温箱中，采用给软性塑料降温的方法来提高低密度聚乙烯的硬度和弹性系数。低密度聚乙烯剪切弹性系数随温度的变化如图6-23所示。

随着温度降低，伸缩性很强的低密度聚乙烯变成了硬度和弹性系数都很高的玻璃状态。这时低密度聚乙烯的黏度增强，热导率低，传导超声波能力强，在焊件中能量损失不明显，绝大部分能量在焊接区域内转化成热能。

取最佳焊接时间为3s的焊件，采用拉伸试验检验焊后效果，发现接头强度与焊后存放时间有关，如图6-24所示。拉伸试验表明，低密度聚乙烯焊件降温到-50℃用超声波焊焊接，焊后存放50min以后，接头的抗拉强度大约相当于材料本身强度的90%，并且焊件表面无变形，采用显微镜观察，焊接区域组织均匀。

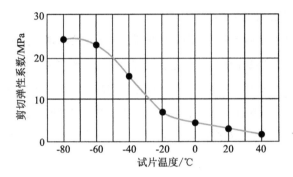

图6-23 低密度聚乙烯剪切弹性系数随温度的变化   图6-24 接头强度与焊后存放时间的关系

案例2：聚乙烯医疗器具的超声波焊

聚乙烯医疗器具的结构尺寸如图6-25所示。其中图6-25a所示为对称医疗器具的上（或下）焊件；图6-25b、c所示为工作端及柄部焊接部位的结构尺寸。

聚乙烯医疗器具工作端的超声波焊形式属于近程焊（上声极端面与焊接面距离$h<6.4$mm），焊件柄部属于远程焊（$h>6.4$mm）。聚乙烯材料近程焊的焊接性一般、远程焊的焊接性很差。为了提高聚乙烯医疗器具焊接质量的稳定性，选用MP201焊机，设计了阶梯形超声波聚能器，获得的输出振幅为$30\mu m$。利用聚能器的振幅放大作用获得聚乙烯超声波焊所需的振幅要求。

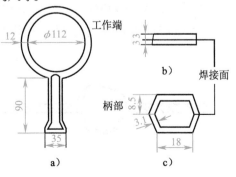

图6-25 聚乙烯医疗器具的结构尺寸

由于聚乙烯医疗器具工作端的几何尺寸与柄部不同，采用的焊接工艺也不相同。对于工作端的焊接，采用的焊接参数及焊接效果见表6-10。

表 6-10 聚乙烯医疗器具工作端的超声波焊焊接参数及焊接效果

起振压力/MPa	焊接压力/MPa	焊接时间/s	保压时间/s	焊接效果
0.04	0.05	0.7	0.2	局部熔合,强度低
0.08	0.10	0.7垫纸	0.2	强度高,表面质量好
0.13	0.15	0.5垫纸	0.2	强度中等,表面质量好
0.15	0.20	0.7垫纸	0.2	表面严重破坏

焊接压力过小会造成发热量不足，导致局部不熔合或焊接时间过长，强度较低；焊接压力过大，则会造成整个表面破坏严重或压溃。同样，焊接时间过长也会造成这种表面缺陷。因此聚乙烯医疗器具工作端合理的焊接压力为0.1MPa,焊接时间为0.7s。对于柄部，由于焊接面面积较小，试验确定合理的超声波焊接压力为0.07MPa，焊接时间为0.7s。

聚乙烯医疗器具的表面硬度较低，对产品表面必须采取合理的保护措施，否则会出现表面污物、表面压痕以及灼烧。尤其在上声极边缘与焊件接触的部位，这种局部熔化加上超声冲击所致的溃坏更为明显，极大地影响了产品外观质量。由于超声波焊为产品成形前的最后一道工序，所以焊件的外观质量与接头强度同等重要。因此，采用在上焊件表面与上声极端面间垫纸的工艺，一方面减小了上声极端面（上声极材料一般为铝合金）对产品表面的污染，另一方面也减小了表面压痕和溃坏。

案例3：太阳能集热器吸热板的超声波焊

平板太阳能集热器是一种重要的太阳能热利用设备，其吸热板在很大程度上决定集热器利用太阳能以及维持这种性能长期性的能力。吸热板性能以选择结构材料和制造工艺为基础，是决定集热器性能优劣的重要因素。

管板式吸热板是将排管与平板以一定的结合方式连接构成吸热条带，然后再与上下集管焊接成平板太阳能集热器吸热板。这是目前国内外使用比较普遍的吸热板结构类型。

图6-26所示为典型的管翼结构的吸热板，W为流道管间距、D为流道管直径。

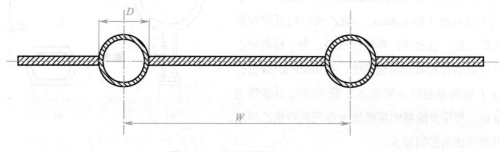

图 6-26 典型的管翼结构的吸热板

吸热板的结构如图6-27所示。

太阳能集热器吸热板是吸收太阳辐射能并将其传递给流道的器件。铜管-铜翅吸热板虽有良好的热性能和耐蚀性，但制造成本相对偏高；铝是一种导热性能较好的材料，但水中氯化物的存在会加速铝的点蚀、应力腐蚀、晶间腐蚀和缝隙腐蚀，因此一般认为它不宜作为流道管材料。

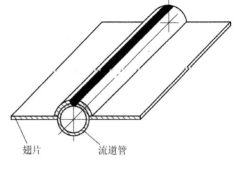

图6-27 吸热板的结构

采用铜管-铝翅焊接而成的吸热板，可以提高太阳能集热器的吸热能力，制造成本低，而且具有较好的耐蚀性，可以使水在加热和储存过程中不至于受到二次污染，保持水质清洁，具有较好的性价比，所以在太阳能集热器中广泛应用。

对于铝、铜等不同材质的焊接接头，若使用常规的热能熔焊法进行焊接，则因为铝材表面具有坚固的氧化膜、金属熔点不同、金属热导率不同以及金属熔合而导致的脆性较大等原因，易生成不稳定的金属间化合物，从而影响接头的质量。而采用超声波焊铝和铜，由于焊件不通电，不加外热源，焊接过程中不出现宏观气相和液相，因而不致出现任何铸态熔核，也不会发生熔融金属的喷溅；同时焊接区金属的物理和力学性能不发生宏观变化，其焊接接头的静载强度和疲劳强度都比较高，且稳定性好。因此，铜管-铝翅焊接而成的太阳能集热器吸热板适合采用超声波焊。

为了减小翅片和流道管的结合热阻，在流道管轴向与翅片接触部位实施焊接。采用一种搭接接头，翅片和流道管壁都很薄，厚度均在0.5mm以下，焊缝长约2~2.5m，并且焊件工作时介质在流道管中加热流过，翅片只起吸收传导热的作用，因此对接头强度和密封性要求不高。研究表明，采用表6-11所列的焊接参数进行超声波焊，焊后进行金相分析，太阳能集热器吸热板超声波焊接头没有出现Cu-Al脆性金属间化合物，焊缝没有产生裂纹，其力学性能和导电性均符合产品的使用要求，具有接头强度高、生产率高、耗能小、劳动条件好等优点。

表6-11 铜-铝合金超声波焊的焊接参数

材料	厚度/mm	振动频率/kHz	静压力/N	焊接时间/s	振幅/μm	连续焊接速度/(m/min)
铜+铝(C11300+1200)	0.5+0.5	20	300~450	0.05~1	16~20	10

案例4：铝热交换器的超声波钎焊

一、钎焊所需的设备

铝热交换器超声波钎焊的主要设备为超声波钎焊炉、补液器、焊液密度测量仪、预热装置。铝热交换器超声波钎焊时的加工装备位置如图6-28所示。

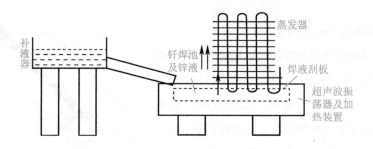

图6-28 铝热交换器超声波钎焊时的加工装备位置

二、超声波钎焊工艺

将铝热交换器产品的零件清洗、扩管、扩口并组装后，用火焰对其装配部位预热，再迅速移到钎焊池的上部，同时用焊液刮板刮去池液表面浮渣，之后将产品慢慢浸入焊液（锌液）中，稍等片刻（3~5s），待产品装配区温度接近焊接温度时，起动超声波3~6s，利用超声波振荡促使焊液迅速湿润并填满焊缝，然后提起产品，去掉焊液（柱）完成钎焊。

1.产品的清洗与装配

用化学清洗方法去掉产品及弯头内外表面氧化层等残留物。

装配间隙δ可由试验室所得焊接（浸润）高度H与装配间隙δ关系曲线来确定，如图6-29所示。装配间隙的取值原则为：装配管直径较小的，取间隙值要大些；反之则小些。另外，在装配时，弯头端口与扩口内壁接触点要有一定缝隙，如图6-30所示，以便使液面上升时与装配间隙形成封闭，使空气从此处入口通过产品内部排出，不影响焊液的浸润。

2.产品装配区预热

产品的预热是为了防止冷产品进入钎焊池时，其表面焊液凝固，故预热温度至少要达到427℃或高于焊液温度10℃左右，预热速度要快（30~40s），否则产品将产生难去掉的氧化层。但预热的温度不可太高，否则产品在钎焊施加超声波时，会发生过度腐蚀。

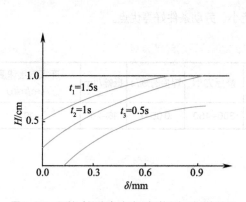

图6-29 焊接（浸润）高度H与装配间隙δ的关系
t_1、t_2、t_3—超声波时间

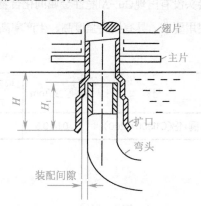

图6-30 产品的装配图

3.产品的浸没深度H_1

产品在焊液中的浸没深度H_1是影响钎焊浸润高度H的重要因素，它们之间呈线性关系，即当

浸没深度H_1增加时，浸润高度H也随之增加。

4.超声波铝钎焊要点

利用超声波振动产生空穴作用，充分消除产品装配部件表面氧化层，使焊液迅速湿润其表面。一般起动超声波时间为3~6s，超声波的频率为20~30kHz。如果时间过短，则达不到预期目的；如果时间过长，则可能使产品过度腐蚀，这还与产品管壁厚度、焊液成分、焊液温度和超声波功率有关。

5.焊液温度的均匀和表面浮渣的清除

在熔池中钎焊完的产品不断提走，造成池液温度不均匀，故要用搅拌器定时搅拌焊液；池液表面的浮渣用刮板及时刮去，去掉有害杂质。

6.焊液成分及焊液补充

焊液的成分为Zn95%（质量分数，下同）和Al5%，温度一般控制在419~426℃。为了保持焊液成分的稳定，要及时补充焊液，并保证池液维持在一个恒定的水平线上，不影响产品的浸润高度。但在钎焊过程中，焊液成分不断变化，产品中铝管和出入口铜配管的熔蚀以及钎焊池壁冲击熔蚀，使焊液中Al及Cu、Mn、Fe、Ni、Cr等含量增加。

焊液中的Al含量（质量分数）应控制在3%~7%的范围。如果Al含量（质量分数）超过7%，钎焊接头会出现收缩和疏松孔洞；如果低于3%，铝弯头会在焊液中腐蚀和熔化。Cu含量（质量分数）超过2.5%将引起钎剂熔点急剧上升，焊液将变黏滞；Mn含量（质量分数）超过0.002%和Ni含量（质量分数）超过0.003%会形成浮渣；Fe含量（质量分数）超过0.05%，会在表面形成Fe-Al化合物，引起焊接脆性。所以，通常加入含Zn97.5%~98.5%（质量分数）的补充液，及时用刮板去掉液面浮渣，保持焊液成分稳定，以保证钎焊质量。

案例5：铝基复合材料的超声波钎焊

高体积分数SiC颗粒增强的铝基复合材料由于具有较低的线胀系数、高的热传导率及高的比强度，因此在电子封装及航空工业等领域倍受关注。用超声波辅助钎焊工艺既可以在大气条件下不使用钎剂去除铝合金表面的氧化膜，又能促进钎料对SiC陶瓷颗粒的润湿。

（一）工艺过程

采用无压渗透法制备的SiC_p/A356铝基复合材料，SiC颗粒的体积分数为55%，由平均尺寸为15μm及50μm的两种颗粒混合而成。采用超声波钎焊法连接。铝基体合金的化学成分（质量分数）为Al92%~93.12%、Si6.5%~7.5%、Mg0.3%、Ti0.08%~0.20%。选用Zn-Al钎料片，厚度为300μm，固-液相线为383~399℃。超声波钎焊过程示意图如图6-31所示，试样加工成40mm×10mm×3mm的薄片，搭接长度为20mm。

用砂纸打磨焊件表面，然后在丙酮中进行超声波清洗，焊件晾干后，采用搭接接头形式将铝基复合材料焊件装夹在卡具上。采用超声波辅助电炉加热钎焊方法，在大气环境下，将试样加热至420℃，使钎料熔化，将超声头以0.2MPa的压力施加于焊件表面，向焊件施加超声波振动，超声波振动频率为20kHz，超声振幅为20μm，分别采用超声波振动时间为0.5s、5s后停止振动，移开超声头，让焊件自然冷却。

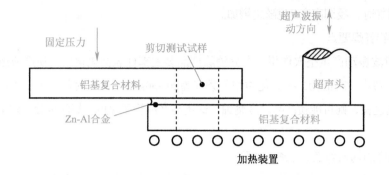

图6-31 超声波钎焊过程示意图

采用Zn-Al合金连接SiC$_p$/A356复合材料时主要有两个因素影响接头结合性能。

1）液态钎料与复合材料基体金属之间的润湿性。

2）液态钎料对复合材料表面裸露SiC陶瓷颗粒的润湿性。

超声波作用既能去除液态Zn-Al合金与复合材料基体金属之间的氧化层，实现它们之间的冶金结合，又能促进液态钎料润湿SiC陶瓷颗粒，且氧化层的去除要先于对SiC陶瓷颗粒的润湿过程。

（二）抗剪强度

从搭接接头中心取尺寸为10mm×10mm×6.3mm的薄片，采用剪切卡具在 Instron-1186型电子万能拉伸试验机上对超声波钎焊接头进行常温拉伸试验。对于每一种连接条件，至少要测得三个试样的抗剪强度。

对超声波作用0.5s后焊接接头进行剪切试验，断裂均位于液态钎料与复合材料界面处，抗剪强度为54.3MPa，约为SiC$_p$/A356复合材料强度的30%（复合材料强度为160~178MPa）。对超声波作用时间为5s的SiC$_p$/A356复合材料焊接接头进行剪切试验发现，断裂都位于靠近界面的复合材料处，抗剪强度为155.6MPa，和母材的抗剪强度接近。

液态Zn-Al合金与复合材料之间存在两种接触界面，因此存在着液态Zn-Al合金对复合材料基体金属的润湿及其对复合材料表面裸露SiC颗粒的润湿两种过程。当超声波作用时间为0.5s时，液态钎料能部分润湿复合材料基体金属，但是不能润湿SiC陶瓷颗粒。当超声波作用时间为5s时，液态钎料既能完全润湿复合材料基体金属，又能完全润湿SiC陶瓷颗粒，接头强度随超声波作用时间的增加明显提高。

案例6：镁合金超声波钎焊

镁合金以其优异的物理、化学性能，低廉的价格，可回收再利用等优点，被誉为21世纪的绿色工程材料，在航空航天、汽车、电子领域有极其重要的应用价值。北京工业大学对镁合金超声波钎焊进行了试验研究。试验采用AZ31B镁合金板材，板厚为3mm。自制钎料成分（质量分数）为Mg47.9%、Al2.4%、Zn49.7%，室温相组成为α-Mg+MgZn+MgZn$_2$，熔化区间为341~348℃。母材和钎料尺寸分别为50mm×10mm×3mm和3mm×3mm×10mm。

超声波探头产生的超声波频率为20kHz，振幅为55μm。试验钎焊温度为370~380℃，焊前用丙酮清洗试样表面以去除油污，经砂纸打磨表面后，以搭接形式放置在自制卡具上进行加热，块状钎料置于焊缝间隙端部，钎缝预留间隙为0.1~0.3mm，搭接长度15mm，待加热至钎料熔化时，向下板施加超声波振动0.1~5s，液态钎料填满间隙，随卡具自然冷却，最终形成钎焊接头。接头显微组织主要为α-Mg和Mg-Zn相，母材部分溶解和钎料中Zn元素向母材的扩散是接头中扩散层形成的主要原因，扩散层对接头强度有较大影响。

（一）超声波振动时间对接头强度的影响

待焊母材预留间隙为0.15mm时，超声波振动时间对接头抗剪强度的影响如图6-32所示。

超声波振动时间对接头抗剪强度的影响主要体现在对氧化膜破坏程度及对界面反应的作用。超声波振动时间为0.1s时，界面反应不充分，没有形成明显的扩散层，钎缝基本保持原钎料成分，故接头强度很低，只有12.4MPa。接头为典型的层片状脆性断裂，断裂发生在界面区，断口光滑平整，表明界面结合力很弱。随超声波振动时间的增加，超声波加速母材表面的Mg元素与钎料中Zn元素相互扩散，接头强度逐渐增加。

当超声波振动时间增加到一定范围（2~4s），界面反应充分，形成明显扩散层，接头强度较高，可达80~90MPa。随着超声波振动时间的增加，断口形貌从层片状断裂向沿晶断裂转变，断裂发生在钎缝内部。继续延长超声波振动时间(>4s)，大量的钎料从母材间隙中被振出，滞留在间隙中的较少液态钎料不能与母材充分作用，接头强度降低，断面中可见大量气孔和未焊合等缺陷。

（二）钎缝预留间隙对接头强度的影响

在超声波振动时间为3s的工艺条件下，界面作用充分，结合紧密，只需考虑钎缝预留间隙对接头强度的影响。图6-33所示为超声波振动时间为3s时不同钎缝预留间隙下接头的抗剪强度。

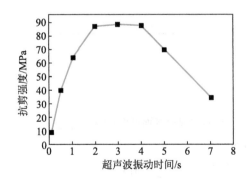
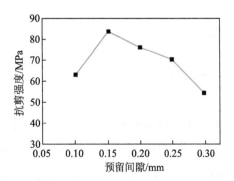

图6-32　超声波振动时间对接头抗剪强度的影响　　　　图6-33　超声波振动时间为3s时不同钎缝
　　　　　　　　　　　　　　　　　　　　　　　　　　　　预留间隙下接头的抗剪强度

由图6-33可见，随着预留间隙的增大，接头强度先增加后减少。当预留间隙为0.1mm时，钎料并未填满预留间隙，与超声波诱导填缝过程填缝速度随预留间隙的减小而变快的规律相反。这是由于间隙过小更容易导致预留间隙不均匀，在毛细作用下液态钎料在间隙小的一侧流动速度快，在间隙大的一侧流动速度慢，使得填缝不均匀，故接头强度较低，且间隙两侧钎料填入量差异较大，加剧了间隙的不均匀，接头变形严重；若间隙过小接近零时，超声诱导和毛细作用都不能促使钎料填充间隙。而0.15mm是此钎料理想的预留间隙，接头抗剪强度最高，为84MPa。当接头预留间隙继续增大时，毛细作用减弱，钎料填缝困难，故接头强度大幅降低。

项目总结

超声波焊技术是19世纪30年代偶然发现的，20世纪60年代美国、德国、瑞士、日本、英国等国便开始研究这种焊接技术并开始投入实际应用。近几十年以来，随着复合材料大量应用于工业生产和日常生活中以及电子工业的飞速发展和新型大功率换能器的出现，超声波焊以其焊前准备简单，焊接时间短，焊接材料不熔融、不脆弱，环保安全等优点，得到了极为广泛的应用。

超声波焊接头间的冶金结合是母材不发生熔化的情况下实现的一种固态焊接。因此它有效地克服了电阻焊时所产生的飞溅和氧化等现象。超声波焊能对铜、银、铝、镍等有色金属的细丝或薄片材料进行单点焊接、多点焊接和短条状焊接。

本项目选用了两个典型任务，学生通过任务实施，能够具有合理编制焊接工艺和正确选用焊接设备的能力。

拓展内容介绍了目前应用最多的几种材料的超声波焊，并选取了几个典型案例，目的在于使学生了解超声波焊在不同材料中的特点及应用，超声波焊可以实施在哪些具体产品中，并为今后进一步研究超声波焊方法提供参考。

复习思考题

一、思考与练习

（一）填空

1.超声波焊是两焊件在_____作用下，利用_____使焊件接触表面产生强烈的_____，以清除_____并加热焊件而实现焊接的一种固态焊接方法。

2.超声波焊经历了以下三个阶段：_____阶段、_____阶段、_____阶段。

3.超声波点焊的主要焊接参数是_____、_____、_____、_____、_____。

4.超声波焊机通常由_____、_____、加压机构和_____等组成。

5.对于不同性质金属材料之间的超声波焊，其焊接质量取决于两种材料的_____。

（二）选择

1.超声波焊适用的被焊材料为（　　）。

　A.塑料　　　　　　B.黄铜　　　　　　　　C.铅　　　　　　　　D.铝

2.超声波点焊按照振动系统分，可以分为（　　）。

A.切向振动系统　　　B.垂直振动系统　　　　C.纵向振动系统　　　　D.弯曲振动系统

3.超声波焊的声学系统是由（　　）组成的。

A.换能器　　　　　B.聚能器　　　　　　C.耦合杆　　　　　　　D.声极

4.超声波焊的接头形式有（　　）。

A.对接接头　　　　B.搭接接头　　　　　C.T形接头　　　　　　D.角接接头

5.超声波焊设备包括（　　）。

A.点焊机　　　　　B.环焊机　　　　　　C.缝焊机　　　　　　　D.线焊机

（三）判断

1.超声波焊时，振动由切向传递用于焊接金属，而由垂直方向传递则用于焊接塑料。（　　）

2.超声波焊对焊件表面的清洁要求不高，甚至可以焊接涂有油漆或塑料薄膜的金属。（　　）

3.超声波焊时，声学系统的自振频率应该与超声波发生器产生的超声波频率相同或相近，同时应该
与焊件的自振频率相同。（　　）

4.换能器的作用是将超声波发生器的电磁振荡转变成相同频率的机械振动能。（　　）

5.异种材料焊接时，材料的硬度越接近，硬度值越低，焊接性就越好。（　　）

（四）简答

1.简述超声波焊的连接机理，举例说明超声波焊在工业生产中的应用。

2.超声波焊对接头设计与焊接面有哪些要求？

3.超声波常用的换能器的特点分别是什么？

4.采用超声波焊焊接塑料时的工艺特点有哪些？

5.简述异种材料超声波焊的工艺要点。

二、观察与讨论

1.参观企业焊接生产车间，了解太阳能集热器吸热板的特点及其焊接工艺，写出参观记录。

2.利用互联网或相关书籍收集资料，写出两种超声波焊的应用实例，并与同学交流讨论。

项目七
螺柱焊技术

项目导入

　　螺柱焊（Stud Welding，SW）是指将金属螺柱或螺栓、螺钉等其他金属紧固件焊到焊件上的方法。螺柱焊技术起源于20世纪第二次世界大战期间，由一位美国战舰上的工程师发明。通过螺柱焊技术，可以将柱状金属在5ms~3s的短时间内焊接到金属母材的表面，焊缝为全断面熔合。由于螺柱焊具有高质量、高效率、低成本、操作简便等技术优势，使其很快在航空航天、船舶制造、车辆制造、建筑等领域得到推广应用。

　　根据"特种焊接技术"课程教学目标要求，立足拓展和提升学生螺柱焊技术应用能力，以"螺柱焊技术"为项目载体，提炼了"编制螺柱焊工艺"和"选用螺柱焊设备"两个典型任务，选取了抗剪连接件的电弧螺柱焊典型案例，配置了丰富的动画、视频资源，使教学内容更加生动、直观。建议采用项目化教学，模拟企业情境，以小组形式来完成任务。教学过程中注重培养学生的职业素养以及自主学习和协作交流的能力。

学习目标

1.掌握螺柱焊的原理及特点。

2.能够分析金属材料对螺柱焊工艺的适应性。

3.熟悉典型螺柱焊设备。

4能够合理选用螺柱焊设备。

5.掌握螺柱焊工艺要点。

6.能够编制并实施螺柱焊工艺。

7.掌握螺柱焊的质量检验技术。

项目实施

任务一　编制螺柱焊工艺

任务解析

"编制螺柱焊工艺"是螺柱焊技术的典型任务。这一任务涉及的知识点包括螺柱焊的原理、特点及应用等。通过任务实施，使学生能够根据焊接结构和材料进行螺柱焊焊接性分析，编制并实施螺柱焊工艺，掌握螺柱焊技术的质量控制方法，能够按照安全操作规程文明生产。

必备知识

一、螺柱焊的原理及特点

1. 螺柱焊的原理

螺柱焊时，通过电源的输出和螺柱机械运动的协调作用，首先在焊接螺柱和焊件之间引燃焊接电弧，焊接螺柱和焊件被部分熔化，在焊件上形成熔池，同时螺柱端部形成熔化层，然后在压力的作用下将螺柱端部浸入熔池，并将液态金属部分挤出接头，从而形成再结晶的塑性连接或再结晶和重结晶混合连接接头。当电弧熄灭后，保持几毫秒的短路电流形成加压顶锻。

2. 螺柱焊的特点

与普通电弧焊相比，螺柱焊具有以下优点。

1）焊接时间短，不需填充金属，生产率高；热输入小，热影响区窄小，焊接变形极小。

2）只需单面焊；安装紧固件时，不必钻孔、攻螺纹和铆接，这对压力容器设计很有利，无须开孔和设置凸台或凸缘，增加了防漏的可靠性。

3）电容放电螺柱焊可焊接小螺柱和薄母材，能够焊接异种金属；因电容放电时电弧有击穿特性，能将金属涂层（如电镀层、镀锌层等）排出接头之外，因而也可把螺柱焊到有金属涂层的母材上。

4）对焊接表面清理要求不高。采用电容放电螺柱焊焊接非铁金属和不锈钢等材料，不必用氩气或焊剂进行保护，降低焊接成本。

5）与焊条电弧焊相比，螺柱焊所用设备轻便并易于操作。

6）螺柱焊与螺纹拧入的螺柱相比，在满足强度的条件下，所需要的母材厚度小。

7）螺柱焊熔深浅，焊接过程不会损害预加工的结构背面，焊后无须清理。

螺柱焊也具有一定的局限性。

1）螺柱的形状和尺寸受焊枪夹持和电源容量限制，螺柱底端尺寸受母材厚度限制。

2）电弧螺柱焊在螺柱端需套一活动套圈；预接触式或预留间隙式电容放电螺柱焊的螺柱，

其待焊端需加工出严格的凸台用于引弧，而且螺柱的直径一般限制在 1.6～10mm范围内，超出此范围，无论是螺柱的制备和焊接，都变得不经济。

3）焊接淬硬倾向大的材料容易在焊缝及热影响区引起淬硬，造成焊接接头塑性不足。

微课：螺柱焊的原理及分类

二、螺柱焊的分类

根据所用焊接电源不同和接头形成过程的差别，通常可将螺柱焊分为电弧螺柱焊（也称为标准螺柱焊）、电容放电螺柱焊（也称为电容储能螺柱焊）以及短周期螺柱焊（也称为短时间螺柱焊）三种基本形式。

1.电弧螺柱焊

焊接时，螺柱端部与焊件表面之间产生稳定的电弧过程，电弧作为热源在焊件上形成熔池，同时螺柱端部被加热形成熔化层，在压力(弹簧等机械压力)作用下将螺柱端部浸入熔池，并将液态金属全部或部分挤出接头之外，从而形成再结晶的塑性连接或再结晶与重结晶混合连接接头。电弧螺柱焊通常使用下降特性的直流弧焊电源，焊接过程中焊接电流基本上恒定。

电弧螺柱焊的焊接过程如图7-1所示。开始时先将螺柱放入焊枪的夹头里并装上套圈，使螺柱端部与焊件接触（图7-1a）；按下开关接通电源，枪体中的电磁线圈通电而将螺柱从焊件上拉起，随即起弧（图7-1b）；电弧热使柱端和母材熔化，由时间控制器自动控制燃弧时间；在断弧的同时，线圈也断电，靠压紧弹簧把螺柱压入母材熔池即完成焊接（图7-1c）；最后提起焊枪并移去套圈（图7-1d）。

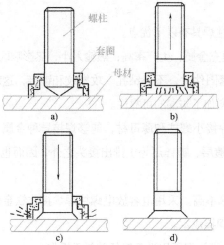

图7-1 电弧螺柱焊的焊接过程

动画：电弧螺柱焊

2.电容放电螺柱焊

利用储能电容器快速放电产生的电弧作为热源来连接螺柱与焊件的方法，称为电容放电螺柱焊。供电电源是电容器，焊前电能已储存在电容器内，故又称为电容储能螺柱焊。在螺柱端部与焊件表面间的放电过程是不稳定的电弧过程，即电弧电压与电弧电流瞬时变化着，焊接过程是不可控的。根据引燃电弧

微课：电容放电螺柱焊的原理及分类

的方式不同，有预接触式、预留间隙式和拉弧式三种焊接方法。

（1）预接触式电容放电螺柱焊　预接触式电容放电螺柱焊的焊接过程如图7-2所示。螺柱待焊端须设计有小凸台，焊时先将螺柱对准焊件，使小凸台与焊件接触（图7-2a），然后施压使螺柱推向焊件。随即电容器放电，大电流流经小凸台，因电流密度很大，瞬间被烧断而产生电弧（图7-2b）。在电弧燃烧过程中，待焊面被加热熔化，这时由于压力一直存在，故螺柱向焊件移动（图7-2c），待柱端与焊件接触，电弧熄灭，即形成焊缝（图7-2d）。整个焊接过程特点是先接触后通电，加压在通电之前。

动画：预接触式电容
放电螺柱焊

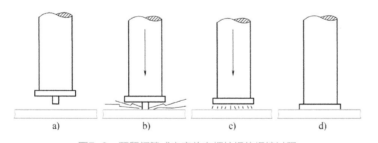

图7-2　预接触式电容放电螺柱焊的焊接过程

（2）预留间隙式电容放电螺柱焊　预留间隙式电容放电螺柱焊的焊接过程如图7-3所示，螺柱待焊端也须设计有小凸台，焊时螺柱对准焊件，但不接触，两者之间留有间隙(图7-3a)。然后通电，在间隙间加入了电容器充电电压（空载电压），同时螺柱脱扣，在弹簧、重力或气缸推力作用下移向焊件。当螺柱与焊件接触瞬间，电容器立即放电（图7-3b），大电流使小凸台烧化而引燃电弧，电弧使两待焊面熔化（图7-3c），最后螺柱插入焊件，电弧熄灭而完成焊接（图7-3d）。这种方法的特点是留间隙，先通电后接触放电加压，完成焊接。

动画：预留间隙式电容
放电螺柱焊

图7-3　预留间隙式电容放电螺柱焊的焊接过程

（3）拉弧式电容放电螺柱焊　拉弧式电容放电螺柱焊时，螺柱待焊端不需设计小凸台，但需加工成锥形或略呈球面。引弧的方法与电弧螺柱焊相同，需由电子控制器按程序操作，其焊枪类似于电弧螺柱焊枪，其焊接过程如图7-4所示。

焊接时，先将螺柱在焊件上定位并使之接触（图7-4a），按动焊枪开关，接通焊接回路和焊枪体内的电磁线圈使螺柱离开焊件，使它们之间引燃小电流电弧（图7-4b）；当提升线圈断电时，电容器通过电弧放电，大电流将螺柱和焊件待焊面熔化，螺柱在弹簧或气缸力作用下返回向焊件移动（图7-4c），当插入焊件时电弧熄灭，完成焊接（图7-4d）。这种方法的特点是接触后拉起引弧，待电容器放电完成后实施焊接。

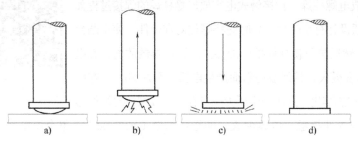

动画：拉弧式电容
放电螺柱焊

图7-4 拉弧式电容放电螺柱焊的焊接过程

3. 短周期螺柱焊

短周期螺柱焊采用逆变器、电容器或双整流器作为电源，焊接电弧燃烧过程呈阶段稳定性。短周期螺柱焊焊接过程也是由短路、提升引弧、焊接、落钉和有电顶锻几个过程组成，但是焊接时间只有拉弧式电容放电螺柱焊的十分之一到几十分之一，所以称为短周期螺柱焊。这种螺柱焊一般情况下是两个并联的电源先后给电弧供电，可以是两个弧焊整流器，也可以是整流器加电容器组，只有采用逆变器作为电源时可以不用双电源。短周期螺柱焊使用经过波形调制的电流，特点是不需保护、螺柱不用特殊加工，更容易实现自动化。

短周期螺柱焊的焊接过程如图7-5所示，具体过程如下。

1）螺柱下落与焊件定位短路，起动焊枪开关，螺柱与焊件间通电。

2）螺柱提升，引燃小电弧，此时电弧电流为I_p。

3）延时数十毫秒后大电流自动接通，大电流（焊接电弧）发生，焊件形成熔池；螺柱端部形成熔化层。

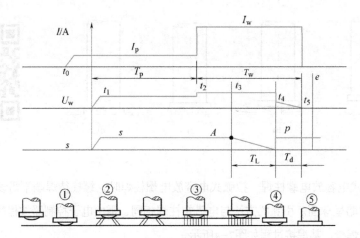

图7-5 短周期螺柱焊的焊接过程

U_w—电弧电压（V） T_w—焊接时间（ms） T_d—有电顶锻时间（ms） I_p—先导电流（A） I_w—焊接电流

s—螺柱位移（mm） T_p—先导电弧时间（ms） T_L—落钉时间（ms） p—焊枪中弹簧对螺柱压力（N）

$t_1 \sim t_5$—①~⑤螺柱该时刻所处的状态

4）螺钉、螺柱端部浸入熔池，电弧熄灭，同时焊枪的电磁铁释放弹簧压力在螺柱上。

5）接头形成，焊接结束，整个焊接过程不超过100ms。

三、螺柱焊的应用

螺柱焊在安装螺柱或类似的紧固件方面可取代铆接、钻孔和攻螺纹、焊条电弧焊、电阻焊或钎焊。由于螺柱焊具有焊接时间短，焊接强度高，焊接能量集中，操作方便，焊接效率高，对母材热损伤小等特点，因此被广泛地应用于工业领域，具体应用见表7-1。图7-6所示为不同类型螺柱焊焊接实例图7-7所示为螺柱焊在工业领域应用实例。

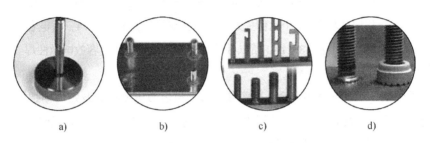

图7-6　不同类型螺柱焊焊接实例

a）气体保护短周期螺柱焊　b）接触式螺柱焊　c）、d）套圈保护电弧螺柱焊

表 7-1　螺柱焊在工业领域中的应用

工业领域	应用实例
钢结构建筑与桥梁工程	工业厂房,预制焊接T形钉钢结构,钢结构大桥,隧道工程等
船舶制造	焊接甲板防滑钉,制造舱门、固定仪表,装配设备,船舶内装修等
锅炉、压力容器制造	焊接用于固定特殊衬里的紧固件、检查孔盖用螺柱等
铁路车辆、汽车制造	焊接用于固定钢架、仪表盘、挡泥板的螺钉及安装保温层、保温钉等
机械制造、电气装置	固定外板和检验口,连接机器护板,固定管线,安装把手和其他部件等
电子行业	连接门和台板,固定面板,安装开关、按钮和仪器,安装印刷电路板
其他行业	固定标识牌,安装支架和加强杆,固定防火材料

a)　　　　　b)　　　　　c)　　　　　d)

图7-7　螺柱焊在工业领域应用实例

a）螺柱焊在钢结构中的应用　b）螺柱焊在锅炉容器中的应用

c）螺柱焊在汽车配件中的应用　d）螺柱焊在船舶行业中的应用

任务实施

一、选择螺柱焊方法

电弧螺柱焊、电容放电螺柱焊及短周期螺柱焊三种焊接方法既有共同的又有各自最佳的应用范围，其中比较难选择的是电容放电螺柱焊的三种方法，即预接触法、预留间隙法及拉弧法。选择焊接方法的依据是：焊件厚度、材质及紧固件的尺寸。

1）螺柱直径大于8mm的受力接头，适合采用电弧螺柱焊方法。虽然电弧螺柱焊可以焊直径3～30mm的螺柱，但8mm以下采用其他方法如电容放电螺柱焊或短周期螺柱焊更为合适。

2）焊件厚度δ和螺柱端径d有个比例关系，对电弧螺柱焊为$d/\delta=3～4$，对电容放电螺柱焊和短周期螺柱焊，这个比例可达到8～10，所以板厚3mm以下最好采用电容放电螺柱焊或短周期螺柱焊，而不要采用电弧螺柱焊。

3）对于碳钢、不锈钢及铝合金，电弧螺柱焊、电容放电螺柱焊及短周期螺柱焊都可以选用，而对于铝合金、铜及涂层钢板、薄板或异种金属材料，最好选用电容放电螺柱焊。

如果根据以上原则确定了电容放电螺柱焊为最佳焊接方法，那么电容放电螺柱焊三种焊接方法有不同的适用范围，应按以下原则选择：①预接触式焊接法仅适用于移动式设备，而且主要用于焊接碳钢和把碳钢螺柱焊到镀层钢板上；②预留间隙式焊接法可用手提式或固定式设备，用于焊接碳钢、不锈钢及铝合金，同拉弧式焊接法一样，还可以焊接异种金属材料，焊铝过程中不用惰性气体保护；③拉弧式焊接法所焊材料和设备与预留间隙式相同，但螺柱可以不需要特制凸台，这种方法最适用于带自动送料系统的批量焊接，焊铝时需要惰性气体保护；④对于厚度为1.0mm以下的薄板，要求接头背面没有凸痕的使用条件，应采用预留间隙式及预接触式。

二、分析螺柱焊工艺

（一）电弧螺柱焊工艺

1.焊件材料

用其他弧焊方法容易焊接的金属材料，都适用于进行电弧螺柱焊，其中应用最多的是低碳钢、高强度钢、不锈钢和铝合金。表7-2列出了电弧螺柱焊焊件材料与螺柱材料的组合。

表7-2 电弧螺柱焊焊件材料与螺柱材料的组合

焊件材料	螺柱材料
低碳钢	低碳钢、奥氏体型不锈钢
奥氏体型不锈钢	低碳钢、奥氏体型不锈钢
铝合金	铝合金

螺柱焊可焊接的最小厚度与螺柱端径有关。为了充分利用紧固件强度，防止焊穿和减少变形，建议焊件厚度不要小于螺柱端径的1/3。当强度不作为主要要求时，焊件厚度也不能小于螺柱端径的1/5。表7-3列出了电弧螺柱焊时推荐的最小钢板厚度和铝板厚度。

表 7-3　电弧螺柱焊时推荐的最小钢板厚度和铝板厚度

螺柱底端直径 /mm	钢板/mm （无垫板）	铝板/mm	
		无垫板	有垫板
4.8	0.9	3.2	3.2
6.4	1.2	3.2	3.2
7.9	1.5	4.7	3.2
9.5	1.9	4.7	4.7
11.1	2.3	6.4	4.7
12.7	3.0	6.4	6.4
15.9	3.8	—	—
19.1	4.7	—	—
22.2	6.4	—	—
25.4	9.5	—	—

2.螺柱

工业上最常用的螺柱材料是低碳钢、高强度钢、不锈钢和铝合金，其接头最小抗拉强度见表7-4。螺柱的外形必须使焊枪能夹持并顺利地进行焊接，其端径受焊件厚度限制。

表 7-4　电弧螺柱焊接头最小抗拉强度

螺柱材料	螺柱端径范围 /mm	接头最小抗拉强度 /MPa
低碳钢	3~32	415
高强度钢	3~32	830
不锈钢	3~19	585
铝合金	6~13	275

电弧螺柱焊对螺柱尺寸要求如下。

1）螺柱长度必须大于20mm才能施焊。螺柱长度应由夹持长度、套圈高度及焊接留量三部分组成。焊接时套入螺柱的套圈一般在10mm左右，焊接留量大约在3~5mm，夹持长度约5~6mm。焊接留量是指螺柱原始长度与焊后焊件表面到螺柱上端长度的差值。差值是由于焊接熔化、插入熔池及加压时塑性变形共同作用造成的缩短量，在设计螺柱长度时必须考虑预留这段长度，所以称为焊接留量。表7-5列出了电弧螺柱焊时的螺柱典型缩短量。

表7-5 电弧螺柱焊时的螺柱典型缩短量

螺柱直径/mm	5~12	16~22	≥25
长度缩短量/mm	3	5	5~6

2）螺柱直径一般大于6mm且小于30mm，否则焊接难度增大，甚至难以焊接。

3）螺柱端部应加工成锥形，锥度按专业标准规定，允许偏差较大。加工成锥形是为了便于短路引弧，短路通电时电流线集中，使引弧时热电离及热发射在电弧发生过程起更大的作用。钢的螺柱焊时，为了脱氧和稳弧，常在螺柱端部中心处（约在焊接点2.5mm范周内）放一定量焊剂。图7-8所示为将焊剂固定于柱端的四种方法，其中图7-8c所示方法较为常用。对于直径小于6mm的螺柱，若无特定的应用场合，则不需要焊剂。

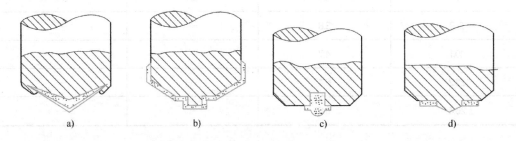

图7-8 将焊剂固定于柱端的四种方法

a）包覆颗粒 b）涂层 c）镶嵌固体焊剂 d）套固体焊剂

铝质螺柱端做成尖端，以利于引弧，但不需加焊剂。为防止焊缝金属氧化并稳定电弧，需用惰性气体保护。螺柱待焊底端多为圆形，也有方形或矩形。矩形螺柱端的宽厚比不应大于5。

3.套圈

电弧螺柱焊一般都使用套圈，焊前套在螺柱待焊端面，由焊枪上的卡钳保持适当位置。套圈的作用是：①施焊时将电弧热集中于焊接区；②阻止空气进入焊接区，减少熔化金属氧化；③将熔化金属限定在焊接区；④遮挡弧光。

套圈有消耗型和半永久型两种，前者为一次性使用，多用陶瓷材料制成，焊后易于碎除；后者可在一定次数上重复使用，直至焊接质量变得不合要求前更换。一次性使用的套圈焊后不必经螺柱滑出，故螺柱的外形不受限制，应用广泛。

套圈为圆柱形，底面与母材的待焊表面相配并做出锯齿形，以便焊接区排出气体，其内部形状和尺寸应能容纳因挤出熔化金属而在螺柱底端形成的角焊缝。套圈应与螺柱尺寸相匹配，并保证一定的公差。以直径为22mm、长度为200mm的螺柱为例，套圈的尺寸和公差如图7-9所示。套圈应保持干燥清洁，使用前要进行120℃的烘干。

（二）电容放电螺柱焊工艺

电容放电螺柱焊是以电容器作为电源，利用储能电容器快速放电产生的电弧作为热源的电弧法螺柱焊。和电弧螺柱焊相比有如下特点。

1）不用保护措施，如套圈、氩气或焊剂。因为焊接时间（即电弧燃烧时间）极短，只有2~3ms，空气来不及侵入焊接区，接头就已形成了。

2）不用考虑焊接留量。因为焊接熔池很小，约为2mm，而且接头是塑性连接，螺柱焊后的缩短量可以忽略不计。

3）接头没有熔化的焊缝，所以电容放电螺柱焊接头质量不必进行外观质量检验，不会有气孔、裂纹等缺陷。

4）螺柱端径d与焊件壁厚δ之比可达到8~10，即直径为3mm的螺柱可以焊在0.3mm的薄板上而不会烧穿，而电弧螺柱焊d与δ比值只能达到3~4。

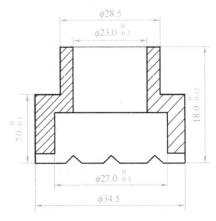

图7-9　套圈的尺寸和公差

1.焊件材料

电容放电螺柱焊的熔深小，螺柱金属与母材掺和也少，故可在极薄的板材（如0.25mm）上施焊而不致烧穿，且可进行多种异种金属焊接。表7-6列出了电容放电螺柱焊典型焊件材料与螺柱金属的组合。

表7-6　电容放电螺柱焊典型焊件材料与螺柱金属的组合

焊件材料	螺柱金属
低碳钢	低碳钢、不锈钢（奥氏体系列）、铜合金、黄铜
不锈钢（奥氏体和铁素体系列）	低碳钢、不锈钢（奥氏体系列）
铝合金	铝合金
铜、无铅黄铜	低碳钢、不锈钢、无铅铜合金
锌合金	铝合金
钛及钛合金	钛及钛合金

2.螺柱

螺柱体几乎可以是任何形状，如圆柱形（带螺纹或不带螺纹）、方形、矩形、锥形、开槽等冲压件，但它必须适合于装夹，而且焊接端必须是圆形的。螺柱的直径范围为1.6~13mm，一般在3~10mm范围内。

对预接触式和预留间隙式电容放电螺柱焊用的螺柱，需在焊接端设计有一个小凸台。标准的凸台为圆柱形，特殊场合下选用圆锥形。焊接端略呈锥形是为了便于排出焊接过程中产生的气体。通常焊接端底部的直径比螺柱体大，一般设计成凸缘，即带轴肩，这样焊缝的面积大于螺柱的横截面积，以保证接头强度等于或大于螺柱的强度。

为了提高生产率，螺柱的形状和尺寸应尽量规格化和标准化。表7-7列出了推荐使用的两种螺柱的形状和尺寸。

表 7-7　推荐使用的两种螺柱的形状和尺寸　　　　　　　（单位：mm）

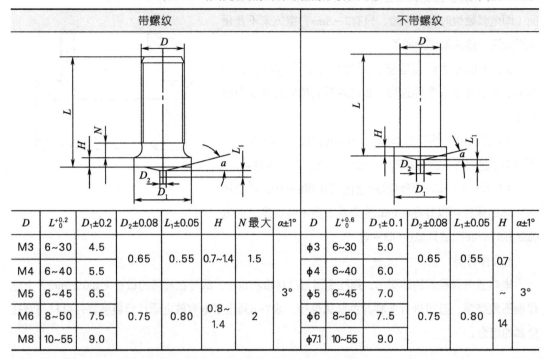

带螺纹							不带螺纹					
D	$L_{0}^{+0.2}$	$D_1\pm0.2$	$D_2\pm0.08$	$L_1\pm0.05$	H	N 最大	$\alpha\pm1°$	D	$L_{0}^{+0.6}$	$D_1\pm0.1$	$D_2\pm0.08$	$L_1\pm0.05$	H	$\alpha\pm1°$
M3	6~30	4.5	0.65	0..55	0.7~1.4	1.5	3°	φ3	6~30	5.0	0.65	0.55	0.7~14	3°
M4	6~40	5.5						φ4	6~40	6.0				
M5	6~45	6.5						φ5	6~45	7.0				
M6	8~50	7.5	0.75	0.80	0.8~1.4	2		φ6	8~50	7.5	0.75	0.80		
M8	10~55	9.0						φ7.1	10~55	9.0				

三、选择焊接参数

（一）电弧螺柱焊焊接参数

作为电弧螺柱焊热源的焊接电弧，其能量大小由电弧电压、焊接电流及焊接时间三者乘积所决定，焊接参数的选择就是对这三个参数的确定。焊接时，电弧电压是由焊枪的提升高度所决定，当提升高度确定后，电弧能量就由焊接电流与焊接时间决定。对一定直径螺柱，焊接时电流范围是一定的，只能在此范围内选择相应时间参数。由于相同的输入能量可由不同的焊接电流与焊接时间组合获得，因此在一定范围内，改变焊接时间有可能补偿低的或高的焊接电流。各种直径低碳钢电弧螺柱焊的电流与时间的关系如图7-10所示。对于某给定的螺柱尺寸，均存在一个相当宽的可焊范围，通常须在此范围内选定最适用的焊接电流和焊接时间。

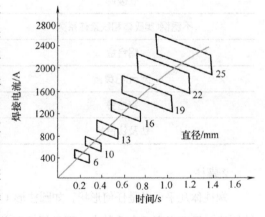

图7-10　各种直径低碳钢电弧螺柱焊的电流与时间的关系

在实际生产中，焊接条件的确定一般参照设备使用说明书中厂家推荐的数据通过试验来确定。同时也可以按经验公式估计，即

$$I = (50~100)d \tag{7-1}$$

$$T_{w} = (50~150)d \tag{7-2}$$

式中　I——焊接电流（A）；

　　T_w——焊接时间（ms）；

　　d——螺柱直径(mm)。

不锈钢螺柱焊到低碳钢母材上时，由于螺柱中的铬被母材稀释而使焊缝金属变硬，特别当母材中碳的质量分数大于0.2%时，更为严重，这时宜用含铬、镍更高的不锈钢螺柱。

铝合金电弧螺柱焊需氩气保护，和钢电弧螺柱焊相比，参数选择时要求用更长的电弧、较长的焊接时间和较低的焊接电流，预热与后热都采用气体火焰局部处理，只有大面积密集焊时才采用整体焊前与焊后的加热处理。

电弧螺柱焊和普通电弧焊比较，由于其焊接区加热及冷却速度都比较高，故热循环对热影响区性能影响程度较小。造船与建筑用结构钢在出厂前都进行调质处理，所以电弧螺柱焊前必须进行370℃预热。

（二）电容放电螺柱焊焊接参数

电容放电螺柱焊的焊接质量取决于焊接能量，该能量由焊接时的焊接电流和焊接时间决定，而焊接电流随充电电压而变，焊接时间由设备本身给定，所以焊接能量是由充电电压来决定的。通常根据螺柱材质、直径和所选定的焊接方法确定工艺要求，从而确定充电电压。充电电压通常不允许超过200V，一般在40～200V之间。螺柱直径越大，需要的焊接电流也越大，选用的充电电压就越高。

电容放电螺柱焊时主要参数选择原则如下。

（1）电源极性　通常螺柱连接到电源的负极，焊件接正极。但是对于铝合金和黄铜焊件的螺柱焊接，焊件接负极是有益的。

（2）焊接电流　峰值电流在1000～10000A之间，电流大小取决于充电电压、电容量和焊接输出回路的电阻和电感。

（3）焊接时间　根据电容器所储存的能量和回路电感选择。一般电容器尖端放电引燃螺柱焊接时间为1~3ms。在镀锌钢板上焊接可以适当延长焊接时间。

（4）负载功率　电容器尖端引燃螺柱焊的焊接能量是电容器输出的，因此其负载功率应等于电容器所储存的能量。负载功率正比于螺柱直径，随着螺柱直径的增加，应提高充电电压或增大电容器容量。

（5）浸入速度　螺柱向焊件浸入的速度由焊枪弹簧和螺柱的质量决定，浸入速度大约在0.5~1.5 m/s。它与螺柱尖端长度共同决定了焊接时间，因此必须保持浸入速度稳定在极限值以内，才能够达到稳定的焊接质量。

四、螺柱焊焊接操作要点

（一）电弧螺柱焊焊接操作要点

1. 焊件表面清理

螺柱焊端和焊件表面应保持清洁，无漆层、轧鳞和油水污垢等，允许有少量锈迹。

2. 定位

根据螺柱预定用途和要求确定定位方法。精度要求很高时，推荐采用特殊定位夹具或固定式螺柱焊设备。用手提式螺柱焊枪时，最简单和常用的定位方法是在焊件上用样板画线和钻中心孔，然后把螺柱尖端放在中心孔标记处，使螺柱定位。此法定位误差可保持在 ±1.2mm 范围内。若螺柱数量大时，可直接用样扳上的孔进行定位焊接，而不必预先在焊件上打标记，焊接时把套圈放入样板孔内即可定位。套圈材料本身有制造公差，故螺柱定位误差一般在 ±0.8mm 范围内。

3. 实施焊接

钢螺柱焊采用直流正接，铝及铝合金螺柱焊用直流反接。焊前预先调节好焊枪提升量、螺柱超出套圈的外伸长度、焊接电流和焊接时间等参数。焊接时，应保持焊枪与焊件表面垂直，施焊过程中不能移动或摇晃焊枪，焊后不能立即提枪，以防拔起螺柱（脱焊）。

（二）电容放电螺柱焊焊接操作要点

电容放电螺柱焊的质量控制较电弧螺柱焊困难，因看不到电弧，听不到电弧声音，仅从焊后接头外观难以判断焊接质量。目前最好的方法是投产前做工艺评定，即对焊到类似于实际使用母材上的螺柱进行破坏性试验，如弯曲、扭曲或拉伸试验等，待评定出满意的焊接工艺，即用于生产。然后在生产过程中，每隔一定时间抽检一次焊缝质量。此外，焊接时还须注意以下几点。

1）电源的容量应符合所焊规格的螺柱的要求。

2）焊件表面应保持清洁，无缺陷、无过多的油渍、润滑脂（液）等，同时表面不应过分粗糙。

3）安放螺柱及操作焊枪时，必须使螺柱轴线垂直于焊件表面，这是保证接头完全熔合的关键。焊接时保持焊枪稳定，不能晃动。

任务二　选用螺柱焊设备

必备知识

一、电弧螺柱焊设备的组成

电弧螺柱焊设备由焊接电源、控制系统及焊枪三大部分组成，如图7-11所示。

1. 焊接电源

与焊条电弧焊一样，为了得到稳定的电弧过程，电弧螺柱焊使用下降特性的直流电源，且应具有良好的动特性。虽然负载持续率仅为10%（焊条电弧焊为60%），但电源容量却比焊条电弧焊电源容量大得多。因为常用螺柱的直径为 6~30mm，比焊条直径粗，而且所选电流密度大，所以要求有较高的空载电压。焊条电弧焊焊接电流按焊条直径的 30~50 倍来选择，而电弧螺柱焊却要按螺柱直径的 50~100 倍来选择，所以电弧螺柱焊机电源输出电流

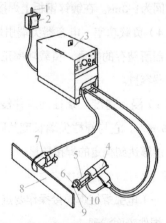

图7-11　电弧螺柱焊设备

1—三相进线　2—熔断器开关　3—电源和控制系统
4—焊枪　5—夹头　6—套圈　7—夹钳　8—焊件
9—螺柱　10—套圈夹头

通常达到几千安培，只有在小直径螺柱焊时才可以选择适用的焊条电弧焊的电源，一般均采用专用设备。

2.控制系统

电弧螺柱焊与焊条电弧焊不同之处是焊接时没有空载过程，短路预压、引弧焊接、螺柱下落及通电维持四个动作是由控制系统焊前设定并且由焊枪自动完成的。图7-12所示为典型的电弧螺柱焊设备控制系统原理框图。图7-13所示为电弧螺柱焊输出电压、电流及螺柱位移时序图。

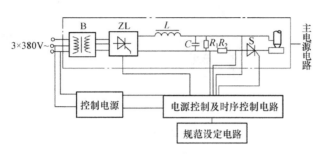

图7-12　典型的电弧螺柱焊设备控制系统原理框图

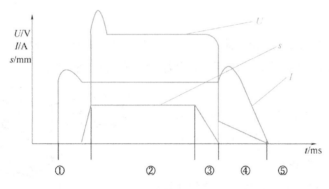

图7-13　电弧螺柱焊输出电压、电流及螺柱位移时序图

①—短路　②—提升引弧焊接　③—落钉　④—有电顶锻　⑤—焊接结束

通常电弧螺柱焊的控制系统和焊接电源安装在同一个箱体内。

3.焊枪

焊枪是螺柱焊设备的执行机构，有手提式与固定式。手提式焊枪较为普遍与方便，固定式焊枪是为特定产品专门设计，且固定在支架上，在一定工位上完成螺柱焊接。两种焊枪工作原理相同。

焊枪机械部分由夹持机构、电磁提升机构及弹簧加压机构三部分组成。如果采用氩气保护，还应有气体喷嘴及气路。电气部分由焊接开关、电磁铁及焊接电缆组成。焊枪上可调参数有螺柱提升高度、螺柱外伸长度和螺柱与套圈夹头的同轴度等。螺柱提升通过电磁线圈实现；弹簧可将螺柱压入熔池完成焊接。有时为了减缓螺柱压入速度，减少焊接飞溅，枪内装有阻尼机构。图7-14所示为电弧螺柱焊焊枪结构示意图。图7-15所示为电弧螺柱焊焊枪外形照片。

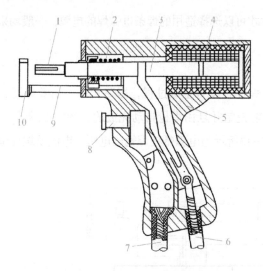

图7-14 电弧螺柱焊焊枪结构示意图　　　　图7-15 电弧螺柱焊焊枪外形照片

1—夹头　2—弹簧　3—铁心　4—电磁线圈　5—枪体

6—焊接电缆　7—控制电线　8—开关　9—支杆　10—脚盖

二、电容放电螺柱焊设备

电容放电螺柱焊设备主要由电源、控制器和焊枪三部分组成，电源和控制器常装为一体，有手提式和固定式两种。图7-16所示为手提式电容放电螺柱焊设备示意图。

1.焊枪

电容放电螺柱焊的焊枪有手持式和固定式两种类型。由于电容放电螺柱焊三种焊接方法的程序不同，因而焊枪内部机构各异。

在电容放电螺柱焊的焊枪中，预接触式焊枪结构简单，由螺柱夹持机构和将螺柱压入熔池的弹簧下压机构组成。预留间隙式焊枪则需增加提升螺柱的机构，通常是采用电磁线圈，施焊前线圈起作用，使螺柱悬在焊件上方，施焊时，线圈断电，由弹簧使螺柱移向焊件。拉弧式焊枪的结构与电弧螺柱焊焊枪相类似。图7-17所示为电容放电螺柱焊焊枪结构示意图。图7-18所示为泰勒拉弧式螺柱焊焊枪外形照片。

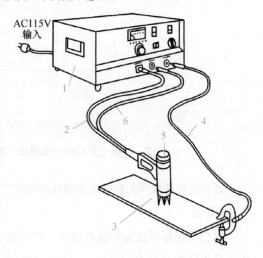

图7-16 手提式电容放电螺柱焊设备示意图

1—电源和控制器　2—控制电缆　3—焊件　4—地线

5—焊枪　6—焊接电缆

2.电源

电容放电螺柱焊焊机的电源主要由储能的电容器和为电容器充电的装置组成，通常是根据最大储存能量进行专门设计，充电装置以小功率取自网络能量储藏于储能电容器中。电容器的电容量在20000～200000μF的范围，电容器的充电电压不超过200V。为加快充电速度，输入电源电压为单相或三相的220V或380V。

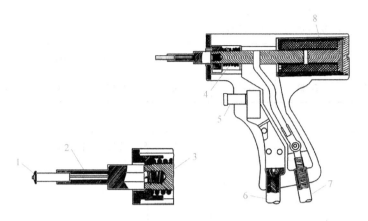

图7-17　电容放电螺柱焊焊枪结构示意图　　　　图7-18　泰勒拉弧式螺柱焊焊枪外形照片

1—螺柱　2—螺柱夹头　3—铁心　4—主弹簧　5—开关　6—控制电缆

7—焊接电缆　8—电磁线圈外壳

任务实施

一、选用螺柱焊设备

螺柱焊机分为电弧螺柱焊机和电容放电螺柱焊机两大类。电弧螺柱焊机以弧焊整流器或逆变器作为焊接电源进行焊接；电容放电螺柱焊机则以电容器储存的能量瞬间放电而进行焊接。螺柱焊具有时间短、效率高、热变形小、操作简单等特点，适合于直径为6~30mm螺柱的焊接。目前，螺柱焊在造船、汽车、电控柜、橱柜等领域应用很广。

在实际生产时，根据产品结构特点和接头质量要求，选用相应的螺柱焊设备。

表7-8列出了部分国产电弧螺柱焊机的主要技术参数。表7-9列出了部分国产电容放电螺柱焊机的主要技术参数。

表 7-8　部分国产电弧螺柱焊机的主要技术参数

型号	新	RSM-800	RSN-800	RSN-1600	RSN-2000	RZN-1000	RZN-2000	RZN-2500
	旧	ML-800	ZL5-800	ZL5-2000	ZL5-2000 (7%)	QZL-1000	QZL-2000	—
类别		晶闸管整流	晶闸管整流	晶闸管整流	晶闸管整流	—	—	—
电源		380V,50Hz	380V, 50Hz	380V,50Hz	380V, 50/60Hz	380V, 50/60Hz	380V, 50/60Hz	380V, 50/60Hz
输入容量/kVA		—	70	140	—	10~16	25~210	10~230
空载电压/V		—	65	69	85	—	—	—
负载持续率(%)		3	60	60	60	60	60	60

特种焊接技术

（续）

额定焊接电流/A	800	800 (50~800)	1600 (120~1600)	2000 (150~2000)	1000 (400~1000)	2000 (250~2000)	2500(200~2500)
焊接时间范围/s	0.1~0.5	—	—	—	0.2~1.2	0.1~1.2	0.2~1.5
螺柱直径/mm	3~12	3~12	3~19	6~22	6~12	4~22	4~25
螺柱长度/mm	20~65	—	—	—	—	—	—
质量/kg	114	250	360	500	200	350	800
外形尺寸 (长×宽×高)/ (mm×mm×mm)	400×400×700	860×620×1130	860×620×1230	950×730×1124	—	—	—

表 7-9 部分国产电容放电螺柱焊机的主要技术参数

型号	新	RSR-400	RSR-800	RSR-1250	RSR-1600	RSR-2500	RSR-1000	RSR-4000
	旧	—	—	—	—	—	DLR4-1000	JLR-4000
类别		接触式	接触式	接触式	接触式	接触式	间隙式	接触式
电源/V		220/110	220/110	220/110	220/380	220/380	220V,50Hz	单相,380V, 50Hz
输入容量 /kVA		<1	<1.5	<2	<2.5	<3	60000μF (输入 0.8kVA)	0.225F
额定储能量/J		400	800	1250	1600	2500	1000	4000
电容器电压调节范围/V		40~160	40~160	40~160	40~160	40~160	充电电压 35~190V	最高充电电压200V
螺柱直径/mm	碳钢,不锈钢	2~5	3~6	3~8	4~10	4~12	2~6 (M3~M6)	2~12 (M4~M12)
	铜、铝及其合金	2~3	2~4	3~6	3~8	3~8	—	—
螺柱长度/mm	间隙式焊枪	≤100	≤100	≤100	≤100	≤100	—	—
	接触式焊枪	100~300	100~300	100~300	100~300	100~300	—	—
焊接生产率/(个/min)		20	15	12	10	10	10	5
质量/kg		20	35	60	80	100	28	—
外形尺寸 (长×度×高)/ (mm×mm×mm)		—	—	—	—	—	480×280×350	1000×500×1200

二、焊接质量的检验

1.螺柱焊接头质量检验方法

螺柱焊接头质量检验方法主要包括外观检验、金相检验和力学性能试验。

（1）外观检验 由于电弧螺柱焊容易出现下列问题：①螺柱未插入熔池而悬空；②热量不足；③过热；④磁偏吹；⑤螺柱不垂直于焊件等，因而对于钢螺柱的电弧螺柱焊接头需进行外观检验，主要检验其螺柱端部焊缝的连续性、均匀性与熔合情况，以判断焊缝是否有缺陷。对电容放电螺柱焊及短周期螺柱焊接头外观检验几乎没有意义，因为熔池极浅，接头是塑性连接，没有重结晶的焊缝。

（2）金相检验 对于金相组织，也是只有对电弧螺柱焊接头有必要进行宏观接头金相组织分析，以检查熔合情况及裂纹等缺陷。对于电容放电螺柱焊及短周期螺柱焊没有必要进行金相检验。

（3）力学性能试验 根据使用条件确定是否需要进行检验。力学性能试验应当在焊接生产前的工艺评定试样上进行，以确定最佳焊接工艺，同时也在生产现场随机抽查进行。力学性能试验方法有现场锤击、现场弯曲试验、接头拉伸与扭矩试验。对于电容放电螺柱焊及短周期螺柱焊，焊接非承载接头时一般只进行锤击与弯曲试验。

在汽车制造中，奥迪轿车有150个不同大小的螺柱，但都是连接接头，不承受载荷，所以一般可以不进行接头拉伸试验和扭矩试验，只进行锤击与弯曲试验即可。

在一些炉窑或锅炉制造中，仅仅是用螺柱固定保温材料，则任何力学试验都不用进行。弯曲试验是自制套管插到接头的螺柱上进行弯曲，钢螺柱弯曲75°、铝合金螺柱弯曲15°，肉眼观察无开裂为合格。锤击也是未出现可见开裂为合格。扭矩试验用扭矩扳手加预定载荷，可测定是否达到了强度要求。具体要求应根据产品技术条件或企业质量管理规范而定。

2.螺柱焊产生的缺陷和校正方法

投入生产前应对所编制的焊接工艺进行评定，通常采用与生产条件相同的焊接参数和操作程序施焊，然后对试样进行弯曲、扭矩或拉伸试验等。简单的弯曲试验可用锤敲弯或用一段管子套住螺柱把它扳弯，如图7-19所示。根据质量标准给定不发生破坏的弯角α值，实际测得的弯角若大于α值，则试样定为合格。如对于抗弯曲性能要求不高的焊件，弯角在10°～15°范围内即可评定合格。对于外观缺陷，如图7-20所示，现场生产主要用肉眼检查，用以判断焊接的质量。

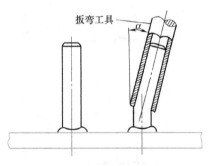

图7-19 螺柱的弯曲试验

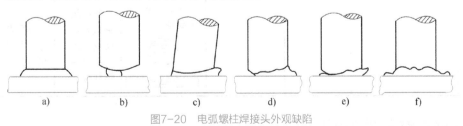

图7-20 电弧螺柱焊接头外观缺陷

a）焊缝成形良好 b）未插入 c）不垂直 d）压入不足 e）热量不足 f）热量过大

电弧螺柱焊的缺陷及其校正方法见表7-10。

表 7-10　电弧螺柱焊的缺陷及其校正方法

序号	外观检验			破坏检验		
	一般的外形	可能的原因	校正方法	破坏的外形	可能的原因	校正方法
1	焊缝规则、有光泽、完整,焊接后螺柱长度在公差内	正确的焊接参数	不需要	母材撕裂	正确的焊接参数	不用校正
2	焊缝直径减小,螺柱长度过长	不适合的浸入焊件长度或提升高度太高	增加浸入尺寸,校验陶瓷环对中,校验提升高度,减小焊接电流或时间	适当变形后破坏在焊缝	正确的焊接参数	不用校正
3	焊缝直径减小、不规则;螺柱长度过长	焊接参数太低,保护陶瓷环受潮	增加焊接电流或时间,在炉中将陶瓷环干燥	撕裂在焊缝内	焊接参数太小,材料不适合螺柱焊	增加焊接电流或时间,检验材料化学成分
4	焊缝凸起处不对称,焊缝"咬肉"	电弧偏吹效应,陶瓷环定心不正确	参见第3条	破坏在热影响区,浅灰色的破坏表面没有适当的变形	母材的含碳量太高,母材不适合螺柱焊	增加焊接时间,按需要进行预热
5	焊缝加强高减小,有大量的侧向喷射,焊后螺柱长度太短	焊接参数太大,浸入工件速度太快	减小焊接电流或时间,调整浸入工件速度和焊枪阻尼器	在焊缝处破坏,有金属光泽	螺柱焊剂含量太高,焊接时间太短	校验焊剂数量,增加焊接时间
6				母材网格状撕裂	非金属夹杂物在母材内,母材不适合螺柱焊	参见相关标准尽可能选择韧性好的母材

电容放电螺柱焊的缺陷及其校正方法见表7-11。

表 7-11 电容放电螺柱焊的缺陷及其校正方法

序号	外观检验			破坏检验		
	一般的外形	可能的原因	校正方法	破坏的外形	可能的原因	校正方法
1	围绕焊接接头小的飞溅,没有外观缺陷 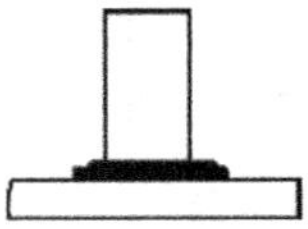	正确的焊接参数	不需要	母材撕裂 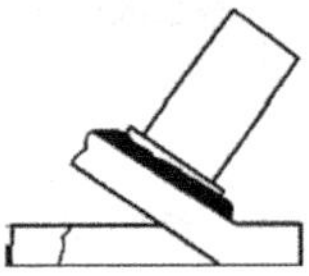	正确的焊接参数	不用校正
2	法兰盘和母材之间有间隙 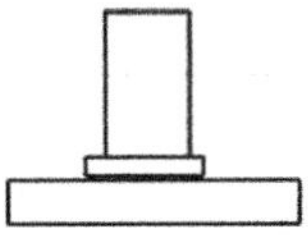	不适合的功率,弹簧压力太小,母材金属不适合的支承	增大功率,校正弹簧压力,提供适合的支承	螺柱破坏在法兰盘上 	正确的焊接参数	不用校正
3	围绕焊缝大量的飞溅 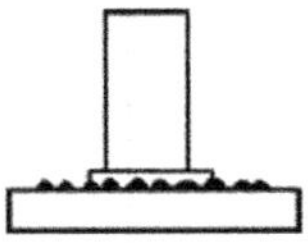	功率太高,弹簧压力小	减小功率,增大弹簧压力	破坏在焊缝处 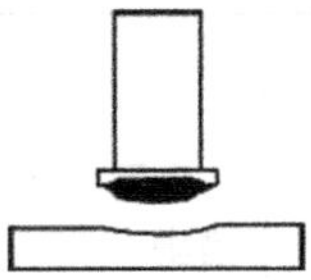	不适合的功率,不适合的压力,螺柱/母材组合不相称	增加功率,增加压力,变更螺柱或母材材料
4	焊接飞溅离开中心 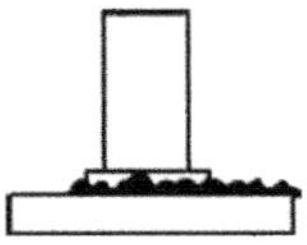	电弧偏吹	采取相应措施	焊接后工件反面变形 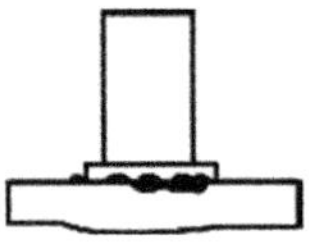	功率太高,压力太大,焊接方法不适合,母材太薄	减小功率,降低压力,使用预留间隙的焊接方法,增加母材厚度

短周期螺柱焊的缺陷及其校正方法见表7-12。

表 7-12 短周期螺柱焊的缺陷及其校正方法

序号	外观检验			破坏检验		
	一般的外形	可能的原因	校正方法	破坏的外形	可能的原因	校正方法
1	规则的焊缝加强高,没有看到缺陷 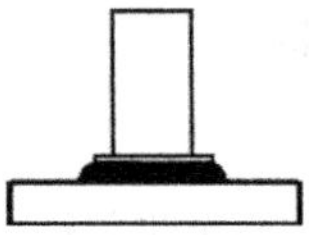	正确的焊接参数	不需要	从母材处撕裂 	正确的焊接参数	不用校正

（续）

序号	外观检验			破坏检验		
	一般的外形	可能的原因	校正方法	破坏的外形	可能的原因	校正方法
2	局部的焊缝	焊接电流小或时间短,极性不正确	增大焊接电流或时间,调整极性	适当变形后破坏在螺柱	正确的焊接参数	不用校正
3	大的不规则焊缝凸起	焊接时间太长,螺柱提升高度过高	缩短焊接时间,保持焊枪防护罩端面到螺柱端面的距离为1.2mm	破坏部位在热影响区	母材的含碳量太高,母材不适合螺柱焊	校验母材
4	在焊缝加强高内有气孔	焊接时间太长,焊接电流太小,焊接熔池氧化	缩短焊接时间,增大焊接电流,提供合适的保护气体	熔透不够	热量输入太低,焊接极性不正确	增加热量输入,校正焊接极性
5	焊缝凸起处不对称	电弧偏吹效应	采取相应措施			

项目拓展

拓展　螺柱焊典型案例

大型钢混结构、体育场馆、展览馆以及桥梁建筑中都会使用抗剪连接件。抗剪连接件就是预先安装（埋藏）在隐蔽工程内的构件,在结构中留设由钢板和锚固筋的构件,用来连接结构构件或非结构构件,以利于外部工程设备基础的安装固定。除了板-板焊接外,它还有大量的钢筋焊接,即通常所说的钢筋"T形焊"。国家体育场(鸟巢)钢结构工程中焊接的一种抗剪连接件,就属于钢筋"T形焊"。钢筋"T形焊"传统的焊接方法有焊条电弧焊、穿孔塞焊和埋弧压力焊。为了提高焊接质量和生产率,采用螺柱焊技术。它的特点是焊接时间短,焊接强度高,焊接质量集中,操作方便,焊接效率高,对母材热损伤小。为了取得好的螺柱焊质量,需要具备正确的焊接工艺、高质量的焊接控制器和螺柱焊枪以及合格的焊接螺柱和焊接辅料。

1.焊接性分析

建筑结构钢在轧制过程中被热处理,热处理钢要求特别关注热影响区的冶金学特性。其中一些钢在某种程度上是可硬化的,即热影响区变成马氏体。当硬化发生后,焊根裂纹处的结构会变得对于冲击载有非常敏感，塑性不够。因此，为了得到最大的韧性，推荐采用370℃的预热。热处理结构钢可进行电弧螺柱焊，但是应根据螺柱的应用和使用要求调整焊接工艺。

碳钢电弧螺柱焊时，要注意碳含量和母材厚度，一般$w_C \leqslant 0.3\%$时不必预热焊接。若母材厚度<3mm，即使$w_C > 0.3\%$也可不预热。随着碳含量增加，为了防止产生焊接裂纹，要适当预热，特别对碳含量高的钢（$w_C \geqslant 0.45\%$），必须预热和焊后热处理，典型预热温度为370℃，热处理温度为650℃。对于低合金高强度钢，当$w_C > 0.15\%$时，也要适当预热，以提高接头韧性。

2.抗剪连接件的电弧螺柱焊工艺

在组合梁、钢梁的翼缘螺柱焊中，螺柱作为柔性抗剪连接件，这在钢−混凝土组合梁中是保证组合梁整体工作的关键措施。螺柱在工作过程中受的力有三种：一是螺柱在受均布载荷弯曲时承受钢筋混凝土翼板（钢筋混凝土桥面板）与钢梁接触面之间的纵向剪力；二是抵抗两者之间的相对滑移；三是抵抗钢筋混凝土翼板与钢梁之间的掀起作用。例如：某钢结构工程项目抗剪连接件的电弧螺柱焊工艺，焊接位置为钢梁，母材钢号为Q345B，电源及极性为直流反接，设备型号为RZN−2000，螺柱牌号为WD，规格为19mm×150mm，套圈牌号为XY，规格为19mm，烘干温度及时间为120℃时1~2h，焊接电流为1250A，焊接电压为380V，焊接时间为0.9s，伸出长度为5mm，提升高度为2.5mm。

项目总结

螺柱焊（Stud Welding，SW）是指将金属螺柱或螺栓、螺钉等其他金属紧固件焊到焊件上的方法。它的特点是焊接时间短，焊接强度高，焊接能量集中，操作方便，焊接效率高，对母材热损伤小等。这项技术被广泛地应用在汽车、铁路、钢结构建筑、锅炉制造、造船、金属容器制造、电器设备制造、装饰、钣金加工等领域。

通过本项目的学习，使学生掌握螺柱焊的原理和特点，能根据材料的性能分析其焊接性，结合具体部件的结构特点编制焊接工艺，合理选用螺柱焊设备，掌握螺柱焊技术要点、基本操作技术，了解螺柱焊的质量控制，增强质量意识和安全文明生产的意识，同时了解专业前沿技术，拓展专业视野。

复习思考题

一、思考与练习

（一）填空

1.电容放电螺柱焊根据引燃电弧的方式不同，有_____、_____和_____三种焊接方法。

2.短周期螺柱焊焊接过程是由_____、_____、_____、_____和_____几个过程组成。

3.电弧螺柱焊设备由_____、_____及_____三大部分组成。

4.选择螺柱焊方法的依据是_____、_____及_____。

5.螺柱焊接头质量检验方法主要包括_____、_____和_____。

（二）选择

1.（　　）是利用储能电容器快速放电产生的电弧作为热源来连接螺柱与焊件的焊接方法。

　A.标准螺柱焊　　　　B.电弧螺柱焊　　　　C.电容放电螺柱焊　　　　D.短周期螺柱焊

2.（　　）的焊接时间只有套圈或拉弧式电容放电螺柱焊的十分之一到几十分之一。

　A.标准螺柱焊　　　　B.电弧螺柱焊　　　　C.电容放电螺柱焊　　　　D.短周期螺柱焊

3.电弧螺柱焊要求，螺柱长度必须大于（　　）才能施焊。

　A.5mm　　　　　　　B.10mm　　　　　　　C.15mm　　　　　　　D.20mm

4.螺柱直径大于8mm的受力接头，适合采用（　　）方法。

　A.电弧螺柱焊　　　　B.电容储能螺柱焊　　C.电容放电螺柱焊　　　D.短周期螺柱焊

5.螺柱焊接头质量的检验方法主要包括外观检验、金相检验和（　　）。

　A.力学性能试验　　　B.无损检测　　　　　C.射线探伤　　　　　　D.超声波检测

（三）判断

1.电弧螺柱焊通常使用下降特性的直流弧焊电源，焊接过程中焊接电流基本保持恒定。（　　）

2.螺柱焊在安装螺柱或类似紧固件方面可取代铆接、钻孔和攻螺纹、焊条电弧焊、电阻焊或钎焊。

　　（　　）

3.螺柱焊具有焊接时间短，不需填充金属，生产率高，热输入小，热影响区窄小，焊接变形极小的

　　特点。（　　）

4.电容放电螺柱焊可焊接小螺柱和薄母材，不能焊接异种金属。（　　）

5.螺柱焊后进行弯曲试验，对于抗弯曲性能要求不高的焊件，弯角在30°范围内即可评定合格。

　　（　　）

（四）简答

1.什么是螺柱焊?

2.电弧螺柱焊使用的套圈有什么作用?

3.电弧螺柱焊操作要点有哪些?

4.电容放电螺柱焊焊接参数的选择原则是什么?

5.电弧螺柱焊容易出现哪些问题?

二、观察与讨论

1.参观企业焊接生产车间，了解采用螺柱焊方法焊接的产品、所用设备及工艺要点，写出参观记录。

2.利用互联网或相关书籍资料，写出螺柱焊的应用实例，并与同学交流讨论。

项目八

爆炸焊技术

项目导入

爆炸焊是以炸药作为能源进行金属焊接的方法。这种方法是利用炸药爆炸的能量，使被焊金属表面发生高速撞击，在撞击界面上造成一薄层金属的塑性变形、适量熔化和原子间的相互扩散，两焊件在瞬时爆炸过程中结合。爆炸焊不仅可用于同种金属，也可用于异种金属，特别是用于制造双金属复合板。爆炸焊技术及其产品已在石油化工、造船、冶金和机械制造等领域得到应用。

根据"特种焊接技术"课程教学目标要求，以"编制爆炸焊工艺"为典型任务，并选取了钛-钢复合板爆炸焊、钢轨连接线爆炸焊、钢管水下爆炸焊等典型案例进行知识拓展。通过任务实施，使学生能掌握爆炸焊的过程及特点，掌握爆炸焊操作要点及安全知识，正确编制爆炸焊工艺。

学习目标

1.掌握爆炸焊过程及特点。

2.掌握爆炸焊工艺。

3.掌握爆炸焊操作要点和安全知识。

4.能够编制爆炸焊工艺，并组织实施。

5.能够根据爆炸焊操作要点和安全知识，按照安全操作规程文明生产。

6.了解爆炸焊的典型应用。

项目实施

任务　编制爆炸焊工艺

任务解析

爆炸焊的能源是炸药的化学能，其焊接工艺较为特殊。爆炸焊工艺是保证爆炸焊质量的重要因素。"编制爆炸焊工艺"是爆炸焊技术的典型任务。这一任务涉及的知识点包括爆炸焊过程及特点，接头形式设计、焊接参数、操作流程等内容。通过任务实施，使学生掌握爆炸焊焊接参数及其对焊接质量的影响，熟悉爆炸焊操作流程，能够编制爆炸焊工艺。

必备知识

一、爆炸焊过程及特点

爆炸焊（Explosive Welding，EW，焊接代号441）是以炸药为能源，利用爆炸时产生的冲击力，使焊件发生剧烈碰撞、塑性变形、熔化及原子间相互扩散，从而实现连接的一种压焊方法。焊缝是在两层或多层同种或异种金属材料之间，在零点几秒短暂的爆炸过程中形成的。

（一）焊接过程

爆炸焊是一个动态焊接过程。图8-1所示为典型的爆炸焊过程示意图。爆炸焊时，首先对炸药、雷管和焊件进行安装，然后用雷管引爆炸药，炸药以恒定的速度（一般为1500~3500m/s）自左向右爆轰。炸药在爆炸瞬时释放的化学能量产生高达700MPa的压力、局部瞬时可达3000℃的高温和速度为500~1000m/s的冲击波，该冲击波作用在焊件上并发生猛烈撞击。在碰撞作用下，基板与覆板接触点的前方产生了金属喷射，形成射流。它的冲刷作用清除了焊件表面的杂质和污物，使洁净的金属表面相互接触。在界面两侧纯净金属发生塑性变形的过程中，冲击动能转换成热能，使界面附近的薄层金属温度升高并熔化，在高温高压作用下，这一薄层内的金属原子相互扩散，形成金属键，冷却后形成牢固的接头。

动画：爆炸焊过程

（二）界面的结合特点

根据不同爆炸焊条件下，两金属材料之间不同的冶金结合形式，将爆炸焊分为以下几种。

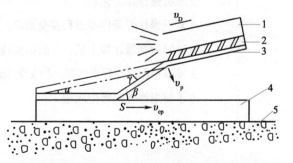

图8-1　典型的爆炸焊过程示意图

1—炸药　2—缓冲保护层　3—覆板　4—基板　5—地面
v_D—炸药爆轰速度　v_p—覆板速度　v_{cp}—碰撞点速度
α—安装角　β—碰撞角　γ—弯折角

1.直线结合

该类结合的特点是界面上可见到平直、清晰的结合线，基体金属直接接触和结合，没有明显的塑性变形或熔化等微观组织形态。形成这种结合特点的主要原因是撞击速度较低。这种结合形式的爆炸焊在生产实际中很少采用，因为这种形式的爆炸焊对焊接参数的变化非常敏感，导致接头质量不稳定和易造成未熔合等缺陷。

2.波状结合

当撞击速度高于某一临界值时，接头的结合区呈现有规律的连续波浪形状，如图8-2所示。界面形成或大或小的不连续旋涡区，旋涡内部由熔化物质组成，又称为熔化槽，呈铸态组织。前旋涡以基板成分为主，后旋涡以覆板成分为主。如旋涡内材料形成固溶体，则呈韧性；如形成金属间化合物，则脆性增大。良好的焊接结合面应由均匀细小的波纹组成，熔化槽呈孤立隔离状态。

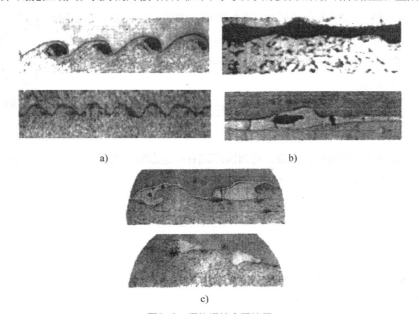

a)　　　　　　　　　　b)

c)

图8-2　爆炸焊结合区特征

a）波状结合区　b）连续熔化层结合区　c）混合型结合区

3.连续熔化层结合

当界面撞击速度和角度过大时，就会产生大旋涡，甚至形成一个连续的熔化层，如图8-2所示。这种大旋涡或熔化层如果是固溶体，则一般不会对接头强度带来损害。但如果形成脆性的金属间化合物，则接头就会变脆，而且在其内部常常含有大量缩孔和其他缺陷，所以必须避免能形成连续熔化层结合的焊接操作。

（三）爆炸焊的特点

1.爆炸焊的优点

1）爆炸焊可在同种金属或异种金属之间形成一种高强度的冶金结合焊缝。例如：Ta、Zr、Al、Ti、Pb等与非合金钢、合金钢、不锈钢的连接，用其他焊接方法难以实现，用爆炸焊则容易实现，这主要是因为爆炸焊能把脆性化合物层减小至最低限度甚至不产生脆性化合物层。

2）可以焊接尺寸范围很宽的各种零件，可焊面积范围为$13 \sim 28m^2$。爆炸焊时，若基板固定不动，则其厚度不受限制；覆板的厚度为0.03~32mm，即所谓包覆比很高。

3）可以进行双层、多层复合板的焊接，也可以用于各种金属的对接、搭接焊缝与点焊。

4）爆炸焊工艺比较简单，不需要使用复杂设备，能源丰富、投资少、应用方便。

5）不需要填充金属，结构设计采用复合板材，可以节约贵重的稀缺金属。

6）焊接表面不需要进行很复杂的清理，只需去除较厚的氧化物、氧化皮和油污。

爆炸复合材料具有不同程度的硬化和强化问题，即"爆炸硬化"和"爆炸强化"。覆板材料的硬化有利于其耐蚀性和耐磨性的提高，而强化在一定程度上有利于这类材料的强度设计。

2.爆炸焊的缺点

1）被焊的金属材料必须具有足够的韧性和抗冲击能力，以承受爆炸的冲击力和剧烈碰撞，屈服强度大于690MPa的高强度合金难以进行爆炸焊。

2）爆炸焊时被焊金属间高速射流呈直线喷射，因此一般只用于平面或柱面结构的焊接，如板与板、管状构件、管与板等的焊接；复杂形状构件的焊接则受到限制。同时，覆板的厚度不能太厚，基板的厚度不能太薄。若在薄板上施焊，则需附加支托。

3）爆炸焊大多在野外露天作业，机械化程度低、劳动条件差，易受气候条件限制。

4）爆炸焊时产生的噪声和气浪，对周围环境有一定影响。虽然可以在水下、真空或沙子下进行爆炸，但会增加成本。

二、爆炸焊的类型及应用

（一）爆炸焊的类型

1.按接头形式不同分类

爆炸焊分为面焊、线焊和点焊，其中线焊和点焊在实际生产中应用较少，面焊是爆炸焊的主要应用类型。

2.按装配方式分类

爆炸焊可分为平行法和角度法。平行法是将两试样平行放置，预留一定的间隙。爆炸焊时试样随炸药爆炸的推进依次形成连接，接头各处的情况基本相同，如图8-3所示。角度法是使两试样间存在一个夹角，由两试样间隙较小处开始起焊，依次向间隙较大处推进，由于间隙不能过大，故试样的尺寸也不能太大，如图8-4所示。

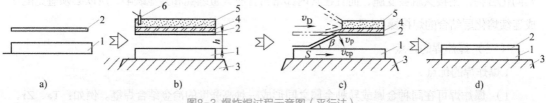

图8-3 爆炸焊过程示意图（平行法）

a）基板与覆板　b）焊前安装　c）爆炸过程某瞬间　d）完成焊接

1—基板　2—覆板　3—基础　4—缓冲保护层　5—炸药　6—雷管

β—碰撞角　S—碰撞点　v_D—炸药爆轰速度　v_p—覆板速度　v_{cp}—碰撞点速度　h—间距

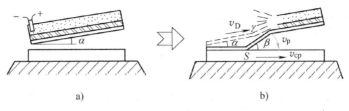

图8-4 爆炸焊过程示意图（角度法）

a）爆炸前 b）爆炸后

α—安装角 β—碰撞角 γ—弯折角 S—碰撞点 v_D—炸药爆轰速度 v_p—覆板速度 v_{cp}—碰撞点速度

3. 按试样是否预热分类 爆炸焊分为热爆炸焊和冷爆炸焊。热爆炸焊是将常温下脆性值较小的金属材料加热到它的韧脆转变温度以上后，立即进行爆炸焊接。例如：钼在常温下的脆性值很小，爆炸焊后易脆裂，将其加热到400℃（韧脆转变温度）以上时钼不再脆裂，并能和其他金属焊在一起。冷爆炸焊是将塑性很高的金属置于液氮中，待其冷硬后取出，立即进行爆炸焊接。

此外，爆炸焊按产品形状可分为板-板、管-管、管-板、管-棒、金属粉末-板爆炸焊；按爆炸的次数可分为一次、两次或多次爆炸焊，因而有双层和多层爆炸焊之分；按布药特点可分为单面和双面爆炸焊；按爆炸焊进行的地点可分为地面、地下、水中、空中和真空爆炸焊等。目前，爆炸焊工艺还可以与常规的金属压力加工工艺和机械加工工艺联合起来，以生产更大、更长、更薄、更粗、更细和异形等特殊或极限形状的金属复合材料、零部件及设备。这种联合工艺是爆炸焊技术的延伸和发展趋势。

（二）爆炸焊的应用

爆炸焊主要用于制造金属复合板材，使其表面或覆层具有某种特殊的性能；也可以用于异种材料（异种金属、陶瓷与金属等）过渡接头的焊接，使其具有良好的力学性能、导电性能和耐蚀性能等。例如：镀铂钛材作为外加电流防腐装置的阳极，在大型船舶和海洋工程中已有应用，原采用电镀法制作的镀铂钛材的镀铂层与钛基体结合不牢，铂／钛界面有许多微观裂纹、疏松和孔隙，容易导致"脱铂"现象，用爆炸焊方法获得的铂／钛复合材料在同样的试验条件下则完好无损。快速寿命试验的结果表明，镀铂试样在水和浓HCl中煮沸一次即起皮，两次有脱落，三次则完全脱落。而爆炸焊试样在煮沸30次后仍未脱落。

1. 可焊接的金属材料

爆炸焊主要用于同种金属材料、异种金属材料、金属与陶瓷的焊接，特别是材料性能差异大而用其他方法难以实现可靠焊接的金属（铝和钢、铝和钽等）、热胀系数相差很大的材料（钛和钢、陶瓷和金属等）、活性很强的金属（如钽、锆、钼等）。实际上，任何具有足够强度和塑性并能承受工艺过程所要求的快速变形的金属，都可以进行爆炸焊。表8-1列出了工程上成功实现爆炸焊的金属及合金的组合。

表 8-1　工程上成功实现爆炸焊的金属及合金的组合

	锆	镁	钨铬钴合金	铂	金	银	铌	钽	耐蚀合金	钛	镍合金	铜合金	铝	不锈钢	合金钢	非合金钢
非合金钢	√	√			√	√	√	√	√	√	√	√	√	√	√	√
合金钢	√	√	√					√	√	√	√	√	√	√	√	
不锈钢			√		√	√	√		√	√				√		
铝		√				√	√	√					√			
铜合金																
镍合金		√		√	√			√	√		√					
钛	√	√				√				√						
耐蚀合金									√							
钽					√		√	√								
铌					√		√									
银						√										
金																
铂				√												
钨铬钴合金																
镁		√														
锆	√															

注：√为焊接性良好；空白为焊接性差或无报道数据。

2.可焊接的产品结构

爆炸焊的产品多是结合面具有平面或圆柱面的简单结构。

（1）复合板　爆炸焊的主要工业应用是生产双金属复合板，可以进行双层或多层复合，如把不锈钢板、铜板、钛板、铝板等焊到普通的钢板上。通常焊接时基板固定不动，基板的厚度一般不受限制，但覆板因被爆炸冲击波加速，所以厚度受到限制。

复合板一般是焊后状态供货的。由于采用爆炸焊生产复合板时，一般都会发生一些扭曲变形，所以焊后必须进行校平。如果在结合面处发生的硬化已影响到工程应用，则焊后须进行热处理。当用于制作压力容器封头，对复合板进行热压成形时，要考虑结合面受温度影响可能产生脆硬的金属间化合物。例如：钛与钢复合，加热温度不应高于760℃，而不锈钢与非合金钢的复合则无此要求。

（2）圆柱（锥）体的内或外包覆　对圆棒或实心圆锥体可以进行外包覆，对圆管或筒体之类产品可以根据需要进行内或外包覆，以获得具有特殊性能（如耐蚀、耐高温、耐磨等）的包覆表面。这种爆炸焊工艺可以生产双金属焊件，也可用来修复易损构件。

（3）生产过渡接头　爆炸焊为熔焊焊接性较差的异种金属或在冶金上不相容的金属之间实现高强度的冶金结合提供了一种良好的方法。焊接时，首先利用爆炸焊方法把两种不相容的金属焊在一起，使之形成过渡接头，然后用普通熔焊方法，将此过渡接头分别与产品上同种金属或焊接性相近的金属进行焊接。图8-5所示为某些异种金属的过渡接头及焊接方法示意图。

（4）管子与管板焊接 热交换器中管子与管板之间的焊接，可以采用内圆柱面包覆爆炸焊工艺进行生产，如图8-6所示。

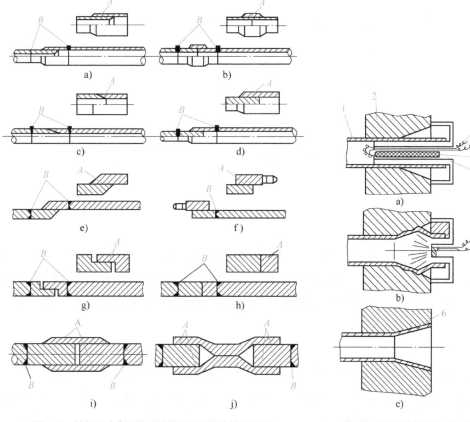

图8-5 某些异种金属的过渡接头及焊接方法示意图

A—过渡接头中的爆炸焊焊缝 *B*—熔焊焊缝

图8-6 管子与管板的爆炸焊

a）焊前安装 b）焊接过程 c）完成焊接

1—管子 2—管板 3—引焊线 4—炸药

5—定位架 6—爆炸焊焊缝

（5）利用爆炸焊焊接复杂的曲面结构 这时爆炸焊与爆炸成形往往同时完成。图8-7所示为爆炸焊-爆炸成形工艺示意图。图8-7a所示工艺的基层（焊件）本身就相当于成形模具，图8-7b所示工艺需要使用模具。前者是先成形后焊接，后者是先焊接后成形。

动画：管子与管板的爆炸焊

动画：爆炸成形工艺模拟
（先成形后焊接）

动画：爆炸成形工艺模拟
（先焊接后成形）

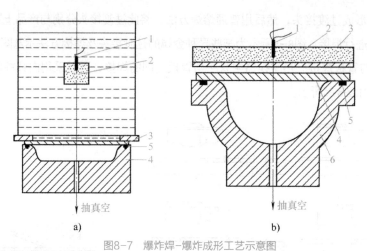

图8-7　爆炸焊-爆炸成形工艺示意图

1—雷管　2—炸药　3—覆层　4—基层（焊件）　5—真空橡皮圈　6—模具

任务实施

一、焊接接头设计

按焊件的类型不同，爆炸焊可分为板-板爆炸焊、管-管爆炸焊、管-板爆炸焊等；按产品和工艺要求，接头形式主要可以分为对接和搭接两种，如图8-8所示。基板越厚，基板与覆板的厚度比越大，越容易焊接，爆炸复合质量越容易得到保证。若基板与覆板的厚度相同，则爆炸复合较困难。一般要求基覆比大于2。

二、焊接参数的选择

爆炸焊的能量来源于炸药，因而影响焊接质量的主要焊接参数有炸药品种、单位面积炸药量、基板与覆板的间距和安装角、板材的厚度、基覆比以及表面状态等。合理的焊接参数应满足以下三个要求：在界面瞬间剧烈碰撞时产生射流；在结合区呈现波形；消除或减少结合区内的熔化。

（一）炸药

1.炸药的选择

选用炸药的原则是爆炸速度合适、稳定、可调，使用方便，价格便宜，货源广，安全无毒。用于爆炸焊的炸药见表8-2，表中列出的低速和中速炸药一般都在爆炸焊所需的爆炸速度范围之内，并广泛应用于大面积材料的焊接，使用时需要很薄的缓冲保护层或不需要缓冲保护层。爆炸焊所用炸药的形态有塑料薄片、绳索、冲压块、铸造块、粉末状或颗粒状等多种，可根据不同的应用条件选用。

表 8-2　用于爆炸焊的炸药

爆炸速度范围	炸　药　名　称
高速炸药（4572~7620m/s）	TNT、RDX（三甲撑三硝基胺）、PETN（季戊炸药）、复合料B、复合料C_4等
低速和中速炸药（1524~4572m/s）	硝酸铵、过氯酸铵、阿马图炸药（硝酸铵：80%,三硝基甲苯：20%）、硝基胍、黄色炸药（硝化甘油）、稀释PETN（季戊炸药）

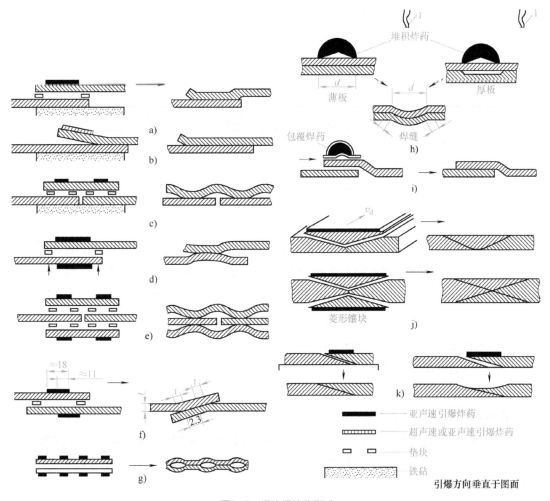

图8-8　爆炸焊接头形式

a）~i）搭接　j）、k）对接

使用高速炸药时，需要专门的设备和采取一定的工艺措施，如在基层和覆层之间添加聚异丁烯酸树脂、橡胶等缓冲材料，采用有间隙倾斜角安装或最小间隙平行安装等。

2.炸药量

爆炸速度是由炸药的种类、厚度、填充密度决定的。一般炸药密度越大，爆炸速度越高。当密度给定时，炸药厚度越大则爆炸速度越高。为了获得优质结合，要求爆炸速度接近覆板金属中的声速。爆炸速度过高将导致碰撞角度变小和作用力过大，容易撕裂结合部位；爆炸速度过低，则不能维持足够的碰撞角，也不能获得良好的结合。碰撞角β（图8-1）合适的范围是5°~25°。整个焊件装药层各处的密度和厚度要保持均匀。

炸药量通常以单位面积覆板上布放的炸药量或炸药厚度来计算，用W_g（g/cm²）或δ_e(mm)表示。在大面积复合板爆炸焊时，常用W_g来计算总药量；在大厚度复合板坯爆炸焊时，则常用δ_e来计算总药量。炸药量的计算目前尚无理论公式，可用下式估算，即

$$W_g = K_0(\delta\rho)^{1/2} \tag{8-1}$$

式中　K_0——系数，其值取决于基板和覆板材料的性能，见表8-3；

　　　δ——覆板厚度（cm）；

　　　ρ——覆板密度（g/cm³）。

表 8-3　不同金属组合爆炸焊时的系数 K_0 值

覆板	铝及铝合金			铜及铜合金			银	不锈钢	钢
基板	铝及铝合金	铜及铜合金	钢或不锈钢	低强度钢	中强度钢	高强度钢	银镉合金	钢	铜及铜合金
K_0	1.0	1.5	2.0	1.3	1.4	1.5		1.3~1.5	

（二）间距h和安装角α

爆炸焊的能量传递、吸收、转换和分配，是借助覆板与基板在有效间距内的高速冲击碰撞来实现的。通常是根据覆板加速至所要求的碰撞速度来确定间距h值。覆板密度不同，适用的h值在覆板厚度的0.5~2.0倍之间，实用的最小h值与炸药厚度δ_e和覆板厚度δ有关，即

$$h=0.2(\delta_e+\delta) \tag{8-2}$$

式中　h——基板与覆板的间距（mm）；

　　　δ_e——炸药厚度（mm）；

　　　δ——覆板厚度（mm）。

在爆炸焊过程中，覆板在爆轰压力作用下弯曲并做变加速运动。爆轰压力和基覆板间距是实现覆板变加速运动的两个前提。因为爆轰产物膨胀，覆板上的爆轰压力越来越小，然而基覆板碰撞速度随基覆板间距变大而增大。如果间距太小，不仅覆板的飞行速度不够从而影响基覆板碰撞强度，而且基覆板间空气和金属射流也会因此来不及排出。如果间隙太大，覆板加速时间太长、速度过大，会导致界面过度熔化，也会扩大边界效应影响。在操作工艺中，影响间距值的因素很多，如覆板加工瓢曲的影响、覆板重力瓢曲的影响和基板的形状等。用变形的金属材料作为覆层，并支承在基板上，自然会造成间距大小的不均匀，从而影响复合板材的质量。因此，在选择覆板材料时应选取平直的或带有单向瓢曲的，不可选用波浪形和不规则的覆板。

爆炸焊时，当覆板以一定的间距在基板上支承起来以后，由于覆板、缓冲保护层和炸药的重力作用而使其中部下垂，形成瓢曲。在这种情况下，为了获得良好的爆破结果，可采用中心起爆法。

当覆板面积较大、厚度较小且不规整时，间距值就较难保证。为了获得预定的间距值，可将金属丝条做成正弦形、锯齿形或螺旋形，然后将它们以一定规律摆放在覆板与基板之间。此时，这些金属物体的高度就是所需间距的大小。研究表明，在覆板与基板之间可放置少量的一定形状的金属薄片来保证间距，这种方法简单、可行、有效。爆炸焊后在对应位置的覆板表面上没有明显的凸起。由于金属片的数量不多，因此它们对双金属板的结合强度和使用性能不会产生负面的影响。

当采用高速炸药时，炸药爆速比焊接金属中的声速高得多，采用安装角α可以保持碰撞点速度低于焊接金属中的声速。在通常情况下，大面积复合板的爆炸焊常用平行爆炸焊法，小面积复合板和一些特殊试验中可以用角度法进行爆炸焊。

（三）基覆比

基板与覆板厚度之比称为基覆比。基覆比越大则越容易进行爆炸焊，接头质量也越容易保证，当基覆比接近1时爆炸焊很难进行，一般要求该值在2以上。

由上述可知，爆炸焊焊接参数的数值随炸药性能和用量、焊件安装几何尺寸而变化，目前很难从理论上确定和预测，但可借助经验公式通过焊接试验确定在各种应用条件下的焊接参数数值。如先计算h和W_g，准备相应尺寸的间隙柱和炸药总量，然后进行一组小型复合板的爆炸焊试验，通过试验来调整和确定满足技术要求的焊接参数。

三、爆炸焊操作流程

（一）被焊材料的表面制备

爆炸焊的接头须具有几何形状相同的或紧密配合的结合面，该结合面必须平、光、净。爆炸焊前结合面处理得越干净、越平整，爆炸焊接头的强度就越高。

微课：爆炸焊焊
接参数的选择

爆炸焊前应矫平焊件，并检查结合面上是否有缺陷，其表面粗糙度的要求取决于被焊金属的性能。表面粗糙度值越小越好，一般要求表面粗糙度值$R_a \leqslant 12.5\mu m$。

虽然爆炸焊时形成的金属射流能清除金属表面的氧化膜，但其清除薄膜厚度只有几微米至几十微米，更厚的锈蚀和氧化层无法彻底清除，将影响结合性能，故安装前应将待焊面上的污物除去，常用的清理方法有化学清洗、机械加工、打磨、喷砂和喷丸等。

当天清理的焊件，当天就要进行爆炸焊。若当天不能进行焊接，则应对焊件进行油封，爆炸焊前再用丙酮等将焊件擦拭干净。

不同处理方法对钛/不锈钢爆炸焊复合板结合强度的影响见表8-4。

表 8-4 不同处理方法对钛/不锈钢爆炸焊复合板结合强度的影响

钛板厚度/mm	不锈钢厚度/mm	间隙/mm	炸药量/(g/cm²)	状态	抗剪强度/MPa	基板表面处理方法
3	18	5	1.4	爆炸态	402	磨床磨光
				爆炸态	349	砂轮打磨
				退火态	240	
5	18	6.5	1.6	爆炸态	370	磨床磨光
				爆炸态	230	砂轮打磨
				退火态	133	

（二）堆造基础

将筛分好的沙子堆制成安置焊件的沙基础，该基础的高度为200~300mm，其上表面面积等于或略大于基板底面积。

（三）安放基板与覆板

先将基板安放到沙基础上，保持沙基础的原始形状。再次用砂布擦拭一次基板的待焊表面，并用酒精清洗，以保证表面的洁净。

将待焊的覆板表面用砂布和酒精再次清洗干净，然后将其吊放（或抬放）到基板上。放置时两块板的待焊面相向接触。应注意，覆板的长度和宽度应相应比基板大5~10mm。管子与管板爆炸焊时，管材也应有类似的额外伸出量。

（四）安放间隙柱

为了保持基板与覆板之间的距离，将螺钉旋具从周边插入基板和覆板之间的缝隙之中，然后撬动覆板，将覆板向上抬高一定距离，然后将一定长度的间隙柱放置其中。在基板的边部每隔200~500mm放置一个间隙柱。间隙柱安放好之后，如果复合板的面积不太大，则两板之间就形成了以间隙柱长度为尺寸的间隙距离，并且这个距离在两板之间的任一位置都是相同的和均匀的。但是，如果复合板的面积较大，两板之间的间隙距离可能会很小，甚至两板会贴合在一起。为此，在安放覆板之前，须在基板的待结合面上均匀地放置一定数量、形状和尺寸的间隙物，以保证基板与覆板间的整个间隙均匀一致。

（五）涂抹缓冲保护层

当覆板在基板上支承起来之后，用毛刷或滚筒将水玻璃或润滑脂涂抹在覆板的上表面（上表面将接触炸药），有时采用橡胶材料作为缓冲保护层。这一薄层物质能起缓冲爆炸载荷和保护覆板表面免于氧化及损伤的作用。

（六）放置药框并布放炸药

将预备好的木质或其他材质的药框放到覆板上面，药框内缘尺寸比覆板的外缘尺寸稍小。

炸药分为主炸药和引爆炸药。药框安放好后，将主炸药用工具放入药框之内，然后用刮板将堆放的主炸药摊平，并随时测量炸药厚度，保证各处的炸药厚度基本相同。为了提高主炸药的引爆和传爆能力，在插放雷管的位置上布放50~200g的高速引爆炸药。引爆炸药也可在主炸药布放之前放到预定的位置上。

（七）安插雷管

炸药布放好后，将雷管插入引爆炸药的位置上，与覆板表面接触。为防止雷管爆炸后前端的聚能作用在覆板的相应位置冲出凹坑，可在雷管下面垫一小块橡皮或其他柔性物质。

（八）引爆焊

在使用火雷管的情况下，将导火索插入火雷管中，清理现场的物品，工作人员撤离到安全区，用起爆器通过火雷管引爆炸药，完成爆炸焊过程。

使用电雷管时，须将其两根脚线与起爆线的两股导线相连。起爆线（即普通导线）的长度依安全距离而定。两线相连后将起爆线另一端的两股导线端头拧在一起。最后根据炸药量的多少和有无屏障，划出半径为25m、50m或100m以上的危险区。

动画：爆炸焊操作流程

爆炸焊时，接触界面碰撞点前方产生的金属射流以及爆炸发生时覆板的变形和加速运动，必须沿整个焊接接头逐步地连续完成，这是获得牢固爆炸焊接头的基本条件。因此，炸药的引爆必须是逐步进行的，如果炸药同时一起爆炸，整个覆板与基板进行撞击，即使压力再高也不能产生良好的结合。

四、爆炸焊质量控制及安全防护

（一）爆炸焊接头的质量检验

1. 常见焊接缺陷

爆炸焊接头的常见缺陷有宏观缺陷和微观缺陷，其中宏观缺陷主要有界面结合不良、鼓包、大面积熔化等。

（1）结合不良　结合不良是指爆炸焊后，覆板与基板之间全部或大部分没有结合，或者即使结合但强度低。要克服这种缺陷，首先应选用引爆速度较低的炸药，其次是使用足够的炸药量和适当的间隙距离。另外，应选择好起爆位置，使之能缩短间隙排气路程，创造有利于排气的条件。

（2）鼓包　鼓包是在复合板上局部位置有凸起，其间充满气体，敲击时发出"梆梆"声。要消除鼓包，除了选择合适的炸药量和间距外，还要注意创造良好的排气条件。

（3）大面积熔化　大面积熔化多发生在双金属板爆炸焊，在结合面上产生大面积熔化。要减轻和消除这种现象，主要采用低速炸药和中心起爆法，以创造良好的排气条件。

（4）表面烧伤　表面烧伤是指覆板受爆炸热氧化烧伤，其防止措施是使用低速炸药和采用沥青等缓冲保护层置于炸药和覆板之间。

（5）爆炸变形　爆炸变形是指爆炸焊后复合板在长、宽、厚三个方向的尺寸和形状上发生宏观的和不规则的变化。这种变形一般情况下很难避免，但可以采取一些措施减轻变形，如增加基板的刚度或采取其他工艺措施。变形后的复合板在加工或使用前必须进行校平或调直。

（6）爆炸脆裂　爆炸脆裂多出现在材质常温冲击性能太低，强度或硬度很高的情况。除非采用热爆炸焊工艺（即爆炸前对焊件预热），一般很难消除。

（7）雷管区未结合　雷管区未结合是在雷管引爆的部位，由于能量不足和排气不畅而引起该区未结合，通常采用在该处增加炸药量或将其引出复合面积之外的办法来避免。

（8）边部破裂　边部破裂是在复合板的周边或复合管（棒）的前端，由于边界效应而使覆层被损伤、破裂的现象。产生这种现象的主要原因是周边或前端能量过大，因此，只要减少周边或前端的炸药量，增加覆板、覆管的尺寸或在厚板的待结合面之外的周边刻槽等，就可以减少或清除这种现象。

（9）爆炸打伤　由于炸药结块或分布不均匀，使局部能量过大，或者炸药内混有固态硬物，其撞击覆板表面而出现的麻坑、凹陷或小沟等。爆炸打伤影响表面质量，其防止措施主要是净化炸药和均匀布药。

除上述宏观缺陷外，在爆炸焊的复合板内部通过一些非破坏性和破坏性的方法还可能测出微观缺陷，如微裂纹、显微孔洞、夹杂物或粗大的组织状态等。这些微观缺陷会造成爆炸复合板的显微组织不均匀，影响复合板的力学性能。

2. 检验方法

爆炸焊接头的质量检验方法有非破坏性检验和破坏性检验两大类。

（1）非破坏性检验

1）表面质量检验。主要目的是对爆炸焊复合板表面及其外观进行检查，如损伤、破裂、氧化和翘曲变形等。

2）轻敲检验。用锤子对覆层各个位置逐一轻敲，根据其声响初步判断其界面结合情况，可以大致估算结合面积率。

3）超声波检验。利用超声波探测界面结合情况和定量测定结合面积。

（2）破坏性检验　根据GB/T 6396—2008，用剪切和弯曲试验来确定爆炸焊复合板的结合强度，用拉伸试验来确定其抗拉强度。

爆炸焊复合件的检验除上述几种方法外，还可以根据具体情况和需要进行显微硬度、金相、冲击、扭转、疲劳、热循环和各种耐蚀性等检验。

（二）爆炸焊安全与防护

爆炸焊是以炸药为能源进行焊接的，爆炸过程中存在很多不安全因素，因此爆炸焊过程中的安全问题显得格外重要，必须制定严格的管理制度和实施规程。爆炸焊实践中必须注意的安全事项如下。

1）爆炸场地应设置在远离建筑物的地方。进行爆炸焊的场所周围不得有可能受到损害的物体。

2）炸药库要严格管理，管理人员必须昼夜值班，外人不得入内；炸药、雷管和导爆索等火工用品须分类分开存放，入库和出库要加以严格管理，做好相关的各项记录。

3）炸药和原材料、雷管和工作人员均须分车运输，严禁炸药和雷管同车运输。

4）对从事爆炸焊工作的人员必须进行职业技能培训和考核，只有通过考核并取得操作证者才可以进行操作。

5）所有工作人员必须接受安全和保卫部门的监督，遵守国家有关政策法令。爆炸焊操作过程应由专人进行统一调度和指挥，应按事先计划好的工艺规程进行，雷管和起爆器应指定专人管理。

6）在进行爆炸焊操作之前，应确保所有工作人员和备用物件均处于安全地带，并确保所有人员做好防声、防震措施。引爆前发出预定信号，炸药爆炸3min后工作人员才能返回爆炸地点。若炸药未能爆炸，也必须在3min后再进入现场进行检查和处理。工作人员不得将火种、火源带入工作现场。

爆炸焊生产中通常使用低速混合炸药，如铵盐和铵油炸药。前者由硝酸铵和一定比例的食盐组成，后者由硝酸铵和一定比例的柴油组成，仅使用少量的TNT来引爆炸药。硝酸铵是一种常见的化肥，其是非常稳定的，与食盐和柴油混合以后"惰性"更大。颗粒状的硝酸铵和鳞片状的TNT可以用球磨机破碎成粉末而不会爆炸。

铵盐和铵油炸药只有在TNT等高速炸药的引爆下才能稳定爆炸。TNT炸药还得靠雷管来引爆，而雷管中高速炸药只有在起爆器发出的数百伏高电压下才会爆炸。所以，在现场操作中，须严格控制好雷管和起爆器，以避免安全事故的发生。

项目拓展

拓展 爆炸焊典型案例

案例1：钛-钢复合板爆炸焊

钛-钢复合板在石油化工和压力容器中得到越来越多的应用。用钛-钢复合板制造的设备内层钛耐蚀性好，外层钢具有高强度，复合结构还具有良好的导热性，克服热应力及耐热疲劳、耐压差等不足，可以在更苛刻的条件下工作，同时可以成倍地降低设备成本。因此，钛-钢复合板已经成为现代化学工业和压力容器工业不可缺少的结构材料。

（一）钛-钢复合板爆炸焊的安装

大面积钛-钢复合板爆炸焊时，其安装工艺多采用平行法，起爆方式多采用中心起爆法，少数情况下在长边中部起爆，厚大钛-钢复合板安装示意图如图8-9所示。图8-9a、b所示为不同的雷管安放位置；图8-9c~e所示为有高速混合炸药时的雷管安放位置。

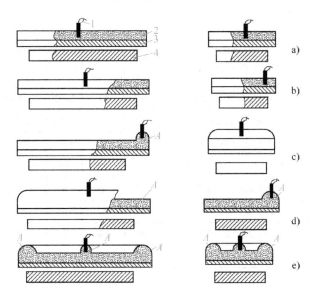

图8-9 厚大钛-钢复合板安装示意图

1—雷管 2—炸药 3—覆板 4—基板 A—高速混合炸药

（二）钛-钢复合板爆炸焊的焊接参数选择

典型的大尺寸钛-钢复合板爆炸焊焊接参数见表8-5和表8-6。从排气角度考虑，覆板越厚、面积越大，炸药的爆速应该越低，并且应采用中心起爆法。为了减小和消除雷管区影响，在雷管下通常添加一定量的高速炸药。在爆炸焊大面积复合板的情况下，为了间隙的支承有保证，可在两板之间安放一定形状和数量的金属间隙物。在大厚板的爆炸焊情况下，间隙柱宜支承在基板之外。为了提高效率和更好地保证焊接质量，可采用对称碰撞爆炸焊工艺来制造这种复合板，如图8-10所示。

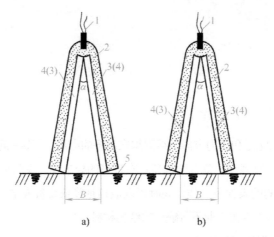

图8-10 对称碰撞爆炸焊安装示意图

1—雷管 2—炸药 3—覆板 4—基板 5—地面（基础）

a）等厚度板焊接 b）不等厚度板焊接

B—间距 α—两板夹角

表 8-5 大面积钛-钢复合板爆炸焊焊接参数

钛板尺寸/(mm×mm×mm)	钢板尺寸/(mm×mm×mm)	炸药品种	W_g/(g/cm²)	h/mm	缓冲保护层	起爆方式
TA1,3×1100×2600	Q390,18×1100×2600	TNT	1.7	5~37	沥青+钢板	短边引出三角形
TA1,5×1800×1800	Q235,25×1800×1800	TNT	1.5	3~20	沥青3mm	短边中部起爆
TA2,3×2000×2030	Q235,20×2000×2030	TNT	1.5	3~25	沥青3.6 mm	短边中部起爆
TA1,5×2050×2050	18MnMoNb,35×2050×2050	2#	2.8	20	沥青3.5 mm	短边中部起爆
TA2,1×1000×1500	Q235,20×1500×2000	25#	1.5	3	黄油	中心起爆
TA2,3×1500×3000	20,25×1500×3000	25#	2.2	6	水玻璃	中心起爆
TA2,4×1500×3000	Q345,30×1500×3000	25#	2.4	8	水玻璃	中心起爆
TA2,5×1500×3000	Q345,35×1500×3000	25#	2.6	10	水玻璃	中心起爆

表 8-6 大厚度钛-钢复合板爆炸焊焊接参数

钛板尺寸/(mm×mm×mm)	钢板尺寸/(mm×mm×mm)	炸药品种	h_2/mm	h_1/mm	缓冲保护层	起爆方式
TA1,10×700×1080	Q235,75×670×1050	25#	44	12	黄油	
TA2,10×690×1040	Q235,70×650×1000	42#	35	12	水玻璃	
TA2,10×730×1130	Q235,83×660×1050	42#	40	12	黄油	
TA2,12×690×1040	Q235,70×650×1000	25#	51	12	水玻璃	辅助药包，中心起爆
TA2,12×620×1085	Q235,60×570×1050	25#	55	13	黄油	
TA2,8×1500×3000	Q345,80×1500×3000	25#	40	14	水玻璃	
TA2,10×1500×3000	Q345,100×1500×3000	25#	50	14	水玻璃	

注：h_1和h_2分别是角度法爆炸焊时覆板与基板间的小间距及大间距。

（三）钛–钢复合板结合区的组织

钛–钢复合板结合区通常呈现为波形状组织，波形的形状因焊接参数不同有所差别。不同强度和特性的爆炸载荷、不同强度和特性的金属材料以及它们的相互作用，将获得不同形状和参数（波长、振幅和频率）的结合区波形。

微课：钛–钢复合板
的爆炸焊

在一个波形内，界面两侧的金属发生了不同的组织变化。在钢板一侧，离界面越近，晶粒的拉伸和纤维状塑性变形的程度越严重，并且在紧靠界面的地方出现细小的类似再结晶或破碎的亚晶粒的组织。在钛板一侧，没有出现钢板一侧那种变形形状和变形规律的金属塑性变形，但出现了或多或少、长短疏密不同的特殊塑性变形线和塑性变形组织。

（四）钛–钢复合板的力学性能

钛–钢复合板的力学性能主要包括抗剪强度和弯曲性能等，见表8-7。其中TA2覆板母材（热轧态）的抗剪强度为490～539MPa，伸长率为20%～25%，Q235钢基板（供货态）的抗剪强度为445～470MPa，伸长率为22%～24%。

表 8-7　钛 – 钢复合板的力学性能

状态	复合板及尺寸/(mm×mm×mm)	抗剪强度/MPa	冷弯$d=2t,180°$		HV 覆层/粘结层/基层
			内弯	外弯	
爆炸态	TA2–Q235,(3+10)×110×1100	397	良好	断裂	347/945/279
退火态	TA2–20,(5+37)×900×1800	191	良好	良好	215/986/160

案例2：锆合金-不锈钢管接头爆炸焊

为了在核工程建设中节省稀缺和贵重的金属材料以及降低工程造价，可以在反应堆内使用锆合金管，而在堆外使用成本相对较低的不锈钢管。爆炸焊很好地解决了这两种物理和化学性质相差较大的管材的焊接问题。

（一）复合管的爆炸焊工艺

规格 ϕ 50mm × 3.4mm的不锈钢管（基管）与 ϕ 42mm × 1.5mm的锆合金管（覆管）进行爆炸焊，可采用如下的爆炸焊工艺。

焊接前，清理不锈钢管与锆合金管的待焊表面。不锈钢管内表面粗糙度要求较高，须用丙酮或酒精去除油污和杂质，再用水冲洗晾干。锆合金管可用质量分数为45%HNO₃ + 5%HF + 50% H₂O的溶液进行清洗，去除表面的氧化膜、油污和杂质。

锆合金管与不锈钢管爆炸焊安装示意图如图8-11所示。装配时应在固定的模具上装配，要控制

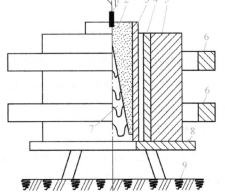

图8-11　锆合金管与不锈钢管爆炸焊安装示意图

1—雷管　2—炸药　3—覆管　4—基管　5—模具
6—固定环　7—木塞　8—底座　9—地面（基础）

好间距，通常间距为0.7~0.8mm。然后装好炸药，用药量也根据锆合金管壁厚而定，如壁厚为1mm时，用药量65~70g；壁厚为1.5~2.0mm时，用药量75~85g；壁厚为2.0~3.0mm时，用药量80~100g。

爆炸焊时，整个接头应放入固定好的模具中进行，此模具对成形起到良好作用，其应有足够的强度。锆合金-不锈钢管爆炸焊焊接参数及接头力学性能见表8-8。爆炸焊结束后，对焊接接头按工艺条件要求进行清理或加工。

表8-8　锆合金 – 不锈钢管爆炸焊焊接参数及接头力学性能

锆合金覆管尺寸/ (mm×mm×mm)	07Cr19Ni11Ti 基管尺寸/ (mm×mm×mm)	单位面积TNT炸药的量/ (g/cm²)	间距/ mm	热处理或试验状态		R_m/ MPa	弯曲角/(°)	
				T/℃	t/min		内弯	外弯
ϕ42.0×1.5×125	ϕ50.0×3.4×120	0.50	0.60	300	1440	372	—	—
ϕ42.0×1.5×125	ϕ50.0×3.4×120	0.50	0.60	400	1440	404	—	—
ϕ42.0×1.5×125	ϕ50.0×3.4×120	0.50	0.60	550	30	149	—	—
ϕ42.0×1.5×125	ϕ50.0×3.4×120	0.50	0.60	600	30	149	>100	>100

（二）结合区组织和力学性能

锆合金管与不锈钢管爆炸焊的结合区为有规律的波形结合，界面两侧的金属发生了拉伸式和纤维状的塑性变形，离界面越近这种变形越严重。波前的旋涡区汇集了爆炸焊过程中形成的大部分熔化金属，少量残留在波脊上，厚度为微米级。锆合金与不锈钢复合管实物照片如图8-12所示。

图8-12　锆合金与不锈钢复合管实物照片

案例3：钢轨连接线爆炸焊

铁路信号传输是确保列车安全正常运行的关键，用于传递信号的钢轨连接线是保障铁路信号传输及减少电流不平衡的重要设施。目前钢轨连接线的连接普遍采用的是20世纪60年代的技术——塞钉法。随着铁路运输的不断提速，采用该技术连接的连接线在使用中的问题逐渐凸显出来，主要体现在易松动、脱落、丢失，对于行车安全造成了隐患，需要定期维护，维护成本高、信号传输的可靠性差。

随着铁路建设的飞速发展，新建电气化铁路及电气化铁路改造比例渐渐增加，为了适应这种发展需要，在部分铁路局已逐步达成钢轨连接线需采用焊接方法制造的共识。运用爆炸焊方法连接的钢轨连接线，具有操作简单、焊接面积小、成本低等特点。因此，保证爆炸焊接头的质量，是这项技术能否实现在工程上应用的必要前提。

（一）爆炸焊试验

钢轨连接线的爆炸焊由于受钢轨可焊接面积小、焊接位置在钢轨侧缘的特定条件限制，需采用倾斜布置的爆炸焊方式，部分试验结果见表8-9，可以得知通过合理选择焊接参数，并对焊接面处理彻底后，可以得到可靠的焊接质量。而缓冲层材料、厚度及表面预处理不彻底等因素将对焊接质量产生一定影响。

表 8-9　部分试验结果

序号	试验条件	焊接结果	备注（原因分析）
1	覆板工作面为40mm×20mm,焊接倾角为8°,缓冲保护层为厚硬纸板,药片为40mm×20mm,8号电雷管端头起爆,单侧焊接	焊接成功,但不牢固（用镐头撬起）,焊接面小（20mm×13mm）	表面预处理不彻底,炸药覆盖面小,缓冲保护层厚度不合适
2	覆板工作面为40mm×20mm,焊接倾角为8°,缓冲保护层为厚硬纸板,药片为40mm×20mm,8号电雷管端头起爆,单侧焊接	焊接牢固,形成焊接面（40mm×17mm）	表面预处理彻底,调整缓冲保护层厚度
3	覆板工作面同上,焊接倾角为6°,缓冲保护层做成药盒,炸药铺平于盒中,单侧焊接	焊接质量好,形成焊接面（40mm×18.6mm）	—
4	双侧同步焊,试验条件与单侧焊一样	双侧同步焊,两侧焊接质量都好,爆炸后形成焊接面左侧和右侧均为40mm×18mm	注意操作,可用一个起爆器同时起爆两个雷管

（二）焊接质量检测

对焊接后的试样进行外观、抗拉强度、微观结合面形态等检测。外观检测包括表面质量、材料变形、焊接面积等；抗拉强度检测使用WDW型微机控制电子万能试验机进行。抗拉强度试验分两步：一是进行单边抗拉强度试验；二是进行双边抗拉强度试验；微观结合面形态检测是将爆炸焊后的钢轨与连接线的结合体沿平行和垂直于爆轰波阵面的方向切小样品块，在砂纸上研磨，经抛光、腐蚀后在扫描电镜上对焊接界面进行观察和分析。质量检测结果见表8-10。

表 8-10　质量检测结果

外观检测	抗拉强度检测	微观结合面形态检测
覆板有轻微变形	焊接面未撕开,在焊接面的外缘覆板被拉断,拉断力大于7kN	为规则的波状结合

外观检测结果发现，钢轨连接线爆炸焊的复合率在85%以上，焊接质量可靠，边界效应小。焊接后的覆板表面虽然有轻微变形，但覆板的作用是连接两钢轨的信号连接线，故轻微的变形不会对信号传输造成影响。

经过抗拉强度试验表明，焊接面处的焊接质量可靠，焊接面处之外的覆板被拉断，而焊接面处未出现被拉开、脱离现象。

从结合面微观电镜照片可以看出，结合面为细小的波状结合面，且非常均匀。而且，在结合面处的两种金属的熔融层非常薄。大量的研究证明，均匀细小的周期性波状结合面，其结合强度通常最高。因而从微观检测结果看，钢轨连接线的爆炸焊质量很高。

（三）存在问题与建议

1）爆炸焊的成本与原有方法相比偏高，原因之一是使用的军用电雷管成本高。

2）起爆雷管与工程应用尚有一定距离。为使工程使用简便，尚需进一步研制尺寸更小、适合工程实施的起爆雷管。

3）爆炸焊时采用简易方法固定各焊接件。考虑到工程应用，还需要设计简单的固定卡子，以提高工作效率。

案例4：铜-铝复合CPU散热片爆炸焊

CPU散热片的铜-铝爆炸复合是爆炸焊技术应用的一个成功范例。采用可控的爆炸力产生倾角碰撞，在铜片和全铝散热片的交界面喷出金属射流，清除交界面污垢，进行高压熔合，将一定厚度的铜片焊接在已成形铝散热片的底部。试验装置如图8-13所示。覆板为铜片，基板为成形全铝散热片，炸药为粉状硝铵。全铝散热片结构示意图如图8-14所示，铝层厚度为5mm，其他尺寸见表8-11。爆炸复合后的铜/铝散热片结合面呈现均匀细小的正弦波形，是一种理想的界面结合状态。

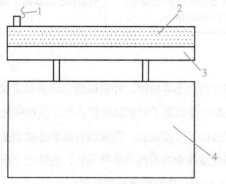

图8-13　试验装置

图8-14　全铝散热片结构示意图

1—雷管　2—炸药　3—铜片　4—散热片

表 8-11　散热片结构尺寸　　　　　　　　　　　　（单位：mm）

长度L	宽度W	高度H	外板厚h	板间距s	板厚t
60	65	30	5	3	1

采用爆炸焊技术生产铜层厚度分别为2mm、3mm、5mm，铝层厚度均为5mm的三款铜-铝复合散热片，为了检测不同厚度的铜-铝复合散热片的散热性能，设计如下测试散热片热阻的试验方案：环境温度控制在20℃，利用带温度探头的万用表直接探测CPU满载荷工作表面温度。热阻是评判散热片散热能力是否满足CPU散热要求的重要物理量，它代表一定的热量流过散热片时引起散热片温度上升的程度，散热性能越好的散热片，其热阻越小。热阻测试试验结果见表8-12。

由表8-12可见，对于铜-铝复合散热片而言，在铝层厚度不变的情况下，铜层厚度的增加能有效降低散热片的热阻；铜层厚度为3mm时，铜-铝复合散热片具有更高的性价比。

表 8-12 热阻测试试验结果

测试对象	铜层厚度/mm	环境温度T_a/℃	工作表面温度T_c/℃	热阻R_{ca}/(℃/W)
全铝散热片	0	20	50.7	0.472
铜-铝复合散热片	2	20	47.4	0.422
铜-铝复合散热片	3	20	46.7	0.411
铜-铝复合散热片	5	20	46.1	0.402

案例5：钢管水下爆炸焊

水下爆炸焊是爆炸焊技术中的一个新的发展方向和应用领域，是水下焊接方法的重要补充。与以往水下焊接修补管线的电弧焊方法相比，水下爆炸焊具有焊接速度快、作业深度大、焊缝质量高、对水下操作人员的技术要求较低、焊接成本低等优点。随着大陆架资源开发和海洋工程建设的日益增多，海底石油、天然气管线的焊接和修补技术也越来越受到关注。目前，海底管线的连接一般是采用普通的焊接方法在水面完成后，再放置到海底，这在深海作业中比较困难；而破损的管线通常使用电弧焊进行修补，焊接质量差，作业难度大。如果能把爆炸焊技术引到水下进行管线连接，将会获得巨大的经济利益。

（一）试验过程及工艺

试验钢管材料为20钢，外径为80mm，壁厚为8mm。连接用炸药选用普通导爆索，采用8号雷管引爆。连接前，先按照图8-15所示的结构形式对管线钢管管壁进行加工处理并套在一起，使用套管的管线连接方式可以按照图8-16所示形式进行。在以图8-15所示形式连接时，管线与管线、管线与接头的连接间隙可设计成平行或倾斜的。间隙值不能太大，否则中间的水会影响结合效果。

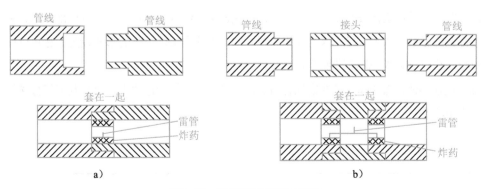

图8-15 钢管爆炸焊的接头形式

a）两管直接连接 b）外加接头的连接

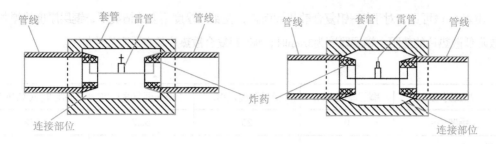

图8-16 外加套管的连接示意图

将导爆索（炸药）按照管线的内径制作成相应环状并和雷管连接好，并用防水胶布密封，放置在管线内待连接部位。炸药放置时应与管线连接部位对正，避免偏斜，否则会影响管线连接质量及管管本身的结构。与爆炸复合板相比，管线的爆炸焊可选用高速炸药，如导爆索及易加工成形的乳化炸药和塑性炸药，但要注意形状的设计及药量的大小。最后将整个管线试样直接放入盛有水的塑料袋中，实施引爆。

管线爆炸焊可以采用内爆法、外爆法和内外爆法。从工艺角度看，外爆时管内必须有填充或支承物。此法不是很实用，但若用于管线的堵漏则能达到很好的效果。用内外爆法时，炸药要准确对正，这在工艺上也有一定的难度。而使用内爆法，则可以很好地避免这些问题。本试验采用的是内爆法。

爆炸焊时，如果两管线是直接连接（图8-15a），一次施爆便可以完成连接。若是外加接头（图8-15b）形式或是外加套管（图8-16）形式连接，则需注意引爆顺序。距离较近且相互有影响的，施爆时应分两次进行；如果相互影响不大或两次引爆工艺上难度较大，则可以一次性引爆。

（二）试验结果及工艺调整

爆炸焊后管线之间都牢固地连接在一起，整个管线基本完好。在常压下进行水密性试验，在30min内没有渗水现象。

水下爆炸焊时，水对管线的连接质量有很大的影响。如果不加任何保护和排水措施，由于管线间隙内水的存在，爆炸后连接强度和致密性虽有一定保证，但与一些要求较高的工程作业还有一定的差距。所以在工艺条件允许的情况下，可在连接管线内部加用气袋进行局部排水，减小水对连接部位的影响。从水下爆炸焊的作用原理可知，管线内部以空气的形式设置，还可以减小爆炸时对管壁结构的破坏，保证管线质量。

除管道连接外，爆炸焊技术在腐蚀管道的加厚修补、破损管道的水下堵漏及沉船打捞等工程中也有应用前景。

项目总结

爆炸焊技术自1944年由美国人卡尔提出后研究至今，其技术得到了很大的进步，在化工、石油、军事、航天航空等领域都有广泛的应用。与常规的异种金属焊接工艺相比，爆炸焊的异种金属在品种和数量上实际上是不受限制的，它们在形状和形式、面积和其他尺寸、结合强度和使用性能上有许多特点。这一切决定了爆炸焊的大量异种金属材料有许多卓有成效的应用。因此，爆炸焊作为一种焊接新工艺和新技术，在焊接异种金属材料方面有得天独厚和无可替代的优势。爆炸焊是异种金属焊接的最佳工艺和焊接技术的一大发展，具有重要的技术和经济价值。

本项目以"编制爆炸焊工艺"作为典型任务，学生通过任务实施，能够掌握爆炸焊过程、特点及工艺，质量控制和安全防护等相关知识，将理论应用于实际，能够完成相关的工艺编制。

拓展内容中介绍了钛-钢复合板爆炸焊、钢轨连接线爆炸焊、钢-铝复合CPU散热片爆炸焊、钢管水下爆炸焊等几个典型案例，目的在于使学生了解爆炸焊技术在各个不同领域的应用，为今后进一步研究爆炸焊技术提供思路。

复习思考题

一、思考与练习

（一）填空

1.爆炸焊是以＿＿＿＿为能源，利用爆炸时产生的冲击力，使焊件发生剧烈碰撞、塑形变形、熔化及原子间相互扩散，从而实现连接的一种压焊方法。

2.根据不同装配方式，爆炸焊可分为＿＿＿＿法和＿＿＿＿法。

3.配制焊接用的炸药一般都是为了降低其＿＿＿＿。爆炸焊所用的炸药形态有＿＿＿、＿＿＿、＿＿＿、＿＿＿、粉末状或颗粒状等多种，可根据不同的应用条件选用。

4.爆炸焊时合理的焊接参数应满足以下三个要求：①＿＿＿＿；②＿＿＿＿；③＿＿＿＿。

5.爆炸焊接头的常见缺陷有＿＿＿＿＿＿＿＿和＿＿＿＿＿＿＿＿。

（二）选择

1.爆炸焊直线结合的特点是（　　）。

　A.结合区可见有规律的连续波浪线　　　　B.结合区可见到平直、清晰的结合线

　C.结合区可见一个连续的熔化层　　　　　D.结合区完全互相熔合，没有任何连接线

2.爆炸焊是以（　　）为能源，实现连接的焊接方法。

　A.热能　　　　　B.动能　　　　　C.电能　　　　　D.炸药

3.下列方法中，属于压焊的有（　　）。

　A.冷压焊　　　　B.爆炸焊　　　　C.电渣焊　　　　D.电阻焊

4.爆炸焊用炸药可以分为（　　）。

　A.低速炸药　　　B.中速炸药　　　C.高速炸药　　　D.超高速炸药

5.引爆炸药时，需要根据炸药量的多少和有无屏障，划出半径为（　　）的危险区。

A.25mm   B.50mm   C.75mm   D.100mm以上

（三）判断

1.爆炸焊良好的焊接结合面应是平直、清晰的结合线。（　　）

2.爆炸焊特别适合焊接形状复杂的结构。（　　）

3.爆炸焊的基覆比值应该在2以上，当其接近1时，爆炸焊很难进行。（　　）

4.小尺寸的复合板用爆炸焊工艺时，应采取中心起爆法。（　　）

5.炸药库要严格管理，管理人员必须昼夜值班，外人不可入内。（　　）

（四）简答

1.简述爆炸焊接头的形成过程。

2.爆炸焊结合面形态有哪些？其形成条件是什么？

3.爆炸焊前炸药的放置及焊件的安装应注意哪些问题？如何解决？

4.采用爆炸焊方法生产复合板的主要步骤有哪些？其工艺要点是什么？

5.爆炸焊常采用的质量检验方法有哪些？

二、观察与讨论

1.通过观看爆炸焊视频，了解板件爆炸焊特点及其焊接流程，写出观看记录。

2.利用互联网或相关书籍资料，写出两种爆炸焊的应用实例，并与同学交流讨论。

参考文献

［1］李亚江，等.特种焊接技术及应用[M].4版.北京：化学工业出版社，2014.

［2］陈彦宾.现代激光焊接技术[M].北京：科学出版社，2006.

［3］赵熹华，冯吉才.压焊方法及设备[M].北京：机械工业出版社，2005.

［4］周万盛，姚君山.铝及铝合金的焊接[M].北京：机械工业出版社，2006.

［5］陈祝年.焊接工程师手册[M].2版.北京：机械工业出版社，2010.

［6］中国机械工程学会焊接学会.焊接手册　焊接方法及设备[M].北京：机械工业出版社，2008.

［7］李亚江.先进难焊材料的连接[M].北京：机械工业出版社，2011.

［8］李亚江.特种连接技术[M].北京：机械工业出版社，2007.

［9］中国质检出版社第五编辑室.焊接标准汇编[M].北京：中国质检出版社，中国标准出版社，
　　2011.

［10］张应立.新编焊工实用手册[M].北京：金盾出版社，2004.

［11］中国机械工程学会焊接分会.焊接词典[M].3版.北京：机械工业出版社，2008.

［12］李亚江，等.实用焊接技术手册[M].石家庄：河北科学技术出版社，2002.

［13］成都电焊机研究所，等.焊接设备选用手册[M].北京：机械工业出版社，2006.

［14］陈裕川.焊接工艺设计与实例分析[M].北京：机械工业出版社，2009.

［15］王成文.焊接材料手册及工程应用案例[M].太原：山西科学技术出版社，2004.

［16］李亚江.特殊及难焊材料的焊接[M].北京：化学工业出版社，2003.

［17］李亚江，等.激光焊接/切割/熔覆技术[M].2版.北京：化学工业出版社，2016.

［18］曹朝霞.特种焊接技术[M].2版.北京：机械工业出版社，2015.

［19］中国机械工程学会焊接学会，黄石生.焊接科学基础　焊接方法与过程控制基础[M].北京：
　　机械工业出版社，2014.

［20］肖国祥，等.激光+GMAW复合焊工艺及数值模拟[M].镇江：江苏大学出版社，2013.

［21］周炳琨，等.激光原理[M].7版.北京：国防工业出版社，2014.